模块 1　植物组培实验室的规划设计

图1-1　可继代的瓶苗

图1-2　继代转接

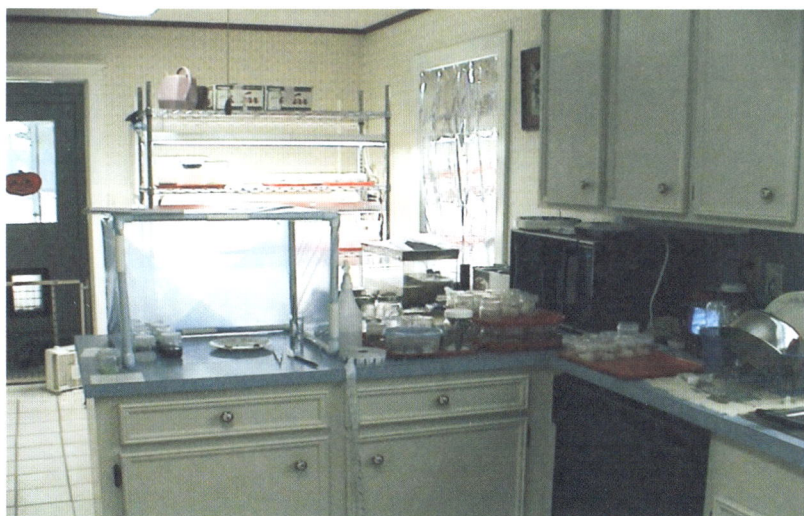

图1-3　家庭组培室(前为接种箱,后为培养架)

图1-4　企业组培车间(左为无菌操作室,右为组培车间培养室)

图1-5　用基质驯化瓶苗(左),温室畦式移栽(中),大田培养成苗(右)

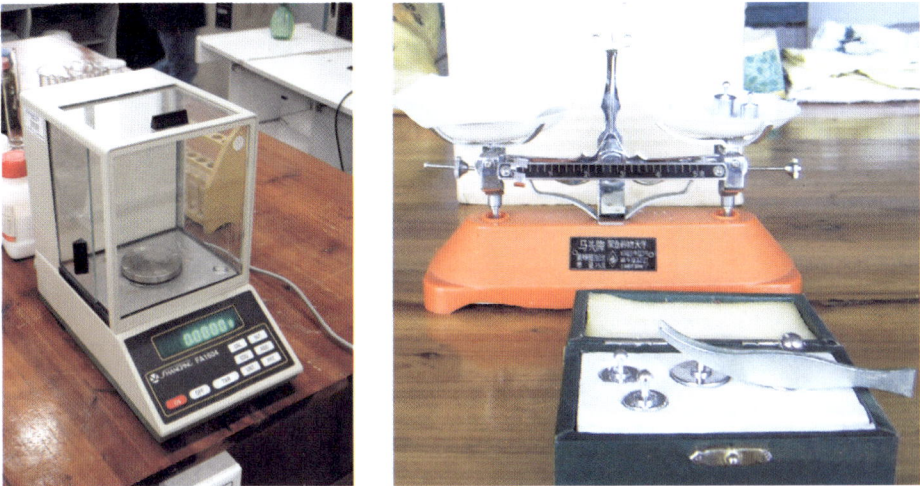

图1-6　电子分析天平用于称取激素与微量物质(左),粗天平用于称取大量物质(右)

模块 2　培养基及其配制

番茄缺氮自下而上叶失绿

图2-1　番茄的缺氮症状(左),油菜缺磷症状(右)

草莓缺钾老叶脉有褐斑点　　　　　西瓜缺钾老叶叶缘枯焦

图2-2　草莓缺钾症状(左),西瓜缺钾症状(右)

缺硼幼叶有淡黄斑点　　　　　硬核期缺硼果皮枯竭

图2-3　葡萄缺硼的症状

缺锌不包心呈莲座状

图2-4　甘蓝缺锌症状(左),小麦缺锰症状(右)

草莓缺铁叶黄叶脉仍绿　　　　　　　花菜缺钼叶细长破碎呈鞭状

图2-5　草莓缺铁症状(左),花菜缺钼症状(右)

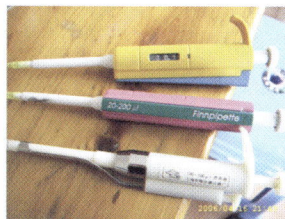

图2-6　粗略量取配制培养基体积的70%蒸馏水(左1),按顺序吸取各种母液(左2),
微量移液器(吸取微量激素用)(右2),酸度计(测定培养基的pH5.8~6.0)(右1)

模块 3 灭菌与无菌操作技术

图3-1 柑橘组培初生苗(左),柑橘组培继代苗被霉菌污染(右)

图3-2 柑橘继代苗(左),柑橘复壮生根苗(右)

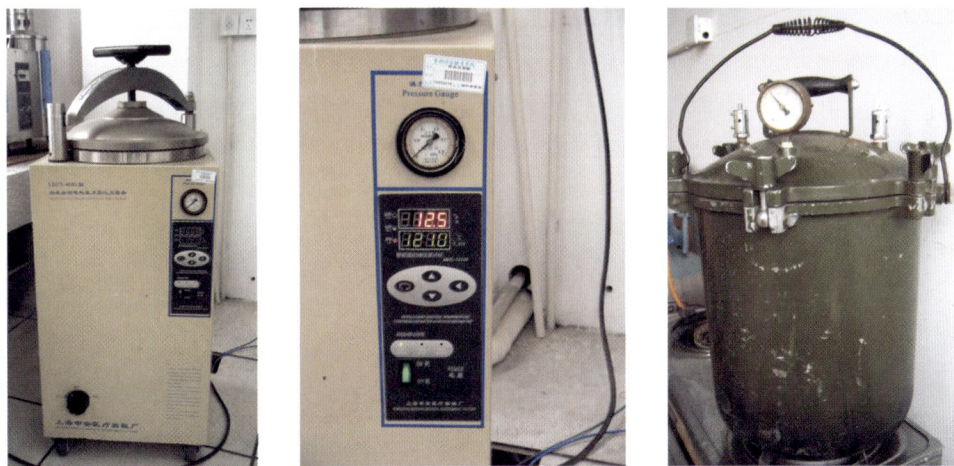

图3-3 立式自动电热蒸汽灭菌器(左为整体,中为电脑面板),手提式高压蒸汽灭菌锅(右)

图3-4 切割外植体(左),无菌接种(右)

图3-5 愈伤组织的形成(左),试管苗的形成(右)

图3-6 培养室

模块 4　营养器官与花器培养

图4-1　矮牵牛的茎尖培养

图4-2　微型月季的茎段培养

图4-3　花烛的叶片离体快繁

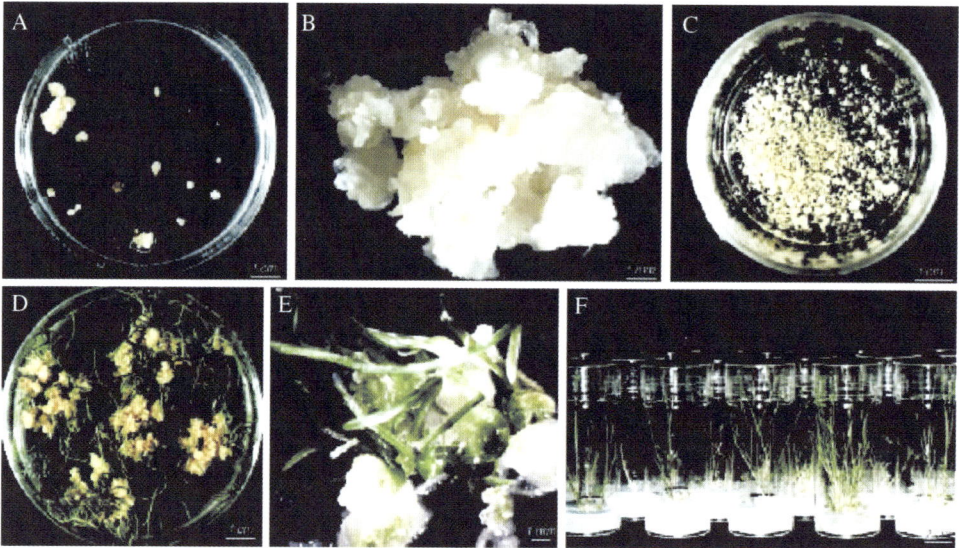

图4-4　禾本科牧草的胚状体发生过程

(A诱导愈伤组织,B愈伤组织放大,C胚状体的形成,D~E胚状体的分化,F试管苗的形成)

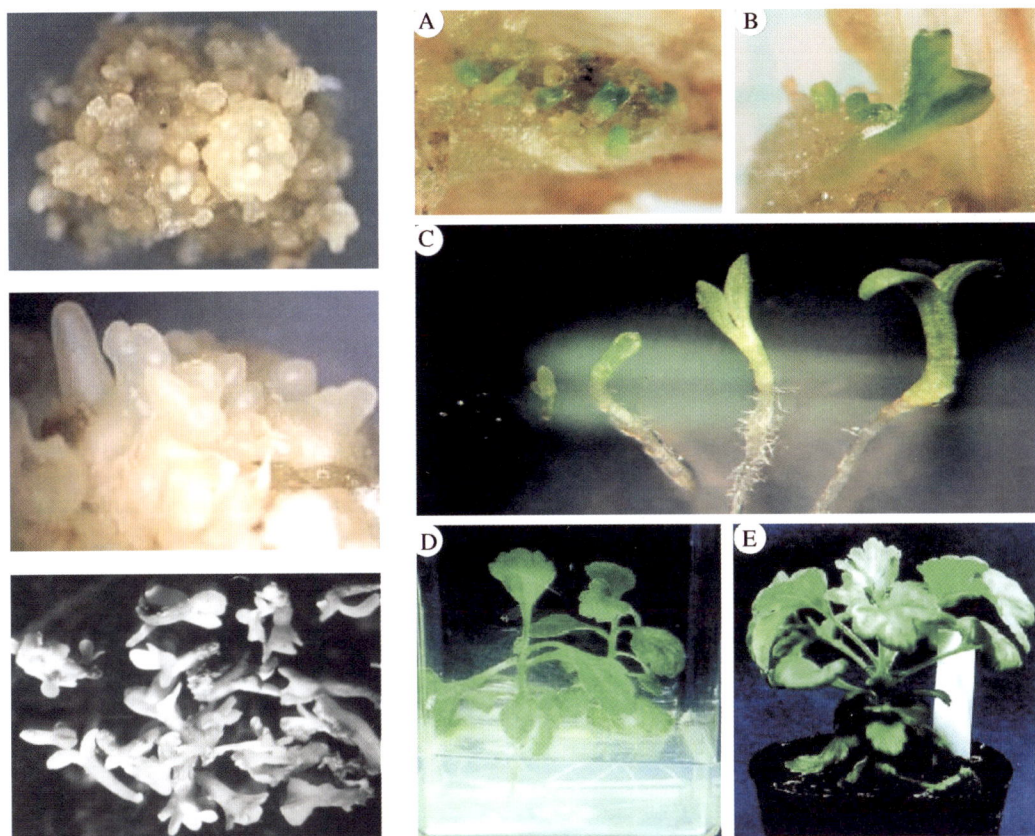

图4-5　菊花胚状体的发生(左)及植株的再生过程(右)
愈伤组织的形成(左上),胚状体的开始形成(左中),胚状体的形成(左下)

模块 5　常见植物组培的关键技术

图5-1　试管苗被真菌污染(左),青霉污染菌落(中),木霉菌落(右)

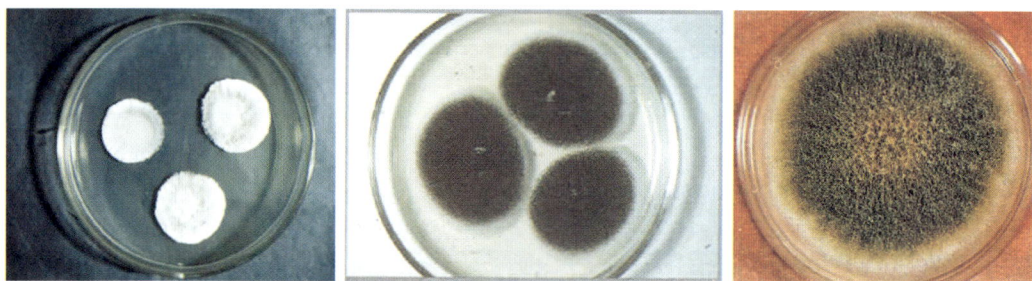

图5-2   米曲霉菌落(左),黑曲霉菌落(中),黄曲霉菌落(右)

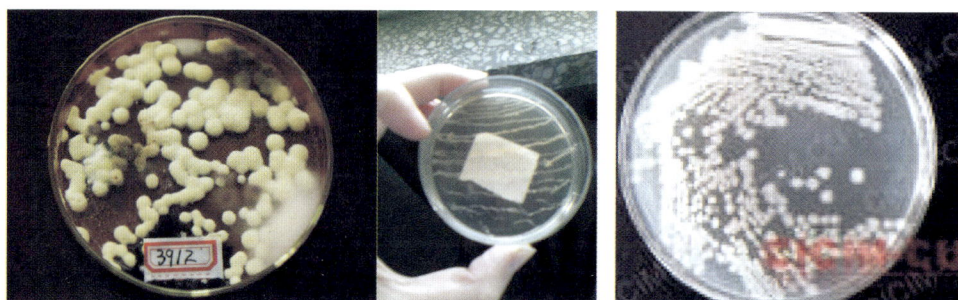

图5-3   毛霉菌落(左),金黄色葡萄球菌菌落(中),枯草杆菌菌落(右)

图5-4   愈伤组织褐化(左),玻璃化(右)

图5-5   建兰新芽(左),石斛原球茎(右)

图5-6　春石斛侧芽(左1),文心兰芽(左2),文心兰花梗(左3),文心兰继代苗(右)

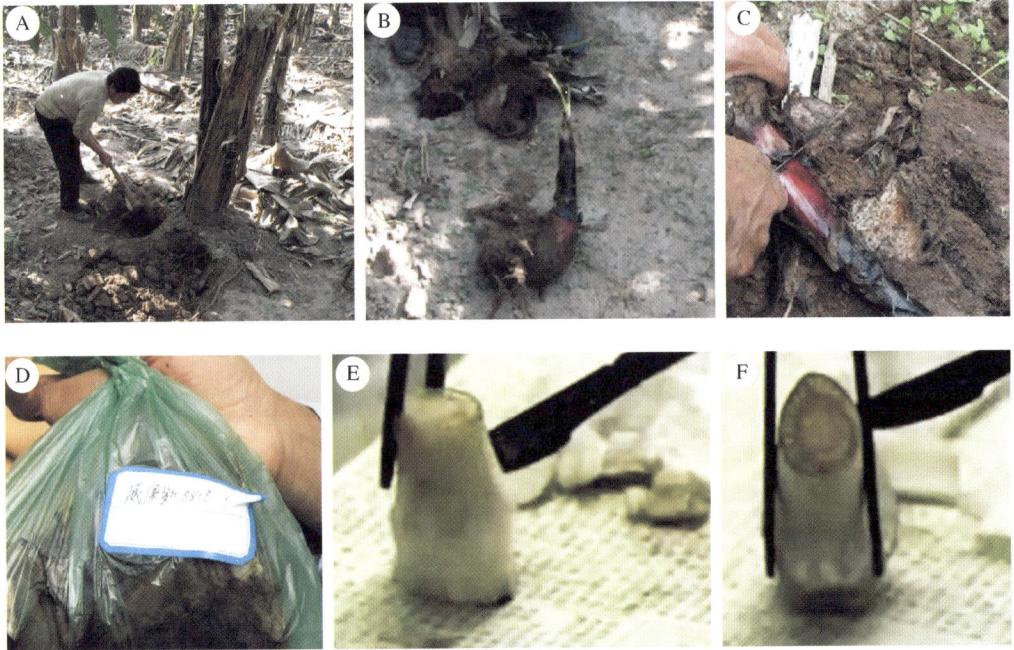

图5-7　采集香蕉吸芽(A),从土中取出香蕉吸芽(B),修剪香蕉吸芽(C),香蕉吸芽装袋并编号(D),对消毒后的香蕉吸芽修剪(E与F)。

模块 6　植物脱毒技术

图6-1　柑橘茎尖离体培养(左),柑橘茎尖显微嫁接成活苗(中),柑橘茎尖显微嫁接初期(右)

图6-2　柑橘黄龙病植株出现"青鼻子"果

图6-3　草莓组培初生苗(左),草莓组培增殖苗(右)

图6-4　柑橘组培初生苗(左)，柑桔组培增殖苗(右)

图6-5　柑橘组培生根苗(左)，柑橘弥雾快繁苗床生根状况(右)

模块 7　试管苗的驯化与移栽

图7-1　企业在联体薄膜大棚中对试管苗进行驯化与培养成苗(左为外观,右为内部)

珍珠岩

蛭石

进口
陶粒

草炭
多种
型号

图7-2　试管苗驯化移栽的常用基质

无土栽培有机缓释肥

图7-3　试管苗栽培管理的常用缓释肥

图7-4 试管苗的驯化与移栽

模块 8　植物组织培养工厂化生产

图8-1 组培工厂外景

图8-2　单层充气膜连栋温室

图8-3　双层充气膜温室

浙江省"十一五"重点教材建设项目

植物组织培养技术

主　编　郑春明

副主编　罗君琴　吕伟德

ZHEJIANG UNIVERSITY PRESS
浙江大学出版社

内容提要

本教材针对植物组培企业岗位对理论知识、技能和职业素质的要求,结合高职生的特点,从生产和教学实际出发,本着科学性、先进性和适用性原则进行编写。编写过程中,遵照以项目为导向和任务驱动的课程体系,按"教、学、做一体和工学交替"的思路,淡化了学科的系统性,突出了植物组培的实用性、技术性及应用性,使学生重点掌握植物组培操作的核心技能。另外,本教材的另一个特色是有动画、视频、图片等数码资料(见浙江大学出版社网站:http://www.zjupress.com),从而降低枯燥乏味抽象的纯文字阅读,增加教材的趣味性和可读性,极大提高使用效果,做到事半功倍。另外,也减轻了教师备课的工作量,提高课堂的教学质量。本教材分8个模块,它们分别是:模块1"组培实验室的规划设计"、模块2"培养基及其配制技术"、模块3"灭菌与无菌操作技术"、模块4"器官与花器培养"、模块5"常见组培的关键技术"、模块6"植物脱毒技术"、模块7"试管苗的驯化与移栽"和模块8"植物组培工厂化生产"。每个模块既相互独立,又环环相扣。

本教材可作为高职院校的生物技术、农学、园艺、花卉、观光农业及其他生命科学专业的学生使用,也可作为植物组培企业的培训用书,或作为专科、本科及研究生的教材或参考用书。

图书在版编目(CIP)数据

植物组织培养技术 / 郑春明主编. —杭州:浙江
大学出版社,2011.7(2022.2重印)
ISBN 978-7-308-08806-0

Ⅰ.①植… Ⅱ.①郑… Ⅲ.①植物—组织培养—高等
职业教育—教材 Ⅳ.①Q943.1

中国版本图书馆 CIP 数据核字(2011)第 119925 号

植物组织培养技术

主　编　郑春明

副主编　罗君琴　吕伟德

责任编辑	黄兆宁
封面设计	联合视务
出版发行	浙江大学出版社
	(杭州市天目山路 148 号　邮政编码 310007)
	(网址:http://www.zjupress.com)
排　版	杭州青翊图文设计有限公司
印　刷	杭州日报报业集团盛元印务有限公司
开　本	787mm×1092mm　1/16
印　张	14
插　页	8
字　数	342 千
版 印 次	2011 年 7 月第 1 版　2022 年 2 月第 8 次印刷
书　号	ISBN 978-7-308-08806-0
定　价	39.00 元

《植物组织培养技术》编委会

主　　编　郑春明（浙江台州科技职业学院）

副 主 编　罗君琴（浙江省柑橘研究所）

　　　　　吕伟德（浙江省杭州职业技术学院）

参加编写　胡安生（浙江省柑橘研究所）

　　　　　郑慧俊（浙江省杭州职业技术学院）

前　言

　　植物组织培养技术是根据植物细胞的全能性理论,利用植物的离体器官、组织或细胞,在无菌环境和适宜的光、温、水、气等条件下,诱导出愈伤组织、不定芽或不定根,最后形成完整植株的过程。至今,世界各国在无性系繁殖、育种、植株脱毒和种质保存等方面,都广泛应用组织培养技术,它已经成为现代生物技术研究的重要技术工具。

　　《植物组织培养技术》按照职业教育教学改革的要求,从生产和教学实际出发,本着科学性、先进性和适用性原则进行编写。每章前面设有学习目标,在正文中适当穿插了温馨提示、资源库等栏目。全书语言简练,条理清晰,图文并茂,通俗易懂,适合学生学习。

　　本教材首先对植物组培企业的每个岗位进行分析和分解,搞清它们对植物组培的知识和技能的需求,同时结合高职生的特点,利用现代高职教育理念——以项目为导向、以任务为驱动进行教、学、做合一,工学交替,理实一体的人才培养模式来编写。为增强人才培养方案和教学活动的岗位针对性和适应性,适当考虑岗位相关性和迁移性,较快适应岗位要求,保证毕业生能够直接上岗,努力实现"零距离"上岗,并具有一定的可持续发展能力,全书采用创新的格式,以"项目、任务、模块"组织教材的核心内容和技术,努力创新人才培养模式。此外,为了读者查找资料的方便,本教材的最后还编写了实用的几个附录。

　　采用本教材的学校应注意,由于本教材是根据组培企业的真实生产任务将各个工作岗位的任务分解成各个模块进行编写的,所以要求开设该课程的学校有多媒体设备的组培实验室或组培中心,老师按照教学目标、教学内容和学生特点,科学合理设计教学活动,灵活选用项目教学、案例分析、分组讨论、角色扮演、启发引导等教学方法,引导学生积极思考、乐于实践,灵活运用教材进行施教即可收到理想的教学效果。

　　本教材的另一个特色是有动画、视频、拍摄图片等数码资料,减少教材的编写字数。按现在一般高职高专的植物组培教材,字数一般在 30 万字以上,如果通过动画、视频、图片、图解、电子课件等数码材料加以辅助,则不但可以将一些抽象枯燥的理论和高深技术变得具体、形象和生动,而且能节约很多文字的叙述,从而增加教材的可读性,提高阅读效率;此外,还能减少教师备课的工作量,又能提高教学效果。配套的视频、图片等数码资料可由采纳本教材的学校或组培企业到浙江大学出版社网站上免费下载(网址是:http://www.zju-press.com,联系方式:0571-88925936),但这些视频、图片不能用于商业行为。

　　本教材由郑春明担任主编,罗君琴和吕伟德担任副主编。编写分工如下:模块 1"植物组培实验室的规划设计"由胡安生研究员和郑慧俊合编,模块 2"培养基及其配制技术"、模块 3"灭菌与无菌操作技术"和模块 4"营养器官与花器培养"由郑春明编写,模块 5"常见植物组培的关键技术"由胡安生研究员编写,模块 6"植物脱毒技术"由罗君琴编写,模块 7"试管苗的驯化与移栽"由吕伟德编写。模块 8"植物组培工厂化生产"由胡安生研究员编写。

在编写本教材的过程中得到了浙江省教育厅、台州科技职业学院的支持,也得到了浙江省柑橘研究所的支持,在此我表示衷心的感谢。此外,教材中的引文和图表及与教材配套的从网上搜集的部分视频、图片等数码资料由于时间久远,因此难以一一注明出处,但对于这些数码资料的制作者我们在此表示诚挚的感谢。由于编者水平有限,加上时间仓促,错误之处在所难免,恳请各位专家和同行批评指正。

编　者

2011 年 5 月

目 录

模块 1　植物组培实验室的规划设计

知识目标

- 正确理解植物组织培养的概念、类型、特点及应用
- 掌握细胞全能性理论、植物的再生性和根芽激素理论
- 理解组培实验室和育苗工厂的设计原则和总体要求
- 初步理解常用仪器设备的操作原理

技能目标

- 能够正确识别组培实验室和育苗工厂的基本组成,并能叙述其主要功能
- 能够根据生产需要和实际情况初步科学设计实验室和育苗工厂
- 能正确说出常见组织培养的仪器和设备的用途
- 掌握组培实验室的安全管理和应急措施

态度目标

- 使学生正确理解学习组培的重要性
- 爱护实验室设备仪器

　　植物组织培养是现代生物技术的重要部分,组培苗是一项能获得大量同源母本基因幼苗的生物技术,又称植物克隆育苗技术。植物组织培养是生物技术在农业乃至其他领域应用较成熟、较广泛的一项新技术,已形成了产业化的新兴产业。

单元 I　植物组培的基础知识

资料库

增殖快繁、继代培养(见彩页图 1-1、图 1-2);组织培养及其应用的视频(见网站)

任务栏

1.在 10 分钟内口头叙述植物组织培养概念、类型和特点。

2.请你在 20 分钟内用文字或图解正确表达组织培养体系的建立。

3.请你在 10 分钟内口头表述细胞的全能性、细胞分化、植物的再生作用概念。

4.请你在 10 分钟内用文字正确表达组培室的安全防范。

5.请你在 10 分钟内口头表述愈伤组织形成和形态发生。

6.根芽激素理论在植物组织培养中的重要意义,请你在 3 分钟内口头表述。

想一想

1.什么是植物细胞的全能性?什么是植物的再生性?

2.愈伤组织形成的分裂期有何变化?其原因是什么?

3.脱分化与再分化是否相同?

4.根芽激素理论的基本点是什么?

5.组培实验室的设计原则是什么?

演示操作区

1.教师用视频、ppt 资料演示植物组织培养全过程。

2.参观一次组培实验室或企业。

理论学习

一、植物组织培养的概念、类型与特点

(一)植物组织培养的概念

植物组织培养(plant tissue culture)是指用无菌方法使植物体的离体器官、组织和细胞在人为提供的条件下生长和发育的所有培养技术的总称。一般而言就是利用植物体的器官、组织或细胞等离体材料,通过无菌操作接种于人工配制的培养基上,在一定的光照、温度和通气等条件下进行培养,使之生长发育的技术称为植物组织培养,狭义而言就是对植物的组织(如分生组织、表皮组织、薄壁组织等)及培养产生的愈伤组织(callus)实行离体培养的技术体系,因培养的植物材料已离开母体,也称之为离体培养(in vitro culture)。其理论基础就是植物细胞全能性的理论(cell totipotency),即植物有核细胞能够发育成为一棵完整植株的潜能,就是说正常植物体的每一个细胞,因都含有该物种的全部遗传信息,在一定的条件下都具有发育成一株完整个体的潜在能力。组织培养的理论、实践、技术和方法不断完善和发展,已形成独具特色的专业技术;在实验技术上建立了较完整的实验程序,已成为一种重要和精细的实验技术。组织培养已广泛应用于生物学的许多分支学科,在现代生物技术中具有重要的地位,并取得丰硕的成果。

目前,植物组织培养在现代生物技术中,主要研究应用于种苗快速繁殖(rapid propagation)、无病毒苗(virus free)生产、新品种或种质资料的培育(breeding)。如用花药培养单倍体植株,用原生质体进行体细胞杂交,转基因植物的快繁,用子房、胚和胚珠完成胚的试管发育和试管受精等;用于突变体的筛选;种质资源离体保存;工厂化育苗(industrilizing propagation),如兰花产业、其他花卉产业;用器官和细胞组培产生次生代谢物直接生产生物产品等技术领域。上述这些方面的应用还在广泛深入,科研极为活跃,成果不断涌现,并表现出多学科交叉的特征,具有巨大的可预期的发展潜力。

本课程的重点是脱毒与器官离体快繁,这是植物组织培养中最实用、最广泛、最具产业化规模和经济效益的部分,同时也是开展植物组织培养其他方面研发工作的重要基础。通过植物组培脱毒的特点是效率高、速度快、效益高,是传统脱毒无法比拟的。离体快繁的特点是植物组织培养特点的一部分,尤其表现为繁殖系数大、周年生产、繁殖速快、苗木整齐一致等,应用这项技术可以使一个植株或一个组织一年生产出几万到几百万甚至上千万株苗,是传统常规育苗所无法比拟的。目前试管苗在国际市场上已产业化,我国进入产业化比较成熟的有香蕉、甘蔗、桉树、葡萄、苹果、脱毒马铃薯、脱毒草莓、脱毒柑橘苗、花卉、部分中草药、芦荟等。

(二)植物组织培养的类型

1. 按外植体的来源与培养对象分类

植物组织培养的类型按外植体来源和培养对象分,一般可分为:

①器官培养(organ culture)。器官培养是指植物某一器官的全部或部分器官原基的离体培养,包括根(根尖),茎(茎尖、茎段、直立茎、攀援茎、缠绕茎、匍匐茎,取其带有节和腋芽或节间的茎段、块状茎、鳞状茎、根状茎、球茎、切取其带或不带芽眼、不定芽的均可),叶(包括叶原基、叶柄、叶鞘、叶片、子叶等叶组织),花,果实,种子等。

②组织培养(tissue culture)。组织培养是指对植物的各种组织进行离体培养的方法。常用的有分生组织(meristem)、形成层组织(cambium)、薄壁组织(parenchyma)、韧皮部(phloem)组织等。

③胚胎培养(embryo culture)。胚胎培养是指对植物成熟或未成熟胚及胚器官的离体培养,常用的有幼胚(immature embryo)、成熟胚(mature embryo)、胚乳(endosperm)、胚珠(ovule)、子房(ovary)等。

④细胞培养(cell culture)。细胞培养是对离体来源体单细胞或花粉单细胞或很小的细

胞团的培养,常用的有性细胞、叶肉细胞、根尖细胞、韧皮部细胞等。

⑤原生质体培养(protoplast culture)。植物原生质体是指被去掉细胞壁的、由质膜包裹的、具有生活力的裸细胞。对具有生活力的裸细胞进行培养就是原生质体的培养。

2.按快繁的增殖方式或途径

根据快繁的增殖方式或途径可以分为以下几类:

①器官发生型(organogenesis type)。如以茎尖培养时,调整细胞分裂素的浓度,使腋芽萌发继而形成丛生苗,芽增芽的方式是快繁的主要方法;器官发生型通过脱分化形成愈伤组织再分化而成再生植株。

②胚状体发生型(embryoidtype)。体细胞的增殖发育顺序类似受精卵,经过原胚→球形胚→心形胚→鱼雷胚→子叶胚5个时期,故称类胚途径,最后发育成完整植株。

③原球茎型(protocombtype)。在兰花的茎尖或侧芽培养中发现有白色桑葚状的圆球形突起,将其切割成小块会长出绿色莲座叶状的原球茎,再切割可建立为一个无性繁殖系,经激素调控可长成完整植株,这是兰花快繁的主要方法。

此外,培养类型还可按不同的划分依据而再有其他类型。如根据培养方式可分为固体培养和液体培养,固体培养法是最常用的方法。根据培养物量的多少,可有大量培养和微量培养。根据培养过程中是否需光,可分为光培养和暗培养。根据培养方法的不同,可分为平板培养、微室培养、悬浮培养等;按培养过程,可分为初代培养和继代培养。初代培养(primary culture)是指外植体的最初培养;继代培养(subculture)是指将初代培养得到的培养体移植于新鲜培养基中,这种反复多次移植的培养。

(三)植物组织培养的特点

1.培养条件可以人为控制

组织培养采用的植物材料完全是在人为提供的培养基质和小气候环境条件下进行生长,摆脱了大自然中四季、昼夜的变化以及灾害性气候的不利影响,且条件均一,对植物生长极为有利,便于稳定地进行周年培养生产。

2.生长周期短,繁殖率高

植物组织培养是由于人为控制培养条件,根据不同植物不同部位的不同要求而提供不同的培养条件,因此生长较快。另外,植株也比较小,往往20~30d为一个周期。所以,虽然植物组织培养需要一定设备及能源消耗,但由于植物材料能按几何级数繁殖生产,故总体来说成本低廉,且能及时提供规格一致的优质种苗或脱病毒种苗。

3.管理方便,利于工厂化生产和自动化控制

植物组织培养是在一定的场所和环境下,人为提供一定的温度、光照、湿度、营养、激素等条件,既利于高度集约化和高密度工厂化生产,也利于自动化控制生产。它是未来农业工厂化育苗的发展方向。它与盆栽、田间栽培等相比省去了中耕除草、浇水施肥、防治病虫害等一系列繁杂劳动,可以大大节省人力、物力及田间种植所需要的土地。

4.使用材料经济、保证遗传背景一致

组培材料仅使用植物体的小块组织,这就保证了材料的生物学来源单一和遗传背景一致,有利于组培的成功,而且所需材料仅几毫米甚至不到1mm,获取十分方便。由于取材少、获取方便、培养效果好、速度快,在实际应用中有独特的价值。

5.降低运输成本

将植物材料以组培形式保存在培养容器内运输,开展国家间或地区间的种质交换,能够节省时间、节省空间,降低运输成本,尤其能减少因从田间采集种子或其无性繁殖材料携带有害生物的危险性。

(四)植物组培养体系的建立

建立稳定高效安全的植物组织培养体系是离体培养成功的保证,尤其在规模化快繁时更为重要。建立植物组织培养体系需要以下系统的支持:生物学条件系统,这是植物组织培养体系中的主干系统,主要包括取材母株选取、外植体选取及灭菌处理、启动生长(初代培养)、扩繁增殖(继代培养)、壮苗驯化等;化学环境条件系统,如培养基的筛选及优化、pH和渗透压等;物理环境条件系统,如植物组织培养中温度、光照和湿度等。这些系统组合成一个环环相扣的组织培养体系,化学环境条件和物理环境条件两个系统则是保证主干系统正常高效运转的必要条件,从而完成从外植体到合格商品产出(包括次生代谢产物在内)的全部程序。检验这个体系是否高效的标准就是产出的苗商品性高、符合标准(国际标准、国家标准、地方标准、行业标准)、低耗低排、低成本、高效益。

二、植物细胞的全能性与植物的再生性

(一)植物细胞的全能性(totipotency of plant cells)

1902 年,Haberlandt(见图 1-1)提出细胞的全能性理论,直到 20 世纪 80 年代这一概念被解释为植物的每个具有完整细核的细胞都具有该植物的全部遗传信息,在适当条件下可表达出该细胞的所有遗传信息,分化出植物有机体所有不同类型细胞,形成不同类型的器官甚至胚状体,直至形成完整再生植株。也就是说,植物的大多数生活细胞,在适当条件下都能由单个细胞经分裂、生长和分化,形成一个完整植株的现象或能力。植物细胞培养中次生物质的产生及单细胞培养再生完整植株,都是细胞的全能性的表现,只是表现形式不同而已。全能性的概念包含两方面的含义,即首先无论植物的体细胞或生殖细胞都具有该物种的全部遗传信息;其次是每个植物细胞都有发育成完整再生植株的潜能。细胞的全能性是植物细胞的重要属性,这对于植物细胞的实际应用和基础研究有重要意义。

图 1-1　植物细胞全能性的提出者 Haberlandt(左),培养基首创者 White(右)

细胞是生物有机体的基本结构单位,特别是植物细胞又是在生理上、发育上具有潜在全能性较强的单位。在植物的生长发育中,从一个受精卵产生具有完整形态和结构机能的植株,这是全能性,是该受精卵具有该物种全部遗传信息的表现。同样,植物的体细胞,也

是从合子的有丝分裂产生的,也具全能性,具备着遗传信息的传递、转录和翻译的能力。在一个完整的植株上某部分的体细胞只表现一定的形态和一定功能,这是由于它们受到整个植株以及具体器官或组织基因的激活或阻遏以及所在环境的束缚,这种差异是遗传信息表达在调控机制下发生变化的结果,但其遗传潜力并没有丧失。一旦脱离原来所在的器官或组织,成为离体状态时,在一定的营养、激素和外界条件的作用下,就可能表现出全能性,而生长发育成完整的植株,但就现代科学水平而言,尚难实现所有离体细胞表现其全能性,一般在分生组织等全能性保持较好的细胞中表现出来。

(二)植物的再生作用

从植物分离出根、茎、叶等一部分器官,在切口处组织受到了损伤,但这些受伤的部位往往会产生新的器官,长出不定芽和不定根,从而成为新的完整的植株,这就是一种再生现象。人们利用植物的再生作用来进行无性繁殖,到近代又结合应用生根性生长调节剂,使原来扦插不易成活的种类也可进行。植物之所以会产生器官,是由于受伤组织产生了创伤激素,促进了周围组织的生长而形成愈伤组织,凭借内源激素和贮藏营养的作用又产生新的器官。

植物组织培养技术的成功,使植物的再生作用在更大的范围内表现出来,表现为植物种类增加,再生部位扩大。而且小到肉眼无法辨别、在解剖镜下操作的材料也可培养再生。在自然情况下,一些植物的营养器官和细胞再生比较困难,主要是由于内源激素调整缓慢或不完全,外界条件不易控制等因素所致。在组织培养人工控制培养的条件下,通过对培养基的调整,特别是对激素成分的调整,就有可能顺利地再生。

在组织培养中再生植株还可通过与合子胚相似的胚胎发育过程进行,即形成胚状体再发育成完整植株。在组培中诱导胚状体和诱导芽相比有以下优点:数量多,速度快,结构完整。在组织培养的研究中,已发现有分化胚状体能力的种子植物达117种。产生胚状体的离体培养物也是多种多样的,如从离体的根、茎、叶、花药、幼苗、子叶、子房中的合子胚、各种单细胞、游离的小孢子以及原生质体等。关于诱导胚状体产生的因素,目前认为是激素作用的结果。

📖 **开卷有益**

　　自然界中植物的再生现象是普遍存在的:如自然界中植物的任何生长部位受到自然灾害、病虫伤害、机械伤害等破坏性伤害,能自我恢复都属于植物的再生作用。尤其在畜牧业,牧草或其他乔灌木为动物所采食,但仍可恢复生长,被称为"补偿性生长",这就是植物再生作用。生产实践中的再生水稻、果树、园林绿化树木、古树名木、园艺作物的修复复壮或外科手术式管理等等,也是植物再生作用的应用。应当指出,植物再生作用的机理除上述植物激素的作用外,还有许多问题有待进一步深入研究。

(三)愈伤组织的形成和形态发生

1.植物组培专业术语及其概念

外植体(explant),即从植物体上分离下来的用于离体培养的材料。

分化(differentiation),即在植物的整个生活史中,其构造和机能从简单到复杂的变化过程称为发育。在植物的发育过程中,部分细胞丧失了分裂的能力而朝不同的方向发育,形成各种特殊构造和机能的细胞、组织和器官,称为分化。

脱分化(dedifferentiation),亦称去分化,是指已停止分裂的细胞或组织由于受到外界条件的刺激,重新获得分裂能力的过程。离体培养的外植物细胞要实现其全能性,首先要经历脱分化过程使其恢复分生状态然后才能进入再分化。

再分化(redifferentiation),即脱分化后具有分生能力的细胞再经过与原来相同的分化过程,重新形成各类组织和器官甚至形成完整植株的过程。再分化可以在细胞水平、组织水平、器官水平以及植株再生水平上实现。

愈伤组织(callus),即植物受伤后的伤口处或在植物组织培养中外植体切口处不断增殖产生的一团不定型的薄壁组织。愈伤组织可使伤口愈合,使表面细胞呈木栓化而起到保护作用;植物扦插时,愈伤组织可形成不定根;植物嫁接时,愈伤组织可使接穗和砧木愈合;在植物组织培养中,愈伤组织常可形成不定芽。

📖 开卷有益

愈伤组织的器官发生顺序有四种情况:①愈伤组织仅有根或芽器官的分别形成,即无根的芽或无芽的根;②先形成芽,再在芽伸长后,在其茎的基部长出根而形成小植株,多数植物属于这种情况;③先产生根,再从根的基部分化出芽而形成小植株,在双子叶植物中较普遍,而单子叶植物很少有这种情况;④先在愈伤组织的邻近不同部位分别形成芽和根,然后两者结合起来形成一株小植株。

胚状体(embroid),是指在离体植物细胞、组织或器官培养过程中,由一个或一些体细胞,经过类似胚胎发生和发育过程,形成的与合子胚相类似的结构。胚状体一般专指在组织培养条件下产生的非合子胚以区别于自然发生的珠心胚及其他通过无融合生殖和由合子胚分裂产生的胚。

初代培养(primary culture),是指在组织培养过程中,最初建立的外植体无菌培养阶段。由于首批外植体来源复杂,携带较多细菌,要对培养条件进行适应,因此,初代培养一般比较困难。

继代培养(subculture),是指更换新鲜培养基来繁殖同种类型的材料(愈伤组织、芽等)。

2.愈伤组织的形成和形态发生

(1)愈伤组织的形成

在植物细胞、组织和器官培养中,主要目标是诱导愈伤组织形成和形态发生,使一个细胞、一块组织或一个器官,通过脱分化形成愈伤组织,并再分化成植株。也就是说将外植体接种到人工培养基上,在激素作用下,进行愈伤组织诱导、生长和分化的培养过程。其整个过程大致可分为启动期、分裂期、分化期和形态发生期四个时期。在这四个时期中,其细胞组织的代谢状况、形态结构和细胞大小,都发生了明显的变化。愈伤组织的质地不同是由其内部结构上的差异所引起的。坚实致密的愈伤组织内无大的细胞间隙,而由管状细胞组成维管组织;松脆愈伤组织内有大量的细胞间隙,细胞排列毫无次序。

温馨提示

　　一般来说,愈伤组织的增殖生长只发生在不与琼脂接触的表面,而与琼脂接触的一面极少细胞增殖,只是细胞分化形成紧密的组织块。因此,由于愈伤组织的迅速增殖,整个愈伤组织小方块变成了一个不规则的馒头状的组织块。它是愈伤组织表面或近表面瘤状物生长的结果。

　　愈伤组织之间的质地有显著不同,有的很松脆,有的很坚实,且这两类愈伤组织可互相转变。其方法是:加入高浓度的生长物质,可使坚实的愈伤组织变为松脆。反之,减低或除去生长物质,则松脆愈伤组织可以转变为坚实。松脆愈伤组织都有大量的分生组织中心,进行活跃的细胞分裂,为大而未分化的细胞所分开;而不脆的愈伤组织很少分化,大都是高度液泡化的细胞。脆的愈伤组织是进行悬浮培养最适合的材料,稍经机械振荡,即可使组织分散成单细胞或少数几个细胞组成的小细胞团。在培养中细胞产生迅速增殖,而坚实的愈伤组织中的细胞间被果胶质紧紧地粘着,因而往往不能形成良好的悬浮系统。

（2）愈伤组织的形态发生

　　在组织培养中,通过一定处理,把一个已分化的有专一功能的细胞,转变为表现全能性的细胞,也是经脱分化过程,改变细胞原来的结构、功能,而回复到无结构的分生组织状态,即愈伤组织状态。从愈伤组织分生细胞团再分化,进行形态建成,从而产生完整的植株。

　　胚状体也是植物组织培养形态发生最常见而重要的方式,它较不定芽方式有更多的优点:如胚状体产生的数量比不定芽多;胚状体可制成人工种子,便于运输和保存;胚状体的有性后代遗传性更接近母体植株。这些对组织培养应用于育种是十分有利而重要的。

三、组培苗遗传稳定性的问题

　　遗传稳定性问题,即保持原有良种特性问题。虽然植物组织培养中可获得大量形态、生理特性不变的植株,但通过愈伤组织或悬浮培养诱导的苗木,经常会出现一些体细胞变异个体,虽然其中有些是有益变异但更多的是不良变异,诸如观赏植物不开花、花小或花色不正,果树植物不结果、抗性下降或果小、产量低、品质差等问题,在生产上造成很大损失,并容易引起经济纠纷,如香蕉试管苗中的不良变异表现为植株矮小、不结果,给果农造成损失。

　　许多研究表明,在植物组织与细胞培养过程中,细胞、组织和再生植株以及后代中会出现各种变异,这种变异具有普遍性,即不限于某些物种,也不局限于某些器官。变异所涉及的性状也相当广泛。

　　在进行植物快速微繁时,应尽量采用不易发生体细胞变异的增殖途径,以减少或避免植物个体或细胞发生变异,如采用生长点、腋芽生枝、胚状体繁殖方式,可有效地减少变异,缩短继代时间,限制继代次数,每隔一定继代次数后,重新开始接外植体进行新的培养;取幼年的外植体材料;采用适当的生长调节物质种类和较低的浓度;减少或不使用培养基中容易引起诱变的化学物质;定期检测、及时剔除生理、形态异常苗,并进行多年跟踪检测,调查再生植株开花结实特性,以确定其生物学性状和经济性状是否稳定。

单元 Ⅱ　植物组培实验室的规划设计

资料库

家庭组培(见彩页图 1-3),企业组培(见彩页图 1-4),培养温室(见彩页图 1-5 中)

任务栏

请用 10 分钟正确表述组织培养实验室设计原则。

演示操作区

在教师指导下参观一家规模经营的组织培养实验室。

想一想

1.组织培养实验室应该怎样选址?其设计原则是什么?

2.组织培养实验室由哪些部分组成的?

3.组织培养实验通用设备有哪些?

理论学习

组织培养实验室应该建立在安静、清洁、远离污染源的地方,最好在常年主风向的上风方向,尽量减少污染。规模化生产的组织培养实验室应建在交通方便的地方,以便于培养物料和产品的运送。

实验室的建设需考虑两个方面的问题:一是所从事的实验的性质,是生产性的还是研究性的,是基本层次的还是较高层次的;二是实验室的规模,规模主要取决于经费和实验性质。

设计组织培养实验室时,首先应对工作中需要哪些最基本的设备条件有个全面的了解,以便因地制宜地利用现有房屋,或新建、改建实验室。实验室的大小取决于工作的目的和规模。以工厂化生产为目的,实验室规模太小,则会限制生产,影响效率。在设计时,应按组织培养程序来设计,避免环节倒排,引起日后工作混乱。植物组织培养是在严格无菌的条件下进行的。要做到无菌的条件,需要一定的设备、器材和用具,同时还需要人工控制温度、光照、湿度等培养条件。

组织培养实验室实际上就是从组培材料进到合格商品苗出的生产线,实验室的各个分区单元就是生产车间,各个分区单元就是按组培体系建立的要求顺序排列的。实验室是一个无菌系统,是一个光、温、湿、气可控系统,这都是建立组培体系的必要保证系统。无论实验室的性质和规模如何,实验室设置的基本原则是:科学、节能、减排、低耗、高效、经济和实用。组织培养实验室布局的总体要求是:便于隔离、便于操作、便于灭菌、便于观察、适合于生产技术路线。

一个组织培养实验室必须满足三个基本的需要:实验准备(培养基制备、器皿洗涤、培养基和培养器皿灭菌)、无菌操作和控制培养。此外,还可根据从事的实验要求来考虑辅助实验室及其各种附加设施,使实验室更加完善。

一、植物组培实验室的规划布局

植物组织培养实验室包括基本实验室和辅助实验室。

(一)基本实验室

基本实验室包括准备室、洗涤灭菌室、无菌操作室、培养室、缓冲间和温室,是组织培养实验所必须具备的基本条件,其平面图布置如图1-2所示。如进行工厂化生产,基本实验室用房的总面积和间数要按实际需要来安排。

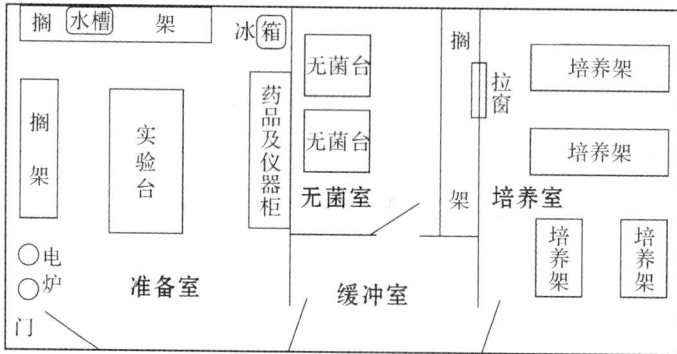

图1-2 植物组织培养实验室平面图

1.准备室

准备室主要用于进行一切与组织培养有关的准备工作,包括各种药品的贮备、称量、溶解、器皿洗涤等。一般准备室面积在 $15 \sim 20 m^2$ 左右;宽敞明亮,便于放置多个实验台和相关设备,方便多人同时工作;通风条件好,便于气体交换;地面应便于清洁、防滑。准备室应具备水、电、实验台、药品柜、水池、仪器、药品、防尘橱或架、冰箱、天平、离子交换器、蒸馏水器等。

2.灭菌、洗涤室

灭菌、洗涤室用于完成培养基的灭菌和各种器具的洗涤、干燥、保存等。地面应耐湿防滑并排水良好。洗涤灭菌室根据工作量的大小决定其大小,一般面积控制在 $30 \sim 50 m^2$。在实验室的一侧设置专用的洗涤水槽,用来清洗玻璃器皿;另一侧设置培养基配制及灭菌室,该区块往往设有中央实验台,其附近还常配置2个水槽,用于清洗小型玻璃器皿。

本室应配备高压灭菌锅、煤气灶或电磁炉、中央实验台、超声波清洗器、干燥灭菌器(如烘箱)、酸度计及常用的培养基配制用器材、水槽、落水架、推车等。

3.缓冲间

缓冲间是进入无菌室前的一个缓冲场地,可减少人体从外界带入的尘埃等污染物。工作人员在此换上工作服、拖鞋,戴上口罩,才能进入无菌室和培养室。进入无菌操作室前在此更衣换鞋,以减少进出时将杂菌带入接种室。

缓冲间可建在无菌操作室外,应保持清洁无菌;备有鞋架和衣帽挂钩,并有清洁的实验用拖鞋、已灭菌过的工作服;墙顶用1～2盏紫外灯定时照射,对衣物进行灭菌。缓冲间的门应该与接种室的门错开,两个门也不要同时开启,以保证无菌室不因开门和人的进出带进杂菌。

4.无菌操作室(接种室)

无菌操作室也称接种室(见彩页图1-4左),用于植物材料的消毒、接种、培养物的转移、试管苗的继代以及一切需要进行无菌操作的技术程序,是植物离体培养研究或生产中最关键的区域。

接种室宜小不宜大,一般20m²左右,其规模根据实验需要和环境控制的难易程度而定,大型实验室可根据实际需要增加几间。要求封闭性好,干爽安静,清洁明亮,能较长时间保持无菌;地面、天花板及四壁密闭光滑,易于清洁和消毒;配置滑动拉门,以减少开关门时的空气扰动;为便于消毒处理,地面及内墙壁都应采用防水和耐腐蚀材料;为了保持清洁,无菌室应防止空气对流。接种室要求在适当位置吊装1～2盏紫外线灭菌灯,用以照射灭菌。安装空调,使室温可控,这样可使门窗紧闭,减少与外界空气对流。

新建实验室的无菌室在使用之前应进行灭菌处理,处理方法是甲醛和高锰酸钾熏蒸,并需定期灭菌处理,每次使用前用紫外线照射30分钟。

本室应配备超净工作台、紫外灯、空调、解剖镜、消毒器、酒精灯、接种器械(接种镊子、剪刀、解剖刀、接种针)、医用推车、实验台及搁架等。

5.培养室

培养室(见彩页图1-4右)的作用是对接种到培养瓶等器皿中的植物离体材料进行调控下的培养,是研究性实验室或生产性培养材料进行培养的场所。培养室约需20m²左右,培养室的大小可根据培养架的大小、数目及其他附属设备而定,可同时设多间,其设计以充分利用空间和节省能源为原则。基本要求是能够控制光照和温度,并保持相对的无菌环境,因此,培养室应保持清洁和适度干燥;为满足植物培养材料生长对气体的需要,还应安装排风窗和换气扇等换气装置;为节省能源和空间,应配置适宜的培养架,并安装日光灯照明。

研究用实验室,通常可根据光照时间设置成长日照、中日照、短日照培养室,也可以根据温度设置成高温和低温培养室,每一个培养室的空间不宜过大,便于对条件的均匀控制。进行精细培养类型如细胞培养和原生质体培养,可采用光照培养箱或人工气候箱代替培养室。

为了控制培养室的温度和光照时间及其强度,培养室的房间不需要窗户,但应当留一个通气窗,并安上排气扇。室内温度由空调控制,光照由日光灯控制。天花板和内墙最好用塑料钢板装修,地面用水磨石或瓷砖铺设,一般要分两间,一间为光照培养室,另一间为暗培养室。培养室外应有一预备间或走廊。

培养材料放在培养架上培养。培养架大多由金属制成,一般设4～5层,应按光照强度和光质要求设置光源;培养室最重要的因子是温度,一般保持在20～27℃,具备产热装置,并安装窗式或立式空调机。由于不同种类的植物需要不同温度,因此应有不同的培养室。

室内湿度也要求恒定,相对湿度以保持在75%～85%为好,可安装加湿器。控制光照时间可安装定时开关钟,一般需要每天光照10～16h,也有的需要连续照明。短日照植物需要短日照条件,长日照植物需要长日照条件。现代组培实验室大多设计为采用天然太阳光照作为主要能源,这样不但可以节省能源,而且组培苗接受太阳光会生长良好,驯化易成活。在阴雨天可用灯光作补充。

本室应配备培养架(控温控光控湿)、自动控时器、空调、紫外灯、光照培养箱或人工气候箱、生化培养箱等,还可根据需要配备摇床、转床。

6. 温室

无论什么性质和规模的组培室都要配有温、湿、光、水、气可控的温室,主要用于炼苗驯化以及培育成商品苗。应根据目标任务的不同,委托专业机构设计施工。

（二）辅助实验室

根据研究或生产的需要而配套设置的专门实验室,主要用于细胞学观察和生理生化分析等。

1. 细胞学实验室

功能:用于对培养物的观察分析和培养物的计数,对培养材料进行细胞学鉴定和研究,由制片室和显微观察室组成。制片是获取显微观察数据的基础,配备有切片机、磨刀机、温箱及样品处理和切片染色等设备。应有通风橱和废液处理设施。显微观察室主要需配显微镜和图像拍摄、处理设备。

要求:明亮、清洁、干燥,防止潮湿和灰尘污染。

设备:双筒实体显微镜、显微镜、倒置显微镜等。

2. 生化分析实验室

生化分析实验室是以培养细胞产物为主要目的的实验室,应建立相应的分析化验实验室,随时对培养物成分进行取样检查。如需进行大型次生代谢物生产,还需建立有效分离实验室。

（三）组培室通用仪器设备和器皿及基本设备配置

1. 常规设备

（1）天平

组织培养实验室需要2～3台不同精度的天平。感量0.001g的天平和感量0.0001g的天平(电子分析天平)用于称量微量元素和一些较高精确度的实验用品。感量0.01g和0.1g的天平,用于大量元素母液配制和一些用量较大的药品的称量。

（2）冰箱

各种维生素和激素类药品以及培养基母液均需低温保存,而某些试验还需经过低温处理的植物材料,因此,需配冰箱,而一般普通冰箱即可满足需要。

（3）酸度计

用于测定培养基及其他溶液的pH,一般要求可测定pH范围在1～14之间,精度0.01即可。

（4）离心机

用于细胞、原生质体等活细胞分离,亦用于培养细胞的细胞器、核酸以及蛋白质的分离提取。根据分离物质不同配置不同类型的离心机。

细胞、原生质体等活细胞的分离用低速离心机,核酸、蛋白质分离用高速冷冻离心机,规模化生产次生产物,还需选择大型离心分离系统。

（5）加热器

加热器主要用于培养基的配制。研究性实验室一般选用带磁力搅拌功能的加热器,规模化大型实验室用大功率加热和电动搅拌系统,电磁炉、煤气灶均可。

（6）其他

具体如纯水器、分装设备等。

2. 灭菌设备

维持相对无菌环境是组织培养实验室的基本要求,因此需配备灭菌设备。

（1）高压灭菌锅

用于培养基、玻璃器皿以及其他可高温灭菌用品的灭菌,根据规模大小有手提式、立式、卧式等不同规格。

（2）干热消毒柜

用于金属工具如镊子、剪刀、解剖刀,以及玻璃器皿的灭菌。一般选用 200℃ 左右的普通或远红外消毒柜。

（3）过滤灭菌器

用于一些酶制剂、激素以及某些维生素等不能高压灭菌试剂的灭菌,主要有真空抽滤式和注射器式。

（4）紫外灯

紫外灯主要用于方便经济地控制无菌环境的装置,是缓冲间、接种室和培养室的必备。

3. 无菌操作设备

（1）接种箱

接种箱是使用较早的最简单的无菌装置,主体为玻璃箱罩,入口有袖罩,内装紫外灯和日光灯,使用时对无菌室要求较高。

（2）超净工作台

其操作台面是半开放区,具有方便、操作舒适等优点。通过过滤的空气连续不断吹出,大于 $0.03\mu m$ 直径的微生物很难在工作台的操作空间停留,保持了较好的无菌环境。由于过滤器吸附微生物,使用一段时间后过滤网易堵塞,因此应定期更换。

4. 培养设备

培养设备是指根据需要所选用的不同规格和控制精度的用于植物细胞、组织和器官培养的设施和设备。

（1）培养架

培养架是目前所有植物组织培养实验室植株繁殖培养的通用设施。优点是成本低、设计灵活、可充分利用培养空间,以操作方便、最大限度利用培养空间为原则。一般有 4~5 层,层间间隔 40~50cm,光照强度可根据培养植物特性来确定,一般每层配备 2~3 盏日光灯。

（2）培养箱

细胞培养、原生质体培养等要求精确培养的实验,可用光照培养箱、CO_2 培养箱、湿度控制培养箱等培养。

（3）摇床

进行液体培养时,为改善通气状况,可用振荡培养箱或摇床。

（4）生物反应器

进行植物细胞生产次生产物的实验室,还需生物反应器。

5.其他设备

可安装时间程序控制器、温度控制系统或空调,实体显微镜、倒置式生物显微镜及配套的摄影、录像和图像处理设备,电泳仪、萃取和层析设备、紫外分光光度计、高效液相色谱仪、气相色谱仪、酶联免疫测定系统等其他设备。

（四）培养容器与用具

培养容器是指盛有培养基并提供培养物生长空间的无菌装置,培养用具是指培养物接种、封口所用的各种金属或塑料制品,为实验室必备。

1.培养容器

培养容器包括各种规格的培养皿、三角瓶、试管、培养瓶。玻璃容器一般用无色并不产生颜色折射的硼硅酸盐玻璃材质。塑料容器材质轻、不易破碎、制作方便、使用广泛,一般为聚丙烯、聚碳酸酯材料的培养容器。

2.金属用具

（1）镊子

植物组织解剖用小的尖头镊子,分株转移繁殖转接用枪形镊子,16～22cm 长。

（2）剪刀

不锈钢医用弯头剪,用于取材和切段转移繁殖,14～22cm 长。

（3）解剖刀

茎段等组织切段,多用短柄可换刀片的医用不锈钢解剖刀。

（4）其他用具

接种铲、接种针在花药培养、花粉培养中有用。

二、各种封口膜、盖、塑料盘及其他组培室药品试剂配置

在研究型的组织培养中,可以采用分析纯或优极纯的药剂,而在生产型的组织培养中,则可采用化学纯或工业纯的化学试剂。以 MS 培养基为例,其使用的常用化学药剂如表 1-1 所示。

表 1-1　常用化学药剂

名　称	特　性
（1）硝酸铵 （亦称硝铵）	化学式为 NH_4NO_3,式量为 80.048,其纯品为无色透明菱形结晶,比重 1.73,易溶于水,并吸收大量的热,在空气中容易潮解。水溶液呈中性反应。由于硝酸铵是一种易燃、易爆物,因此在使用中应该贮存在阴冷之处。已经结块的硝酸铵切忌敲打、撞击,可用水进行溶解。
（2）硝酸钾 （亦称火硝）	化学式为 KNO_3,式量为 101.104,其纯品为无色透明的棱柱结晶,比重 2.10,易溶于水,几乎不溶于无水乙醇。
（3）氯化钙 （亦称无水氯化钙）	化学式为 $CaCl_2$,式量为 110.99,其纯品为白色结晶,比重 2.15,在空气中具强吸湿性,易溶于水同时放出大量的热。
（4）硫酸镁 （亦称泻盐）	化学式为 $MgSO_4 \cdot 7H_2O$,式量为 246.50,其纯品为透明菱形结晶,比重 1.68,具苦味,易溶于水,不溶于乙醇。

名　称	特　性
(5)磷酸二氢钾 (亦称磷酸钾复合肥)	化学式为 KH_2PO_4,式量为 136.09,其纯品为正方形无色结晶,比重 2.33,有较强的酸味,易溶于水,不溶于乙醇。溶液呈微酸性反应。磷酸二氢钾在 96℃时会溶化成透明的液体,这样就会转化为偏磷酸钾,因此在使用时注意不要使它经受高温环境。
(6)碘化钾	化学式为 KI,式量为 166.02,其纯品为透明的小块结晶,比重 3.115,在干燥的空气中稳定,易溶于水,其水溶液在遇光后因析出游离碘而逐渐变黄。
(7)硼酸 (亦称正硼酸)	化学式为 H_3BO_3,式量为 61.84,其纯品为六角形白色鳞片状结晶,具珠光,比重 1.46,溶于水,易溶于乙醇,当加热至 107℃时会失去部分的水而转变为偏硼酸。水溶液呈酸性反应。
(8)硫酸锰	化学式为 $MnSO_4 \cdot 5H_2O$,式量为 241.07,其纯品为红色结晶,比重 2.1,具金属味,易溶于水,不溶于乙醇。在制备过程中,如果溶液在 $-4\sim6℃$ 间结晶时,可制成七水硫酸锰($MnSO_4 \cdot 7H_2O$);在 $20\sim40℃$ 间时,可获得四水硫酸锰($MnSO_4 \cdot 4H_2O$);在 280℃时加热,带有结晶水的硫酸锰直至恒重,则可获得无水硫酸锰($MnSO_4$)。
(9)硫酸锌 (亦称锌矾)	化学式为 $ZnSO_4 \cdot 7H_2O$,式量为 287.55,其纯品为无色菱形结晶,比重 1.96,在干燥的空气中会风化,易溶于水,当 39℃时溶于所含结晶水,并转变为 $ZnSO_4 \cdot 6H_2O$。
(10)钼酸钠	化学式为 Na_2MoO_4,式量为 241.98,其纯品为无色结晶,溶于水
(11)硫酸铜 (亦称胆矾)	化学式为 $CuSO_4 \cdot 5H_2O$,式量为 249.71,其纯品为深蓝色结晶,比重 2.29,具强烈的金属味,易溶于水,在干燥的空气中容易风化而变成白色粉末,即无水硫酸铜。水溶液呈弱酸性反应。
(12)氯化钴 (亦称氯化亚钴)	化学式为 $CoCl_2 \cdot 6H_2O$,式量为 372.26,其纯品为红色单斜结晶,比重 1.84,在室温下稳定,极易溶于水,可溶于乙醇。在 $45\sim52℃$ 时加热,会逐渐变为 $CoCl_2 \cdot 4H_2O$。
(13)乙二胺四乙酸二钠	化学式为 $Na_2EDTA \cdot 2H_2O$,式量为 372.26,其纯品为白色结晶状粉末,无味、无毒、可溶于水,容易和金属离子形成络合物。
(14)硫酸亚铁 (亦称黑矾、铁矾)	化学式为 $FeSO_4 \cdot 7H_2O$,式量为 278.02,其纯品为淡绿色结晶,比重 1.89,易溶于水,不溶于乙醇,在干燥空气中风化而变为白色粉末。
(15)甘氨酸 (亦称氨基醋酸、氨基乙酸)	化学式为 $C_2H_5NO_2$,式量为 75.07。纯品为白色结晶性粉末。味甜,能溶于水,微溶于醇,几乎不溶于醚。233℃开始分解。密封闭光保存。
(16)肌醇 (亦称环己六醇)	化学式为 $C_6H_{12}O_6$,式量为 180.16。为构建细胞壁的材料。它在离子平衡、磷脂代谢、碳水化合物合成等过程中起着重要的作用。
(17)烟酸 (亦称维生素 B_3)	化学式为 $C_6H_5NO_2$,式量为 123.11。纯品为无色针状结晶。无气味,在空气中稳定,能溶于水、乙醇,不溶于醚、酯类溶剂。熔点 236℃。密封闭光保存。
(18)盐酸吡哆醇 (亦称维生素 B_6、盐酸吡哆素)	化学式为 $C_8H_{12}ClNO_3$,式量为 205.64。纯品为白色结晶。无气味,在空气中稳定,能溶于水、乙醇,不溶于酸。$205\sim212℃$分解。密封闭光保存。
(19)盐酸硫胺素 (亦称维生素 B_1)	化学式为 $C_{12}H_{17}ClN_4OS \cdot HCl$,式量为 337.28。纯品为白色结晶。在空气中稳定,能溶于水、乙醇,不溶于酸。密封闭光保存。

续表

名　称	特　性
(20)6-苄基腺嘌呤 (缩写为BA,亦称 6-BA、普鲁马林)	是一种植物生长调节剂,化学式为 $C_{12}H_{11}N_5$,式量为225.26。纯品为白色结晶,熔点235℃,难溶于水,易溶于丙酮、乙醇等有机溶剂,在酸性介质中较为稳定。其主要的生理作用为能够促进蛋白质的合成,诱导芽分化,延缓叶衰老,促进细胞分裂。
(21)萘乙酸 (缩写为NAA, 亦称α-萘乙酸、 生长素、1-萘乙酸)	是一种植物生长调节剂,化学式为 $C_{12}H_{10}O_2$,式量为186.20。纯品为白色针状结晶,熔点133~135℃,沸点285℃(分解)。在冷水中微溶,在热水中易溶,易溶于冰醋酸、丙酮、乙醚等有机溶剂中。在空气潮解,见光会变色。它有α和β两种类型,通常所说的萘乙酸指的是α型。其主要生理作用为能够诱导根分化,防止器官脱落,诱导无籽果实,促使种子萌发等。
(22)腺嘌呤 (缩写为AD)	化学式为 $C_5H_5N_5 \cdot 3H_2O$,式量为189.13。纯品为白色结晶性粉末。在空气中稳定,微溶于水。它是合成细胞分裂素的前体,主要的生理功能为促进细胞分裂。
(23)赤霉酸 (缩写为CA₃, 亦称激动素、 滥长素、九二零等)	是一种植物激素,纯品为八面体双锥形白色结晶,熔点233~235℃(分解),难溶于水,其钾盐、钠盐易溶于水,易溶于丙酮、甲醇、乙醇。赤霉素的化学性质比较稳定,但应该在低温环境下进行贮藏,其水溶液不稳定。其主要的生理作用为促进细胞的伸长,防止离层形成,能够解除休眠。
(24)蔗糖	化学式为 $C_{12}H_{22}O_{11}$,式量为342.30。纯品为无色单斜型结晶、白色颗粒或晶体粉末。味甜,在空气中稳定,易溶于水,能溶于乙醇,可被稀酸水解为果糖、葡萄糖。在160~180℃间分解。密封保存。
(25)琼脂 (亦称洋菜)	是从石花菜等海藻中所提取的白色黏胶状物质,在热水中能溶解,其溶液遇冷凝固,可用于配制培养基,作为外植体的支撑物。
(26)肌醇	化学式为 $C_6H_{12}O_6$,式量为180.16。纯品为白色结晶粉末,有甜味,在空气中不潮解。溶于水,微溶于醇,熔点225~227℃。密封保存。

三、学校组培室的布局与设计

教学型植物组织培养实验、实训是实现高等院校培养目标的重要教学环节,是培养生物类专业高技能应用型人才的重要场所,也是教师及学生进行组培科学研究的场所,同时还是一个具备一定组培苗生产能力的组培苗生产基地。按前述的组培实验室建设规范布局设计是基础,加强和健全管理是关键。

(一)教学植物组织培养实训室的布局设计

从组培实训室功能来看,组培实验实训室是学生实验的重要场所,可以培养学生的实际操作技能,也是生物系列教师科学研究的小型研究室;同时还是学生的生产实习基地和新品种种苗工厂化生产的车间。

基于以上功能,组培实验实训室的布局设计目标是:①严格按组培实验室的结构和功能布局设计(前述),能满足日常教学活动的基本需要;②具有较先进的组织培养仪器设备,能满足教师组培科研方面的基本需要;③建筑面积和设计能满足小型规模化生产的需要。设计和规划应达到科学、高效、经济和实用的目标,具有实用性、先进性、前瞻性及节约性的特点。

(二)教学用植物组织培养实验实训室的规划布局及相关设备配置

组培实训室由于需要兼顾学生实训实习、教师科研和植物新品种组培种苗生产三方面的需要,建筑面积最好能达到 $200m^2$ 左右,可满足一个班约40人左右的组培实验实训。在结构安排上应有贮藏室、药品室、准备间(包含洗涤区、药品称量区、培养基制备区及灭菌区四个工作区)、缓冲间、无菌室、培养室及分析室,并相互间严格区隔。贮藏室面积约 10m²,主要用于堆放组培瓶等杂物。药品室面积约 10m²,应配有药品柜、冰箱等,主要用于贮藏各类药品。准备间面积约 60～80m²(准备间亦应按功能区隔为:洗涤区——应配置有大型水槽及多个水龙头;药品称量区——须有工作台面并铺设防震材,以供放置称量仪器如电子天平、普通天平等;灭菌区——要配置高压灭菌锅,同时还应配置 380V 50Hz 专线电源,并设保护的空气开关;培养基制备区——应配有大型实验桌、搁架、电炉、蒸馏水器等),准备间按功能区隔后各间的面积应按实际操作人数决定。缓冲间面积约 10m²,它是从准备间进入无菌室的通道,应备有灭过菌的工作服、拖鞋、口罩等以防带入杂菌。无菌室面积约 20m²,要求干爽、安静、清洁明亮,门窗要密闭,在适当位置安装紫外线灯及空调机,并配备超净工作台、搁架等设施。培养室要求干净明亮,采光性、保温性好,在适当位置装配紫外线灯及换气扇,可设计成若干间,面积各为 20m²,这样既可满足科学试验的需要,也可满足一定规模的苗木生产需要。培养室内应根据面积大小配置一定数量具光照设备的培养架及一定规格的空调机。分析室面积约 10～20m²,室内有实验台,供放置各类显微镜、解剖镜等,主要用于培养过程中对培养物的观察及分析。(注:各区的门均用拉门,用无色玻璃。)

(三)植物组织培养实验室的管理

1.严格的安全管理

安全管理是组培实验室管理的首要目标,组培实训中要注意多处必须特别加以重视的盲点,否则就会酿成重大的安全事故。

(1)组培实验室用电安全管理

组培室用电量很大,对于电器设备引发的火险必须特别加强防范。这种危险来自于电源、开关、电线,线路不规范、型号不匹配、保险丝不匹配等都可能导致电线起火或者停电。

(2)压力容器使用安全管理

高压灭菌锅的日常使用必须严格按照操作规程进行,使用者须经备训,整个灭菌过程应有专人使用看管。在使用中,如果夹层有压力,应拉动安全阀数次,确保安全阀工作正常,更应防止人员脱岗致使蒸汽压力超过额定压力造成锅体爆炸破裂。灭菌完成后,必须关闭电源,放完锅内的蒸汽,使压力下降为零时,才能开启锅门,切忌强行开盖(或门),以防高压蒸汽对人体和设备的伤害。每天连续使用时间应小于 8 小时。使用一年之后,要请有资格的检测部门做一次全面的检查和维护,超过使用期限必须报废。

(3)有毒化学药品安全管理

氯化汞是一种剧毒药品,必须严格管理。①氯化汞应由至少两名实验管理人员或教师共同掌管,每次使用时要详细登记,禁止私人带出实验室。②采用专门的药匙、烧杯、量筒来配制,称量后垫在天平盘上的纸应及时清除,配制完后要立即洗手。

2.消毒过程的严格管理

在消毒操作过程中应小心谨慎,避免接触皮肤,特别要提防在搅拌或振荡消毒液时溅入五官。消毒完成后的废液应置于专门的污物桶。

实验室消毒常用的甲醛对眼睛有很强的刺激作用,每次消毒后要开启窗户,待气味散尽后再进入室内。

3.紫外线安全管理

当紫外线灯开启时,不得进入实验室内,紫外线灯关闭30分钟后方可进入。

(四)定期消毒管理

组培室应随时保持清洁卫生,严防污染源的产生和扩散。特别是学生实训过程中出现的一些被污染的试管苗应及时清理干净。组培室对无菌条件要求很高,特别是无菌室及培养室,应保持无菌状态。因此,应定期进行消毒处理。培养室可每周进行一次30分钟的紫外线灯消毒处理,按需要定期进行甲醛与高锰酸钾熏蒸消毒。无菌室在使用前应进行紫外线灯消毒30分钟,并用75%酒精喷雾消毒降尘处理,定期进行甲醛与高锰酸钾熏蒸消毒。

(五)实训、科研、生产有机结合的管理

结合人才培养目标及当前的生产实际情况,实施科研、生产、实训三方有机结合。按照"社会需求—教师科研—学生参与"三结合的模式,组培实验实训室完全可以实现科研、实验实训、生产三者的有效结合。应根据市场需求选择研究课题,在科研过程中带动学生参与,既可以提高学生的专业学习兴趣,也可以培养他们的动手、动脑能力,提升他们的综合素质,同时也可为教师的科研工作提供人力资源支持。其次,可为农业生产提供大量的优质种苗,服务地方经济,使研究成果转化为现实生产力,为学校及订单单位带来一定的经济效益,同时也可扩大学校的知名度,为学校的招生及学生就业奠定基础。再次,学生利用课余时间,分实习小组定期参与组培生产,可提高学生的操作技能,为他们将来从事植物组织培养工作奠定基础。

四、家庭组培室的布局与设计

开展家庭组培是一件看似较难实际并不太难的事情,具备组培基本知识及有过实际工作经验者应该可以从事,若一知半解或认为只不过是几个瓶瓶罐罐,肯定不会成功,徒费人、财、物。家庭组培同样必须遵循组培的规律、程序和原则,一步也不可少。家庭组培讲究经济实惠,能省则省,能简则简,能代则代,少花钱多办事,需要多开动脑筋(见彩页图1-3)。

由于家庭组培是利用家庭空闲房间,甚至书房或车库,布局时不可能分区,全部操作可在一个房间内完成,但环境必须清洁卫生,通风、光线良好,一般家用空调、冰箱、水池、贮物柜应俱全并放置恰当,安装日光灯和紫外线灯。从外植体进入直至瓶苗的培养顺序不要倒置。

(一)器材和药品的准备

①接种箱,可按图1-3自制以代替超净工作台,内装日光灯、紫外线灯。

②高压灭菌锅,可用家用高压锅代替。

③1%天平。

④不锈钢锅或铝锅,用于煮制培养基。

⑤长柄调羹一个,用于煮制和分装培养基。

⑥未脱脂棉花、纱布和线若干,用于做瓶口的塞子。

⑦牛皮纸、橡皮圈若干,用于包瓶头和扎包头纸。

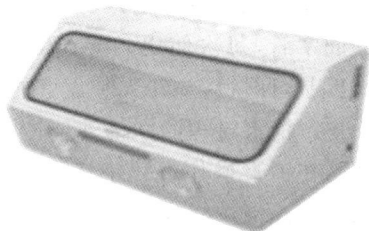

图1-3 接种箱

⑧酒精灯 1 盏,解剖刀 1 把,刀片若干,镊子 2 把,10ml、100ml 量筒各一个,2ml 移液管1 只,药棉若干。

⑨其他。玻璃培养器材可用不同大小之罐头瓶、玻璃杯或耐高温塑料杯、纸杯;所有药品激素均可在花卉市场上购买。

(二)培养基的配置和消毒

培养基每次配置 1 升为宜。煮制后用 pH 试纸测定后,分装成 35~40 瓶,塞好棉塞,包好包头纸(棉塞不能使用脱脂棉,棉塞的松紧以手提棉塞瓶子不滑落为宜)。然后放入家用高压锅里灭菌,待高压锅喷嘴喷出蒸汽时,扣上压力阀,从压力阀喷气时起计时,连续维持20 分钟后关火,压力消失后,开锅,取出配养基,放入接种箱内待用。灭菌后的培养基放置三五天后,若无霉菌生长才能使用。如有霉菌长出,说明灭菌时间不够,需要适当增加灭菌时间。

(三)外植体灭菌

将灭菌后的培养基、无菌水、消毒药水及使用的器材放入接种箱内,因接种箱内的体积相对较小,所以所用的一切物品都要有序地摆放在相应的位置上,箱内湿度较大,点酒精灯要用打火机。准备好倾倒污水、污物的容器,尽可能地大一些。把所有的物品放置好以后,将一装有福尔马林的 500ml 瓷杯或大碗放入箱内(最好不要使用玻璃杯,因反应时温度较高,容易炸裂)。倒入 2~5g 高锰酸钾(PP 粉)使其蒸气充满箱内,达到灭菌的效果。这时要将接种箱的通气孔和操作孔封闭好,避免甲醛蒸气很快散尽。待箱内蒸气散尽后,才能开始工作,这段时间大约需要 5~10h。

灭菌时,揭去密封在接种箱通气孔和操作孔上的密封物,取出熏蒸用的瓷杯,将材料送入接种箱内,开启紫外线灯,20min 后关闭紫外线灯,开启照明灯,即可开始取材、进行灭菌步骤然后将材料接入培养基。操作时一定要树立无菌观念,每接种一瓶用酒精擦拭手指。要注意防火,防止酒精起火。打开瓶塞时,要将瓶口置于酒精灯上方,用右手的无名指和小指夹住棉塞尾,将棉塞拔出,棉塞应用手指夹住,材料接入培养基后,将瓶口在酒精灯上烧灼一下,棉塞也烧灼一下,然后在酒精灯火焰上方塞好,扎好包头纸,用铅笔标明品种、接种日期、编号等,然后重复下一瓶。

用接种箱污染率也是很低的,操作熟练后几乎没有什么污染发生。接种后愈伤组织分化、小苗分化、生长状态与在超净台上接种的没有什么两样。

(四)培养

在家庭的业余培养条件下培养无菌容器苗要注意充分利用自然条件,接种后的培养瓶可以放在有较强散射光的地方,如靠窗的条桌或窗台,但要避免日光直射,一般室温在 22~28℃时都能正常生长,不是特殊的品种不需要特殊的护理。如室温太低,可以用塑料薄膜做一个简单的培养箱,里面装一两个 15~25W 的白炽灯,既可以辅助光照,也可以提高培养的温度。夏天温度过高时,应开启空调,没有空调的,降温虽然困难一些,但只要加强通风避免阳光直射,大多数试管苗还是可以耐受的,不至于死去。

(五)驯化栽培

当小苗长到一定大小的时候,可配置一些生根培养基将小苗转入生根培养,待长出一定根系时,就可以出瓶种植了。小苗出瓶种植的时候一定要注意以下几个方面:适当降低温度、增大湿度、严格控制杂菌危害、保证种植介质的疏松透气、保证适当的光照。

驯化栽培时通常用蛭石、木屑、稻谷壳混合作种植基质,小苗种植后用百菌清喷雾浇根,盖上塑料薄膜,少量的小苗干脆用玻璃杯盖住,大约15d后就能揭去覆盖物,便可进行正常管理了。

五、企业组培室的布局与设计

以植物组织培养为生产目标的企业,是生物技术在实际生产中的转化应用单位,是现代化农业的重要组成部分。组培企业生产是在人工创造和控制的环境下,采用规范化技术措施,稳定地成批生产优质苗木的一种育苗技术。组培企业有的仅以生产种苗为主,直接以驯化后达到苗木标准的种苗提供给种植者,如葡萄、草莓、苹果、香蕉、脱毒马铃薯、脱毒柑橘苗和桉树苗等;有的不仅生产种苗,同时把生产过程延伸到培育和种植,以成品提供给经营者,如兰花(洋兰、国兰)及其他花卉等;有的则是提供提取次生代谢物质的原材料或直接供提取次生代谢物质,如药用植物的有效成分、香料、调味品、蛋白酶抑制剂、植物肿瘤抑制剂以及色素等重要商品等,后两者就是所谓的植物组织培养的工厂化生产,是现代工厂化农业的重要组成。但无论什么生产目标和形式的以植物组织培养为核心技术的企业,其实验室(亦称车间)的布局与设计都必须遵照普遍规律和程序进行,包括入选品种外植体的筛选及获取、外植体灭菌、初代培养、继代扩繁、诱导出芽生根、炼苗、驯化和包装进入市场等工艺程序。在设计与布局中首先要针对拟实施项目进行论证,从技术上分析是否先进和可行,从经济上分析是否盈利,从项目实施过程分析是否可行,从项目风险性分析是否可控,从项目前瞻性分析是否可持续发展,因此现代化组培企业的建设,需要认真规划、仔细计算、合理投资,使之既有系统性又具实用性,既有市场竞争力,又可发挥生产潜力,既要尽量降低成本,又要提高产品质量和品种的可靠性。在具体问题上要重点考虑下列几方面:

(一)市场调查

要有国际视野,要从国内外的生产和消费情况的调研中,选定企业的目标品种和种类,使今后的产品具有鲜明的特色,经过努力具备打造优势名牌的潜力。

(二)生产目标

在调研的基础上确定生产某单一的品种还是多个品种,是生产草本类还是木本类,或者是综合型的,这关系到今后采取什么样的技术路线、流程和要求的设备条件,同样关系到转换生产品种的及时和便捷。

(三)企业的技术、资源贮备

具体包括技术人员和操作员工的技术贮备和培训。技术人员应具备扎实的植物组织培养的基础理论和熟知国内外本行业的趋势、有各工艺流程的实际操作并解决流程中出现的问题的能力、能熟练应用管理各车间设备设施,他们就是企业的研发者和工程师。操作员工应具备本岗位操作的正确熟练,同时有随时发现本岗位问题的能力。

现代的组培企业还需要建有种质资源保存圃、原种圃、生产性栽培展示区等,其面积的大小应根据不同植物的种类来确定。

(四)生产规模

慎重起步、有序发展是确定生产规模的原则。组培苗生产从进瓶到出瓶都是在无菌条件下完成的,故考虑生产规模时通常以购买多少超净工作台来衡量。原则上,根据繁殖品种的不同,一个超净工作台可按年生产15~20万苗计算。如规划一个生产量达500万株的组培室,需设 25～30 个无菌操作位置。另外一种计算方法是,根据市场需求规律,按最高供应季节需求量除以月生产量来确定必须购置的无菌工作台数量。当工作台数量确定后,才能设计无菌工作台的摆放方式,计算出接种室的需求面积。按日生产组培苗瓶数及培养期,结合周转期计算需要的培养架数量,以此为基础很容易就可以计算出培养室需求面积,一般为一个无菌工作台,需配备培养架 4 架(1.2m×0.5m×5 层),无菌操作室与培养室的面积比例为 1:(1.5～2.0),或者根据培养架数量确定培养室面积,一般每个培养架需要1.0～1.2m²。其他必备的配套设施设备及操作用具购置的数量,应以每个超净工作台的需求量计算,解剖刀、镊子、刀片等常用工具还要有充足的备用量。试管苗出瓶、炼苗驯化、移栽需要根据规模在过渡培养温室或大棚内进行。

(五)生产计划

制订生产计划要注意以下几点:①切合实际地估算各种植物的增殖率;②有植物组织培养全过程的技术储备;③熟悉各种组培苗的定植时间和生长环节;④掌握组培苗可能生产的后期效应。

若是制订某种植物组培生产计划,则应考虑市场的需求量以及用苗的时间。考虑生产适用、适销的植物苗,而且全年供用。具体公式如下:

全年生产量=全年出瓶苗数×炼苗成活率

(六)成本核算、效益分析及降低成本

1. 成本核算内容

具体公式如下:

人员工资+化学药品+成本+房屋和仪器折旧费+水电费+办公费+广告费+其他+种苗费=总费用(成本)

每株苗成本费=总费用/出苗总数

利润=总销售收入-总费用(成本)-税收

2. 效益分析

某组培企业的人员工资和设备条件及宣传广告两部分约占成本的 90%,减少这两块的费用能够降低成本;化学药品的费用约占 9%,诸如有些同类的药品,它们的效价一样,但价格相差很大,可以考虑用物美价廉的同类药品作为代替;成本在某方面降低了,但也要考虑成活率,也就是说要尽量减少污染,使繁殖产量提高。降低成本还有许多方面可以挖掘,如:提高技术人员和员工的操作技能,以减少污染,提高成品率和生产效率;制定有效的工艺流程,提高生产效率;减少设备投资,延长使用寿命,节约水电,降低器皿消耗,使用廉价的代用品;发展多种经营,开展横向联合等。减少开支降低成本是企业经营管理的核心,同时,以市场为向导,以销定产;生产特色畅销品种,形成品牌、规模生产,都是提高利润的有效途径。

单元Ⅲ　组培实验室常用设备仪器的使用方法

资料库

酸度计、电子天平、微量移液器(见彩页图 1-6、图 1-7),酸度计、电子天平设备仪器使用的视频(见网站)

任务栏

学习组培实验室各类设备的使用方法、维护保养的知识和技能。

想一想

1.植物组织培养实验室的仪器设备可分哪几类?

2.植物组培室的重要的仪器和设备有哪些?

3.组培企业的布局设计要重点考虑哪些方面的问题?

演示操作区

重点示范高压灭菌锅、计量器械、超净工作台、烘箱、培养箱的使用方法。

理论学习

一、常用设备仪器的作用

植物组织常用设备仪器的功能如表 1-2 所示。

表 1-2　植物组培常用设备仪器的功能

通用器皿	①烧杯:用来盛放、溶解化学药剂等。常用的规格有 50ml、100ml、250ml、500ml、1000ml。 ②烘箱:用来烘干器械。 ③恒温水浴:用来溶解琼脂等物质。 ④玻璃搅拌棒:用来配制培养基。 ⑤洗耳球:用来辅助吸取、转移少量液体。 ⑥冰箱:用来贮存化学药剂、植物材料等。 ⑦牛角勺:用来转移化学药剂。 ⑧玻璃漏斗:用来过滤溶液。 ⑨剪刀:用来修剪外植体或剪切嫩茎。 ⑩器械架:在无菌操作期间用来放置灭菌的器械。

续表

各种盛具	①搪瓷浅盘:用来承载各种器械容器。 ②塑料盆:用于清洗培养容器。 ③铁丝筐:用来盛放灭菌容器等物品。 ④纯水水桶:用来存放去离子水或蒸馏水。常用的规格有 10L、20L。 ⑤塑料桶:用来存放洗涤溶液、废弃溶液。 ⑥各种规格的磨砂玻璃瓶:用来盛放培养母液,以及各种植物生长物质。
计量器械	①量筒:用来量取一定体积的液体。常用的规格有 25ml、50ml、100ml、500ml、1000ml。 ②容量瓶:用来配制标准溶液。常用的规格有 50ml、100ml、500ml、1000ml。 ③大肚移液管:用来吸取定量溶液。常用的规格有 1ml、2ml、5ml、10ml、15ml、20ml、25ml、30ml。 ④刻度移液管(吸量管):用来吸取定量植物生长物质溶液。常用的规格有 1ml、5ml、10ml。 ⑤移液管架:用来放置、固定移液管。 ⑥微量移液器:常用的有 $0\sim5\mu l$、$5\sim50\mu l$、$50\sim200\mu l$、$200\sim500\mu l$、$500\sim1000\mu l$。 ⑦酸度计:用来检测培养基的 pH。 ⑧药物天平:用来称取配制培养基的药品。 ⑨分析天平:用来称取少量化学试剂,进行化学分析。
灭菌器械	①磨砂口玻璃瓶:用来对植物材料进行表面灭菌。 ②酒精灯:用来进行接种器材的表面灭菌。 ③细菌过滤器:用来过滤不能进行高温灭菌的试剂溶液。 ④无菌滤纸:用来汲取器材、植物材料表面的水分。 ⑤无菌脱脂棉:用来进行器械、植物材料表面的灭菌处理。 ⑥真空泵:用来吸滤灭菌。 ⑦高压灭菌锅:对培养基、接种器材进行灭菌处理。 ⑧可调试电炉:用来加热高压灭菌锅。 ⑨皮下注射器:用来对溶液进行过滤、除菌。 ⑩紫外线灭菌灯:用来对接种室、培养室、操作室等工作环境进行灭菌处理。
接种器械	①超净工作台:用来过滤通过接种工作台面的空气,以便进行无菌操作。 ②小型喷雾器:装载灭菌药液,来给超净工作台等处喷雾灭菌。 ③钝头镊子:在接种操作、继代培养时移取植物材料。 ④尖头镊子:用来分离植物材料。 ⑤解剖刀:用来切割植物材料。 ⑥打孔器:用来切取大小一致的圆柱形植物材料。 ⑦双目显微镜:在解剖较小的外植体时,用来观测材料。 ⑧细菌滤膜:用来进行溶液的常温除菌。 ⑨接种针:用来转移细胞团、愈伤组织。 ⑩止血钳:用来夹住刀片进行茎尖剥离。
培养器械	①试管:用来作为外植体的培养容器,常用的规格有 2cm×15cm、3cm×15cm。 ②培养皿:用来作为外植体的培养容器,常用的规格有直径 9cm、12cm。 ③锥形瓶:即三角烧瓶,主要作为培养器材,常用的规格有 50ml、100ml。 ④显微镜:用来观察植物材料。 ⑤成套载玻片:用来制作植物材料显微制片。 ⑥封口膜:用于培养容器封口。 ⑦橡皮筋:用来束紧培养容器的封口材料。 ⑧血球计数器:用来进行植物细胞计数。 ⑨空调:用来调节操作间、培养室的温度。 ⑩摇床:用来进行细胞悬浮培养。
其　他	①医用推车;②超净工作台;③人字金属梯;④重物推车;⑤污物箱等。

二、主要设备仪器的使用

(一)高压蒸汽灭菌器

高压灭菌器是植物组织培养的必备设备,有多种型号,容量大小各异,要根据实际需要选定,操作人员要经培训,固定人员使用。操作时应遵照以下程序和注意事项,切忌大意。

①灭菌器加水至高位水位标识为宜,加水过多溢出至内胆时,应开启排水阀排水至适宜。

②装入待灭菌物品。注意不要装得太挤,以免妨碍蒸汽流通而影响灭菌效果。三角烧瓶或试管口端或培养瓶口均不要与桶壁接触,以免封口材料受损。

③加盖。盖紧,切勿漏气。

④通电。对于全自动灭菌器,将控制面板上的电源开关按至 ON 处,设置灭菌器灭菌温度及时间参数,使灭菌器处于工作状态。对于手动灭菌器,通电源后,应注意先排尽灭菌器中的冷空气,再关上排气阀,让锅内的温度随蒸汽压力增加而逐渐上升。当锅内压力升到所需压力时,控制热源,维持压力至所需时间。组培灭菌多采用 $1.05kg/cm^2$ 压力(121~123℃温度)条件下灭菌 20 分钟。

⑤灭菌所需时间到后,切断电源,使灭菌器锅内温度下降,压力表读数降至 0 时,打开排气阀,打开盖子,取出灭菌物品。注意如果压力未降到 0 时,切勿打开排气阀,否则会因锅内压力突然下降,使容器内的培养基由于内外压力不平衡而冲出瓶口或试管口,容易造成培养基污染的同时又伤人。

具体可以播放使用高压蒸汽灭菌锅过程的视频,以便学生直观形象地掌握。

(二)电子分析天平

分析天平是定量分析工作中不可缺少的重要仪器,充分了解仪器性能及熟练掌握其使用方法,是获得可靠分析结果的保证。分析天平的种类很多(见图1-4),电子分析天平的使用方法及注意事项如下。

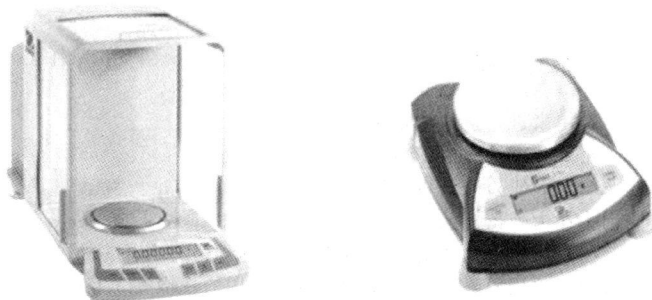

图 1-4 左为有屏风的电子天平,右为普通电子天平

1.操作方法

①把天平放在水平桌面上,调整天平至水平位置,通电预热。

②预热足够时间后方可使用,天平则自动进行灵敏度及零点调节。待稳定标志显示后,可进行正式称量。

③称量时将洁净称量瓶或称量纸置于秤盘上,关上侧门,轻按一下去皮键,天平将自动

校对零点,然后逐渐加入待称物质,直到所需重量为止。

④称量结束应及时除去称量瓶(纸)关上侧门,切断电源,并做好使用情况登记。

2.注意事项

①天平放置应牢固平稳,室内要求清洁、干燥及较恒定的温度,同时应避免光线直接照射到天平上。

②称量时应从侧门取放物质,读数时应关闭箱门以免空气流动引起天平摆动。前门仅在检修或清除残留物质时使用。

③电子分析天平若长时间不使用,则应定时通电预热,每周一次,每次预热 2h,以确保仪器始终处于良好使用状态。

④天平箱内应放置吸潮剂(如硅胶),当吸潮剂吸水变色,应立即高温烘烤更换,以确保吸湿性能。

⑤挥发性、腐蚀性、强酸强碱类物质应盛于带盖称量瓶内称量,防止腐蚀天平。

具体可以通过播放电子天平使用过程的视频,让学生直观形象地掌握。

(三)超净工作台

超净台(见图 1-5)能将空气通过由特制的微孔泡沫塑料片层叠合组成的"超级滤清器"后吹送出来,在操作台面形成连续不断的无尘无菌的超净空气层流(过滤去除了大于 $0.3\mu m$ 的尘埃、真菌和细菌孢子等)。工作人员就在这样的无菌条件下操作,保持无菌材料在转移接种过程中不受污染。但是万一操作中途遇到停电,暴露在未过滤空气中的材料便难以幸免污染。这时应迅速结束工作,并在瓶上作出记号。

图 1-5　单面超净工作台

超净台进风口在背面或正面的下方,金属网罩内有一普通泡沫塑料片或无纺布,用以阻拦大颗粒尘埃,应常检查、拆洗,如发现泡沫塑料老化,要及时更换。除进风口以外,如有漏气孔隙,应当堵严,如贴胶布、塞棉花、贴胶水纸等。工作台正面的金属网罩内是超级滤清器,超级滤清器也可更换,如因使用年久,尘粒堵塞,风速减小,不能保证无菌操作时,则可换上新的。

超净台使用寿命的长短与空气的洁净程度有关。在温带地区超净台可在一般实验室使用,然而在热带或亚热带地区,由于大气中含有高量的花粉,或多粉尘的地区,超净台则宜放在较好的有双道门的室内使用。任何情况下不应将超净台的进风罩对着开敞的门或窗,以免影响滤清器的使用寿命。

放置超净工作台的接种室内力求简洁,凡与本室工作无直接关系的物品一律不能放入。接种室内应定期用 70%酒精或 0.5%苯酚喷雾降尘和消毒,用 0.2%新洁尔灭抹拭台面和用具(70%酒精也可),用福尔马林(40%甲醛)加少量高锰酸钾定期密闭熏蒸,配合紫外线灭菌灯(每次开启 20 分钟以上)等消毒灭菌手段,以使无菌室经常保持高度的无菌状态。值得注意的是:在紫外线灯开启时间较长时,可激发空气中的氧分子缔合成臭氧分子,臭氧有碍健康,所以在进入操作之前应先关掉紫外线灯,关后十多分钟即可入内。

具体操作可以通过播放超净工作台使用过程的视频,让学生直观形象地掌握。

(四)烘箱与培养烘箱

1.烘箱与培养烘箱的类型

烘箱与培养烘箱的原理与作用就是通过加热使水分蒸发及加热灭菌。加热器一般由电热丝或电热石英管等发热,用定时器及可调温控开关(可调或功率选择)对加热进行控制。烘箱的超温保护,一般由弹跳式温控开关来完成。烘箱内的温度可以用前面板上的控制旋钮设定,实际的温度可由附于其中的温度计直接读出。若仅烘干器皿,设定80℃足可令湿的器皿很快地烘干。干燥的化学药品,若是要排除吸附在化合物表面上的水分子,则烘箱的温度就必须设定在摄氏105~110℃以上加热两小时,才能驱走水分子,测得该物的真正重量。若用于干法灭菌则温度应设定160~170℃,2h完全可以了,但用于灭菌的烘箱最好用专用的灭菌烘箱。烘箱因为是由电力提供热能,而湿的物品是会导电的,故在使用上宜小心,避免漏电现象发生,故一般烘箱都要接地使用,有漏电现象则应立即停用。

2.电热恒温培养箱的外形

电热恒温培养箱的外形如图1-6所示。

3.使用方法

①打开电源开关,电源指示灯亮,控温仪上有数字显示。

②温度设定。当所需加热温度与设定温度相同时无需再设定,反之,则需重新设定。先按控温仪的功能键进入温度设定状态,设定显示一闪一闪,再按移位键配合加键或减键,设定结束需按功能键确认。

③上限跟踪报警设定。产品出厂前已设定高出设定标准温度10℃,一般不需要进行设定。如需重新设定则按上述程序操作即可。

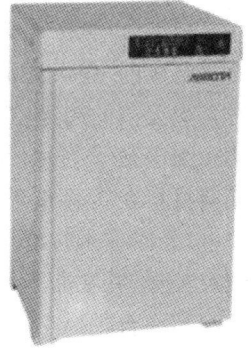

图1-6　电热恒温培养箱

④温度显示值修正。由于产品出厂前都经过严格的测试,一般不要进行修正。如产品使用时的环境不佳,外界温度过低或过高,会引起温度显示值与箱内实际温度误差,如超出技术指标范围的,可以修正。具体步骤为:按功能键5秒,仪表进入参数设定循环状态,继续按动功能键,使显示修正,然后按动移位键配合加键或减键操作,就可以进行温度修正。最后按确认键确认,温度显示值修正结束。

⑤设定结束后,各项数据长期保存。此时培养箱进入升温状态,加热指示灯亮。当箱内温度接近设定温度时,加热指示灯闪烁熄灭,反复多次,控制进入恒温状态。

⑥打开内外门,把所需培养的物品放入培养箱,关好内外门,如内外门开门时间过长,箱内温度有些波动,这是正常现象。

⑦根据需要选择培养时间,培养结束后,关电源,如不马上取出物品,请不要打开箱门。

⑧如果你对控温精度和波动度有较高的要求,可采用PID自整定控制,当培养箱内温度第一次达到设定温度时,先按功能键5秒,仪表进入设定循环状态,继续按功能键,使显示为"0000",然后按加键使显示为"0001",最后按功能键确认,此时自整定指示灯亮,控温仪进入PID自整定控制。

4.维护与保养

①培养箱外壳必须有效接地,以保证使用安全。

②培养箱应放置在具有良好通风条件的室内,在其周围不可放置易燃易爆物品。

③箱内物品放置切勿过挤,必须留出空间。

④箱内外应每日保持清洁,每次使用完毕应当进行清洁。长期不用应盖好塑料防尘罩,放在干燥室内。

⑤设备管理员根据检定计划联系通过 CNAL(其英文缩写是 China National Accreditation Board for Laboratories,即中国实验室国家认可委员会)认可的计量单位进行检定,并保存计量证书。设备管理员定期对温度控制情况进行检查。

⑥检验员每次使用过程中至少要进行两次温度检查和填写《恒温培养箱温度记录》。

(五)微量移液器

微量移液器即加液枪,现以单头微量移液器说明其使用方法。

1.标准操作

标准操作适用的液体包括:水、缓冲液、稀释的盐溶液和酸碱溶液。

①按到第一档,垂直插入液面几毫米;

②缓慢松开控制按钮,否则液体进入吸头过速会导致液体倒吸入移液器内部,使吸入体积减小;

③打出液体时贴壁并有一定角度,先按到第一档,稍微停顿 1s 待剩余液体聚集后,再按到第二档将剩余液体全部压出。

2.黏稠或易挥发液体的移取

在移取黏稠或易挥发的液体时,很容易导致体积误差较大。为了提高移液准确性,建议采取以下方法:移液前先反复吸打液体几次使吸头预湿,吸液或排出液体时最好多停留几秒。尤其对于移取体积大的液体,建议将吸头预湿后再移取。

3.常见的错误操作

①吸液时,移液器本身倾斜,导致移液不准确(应该垂直吸液,慢吸慢放);

②装配吸头时,用力过猛,导致吸头难以脱卸(无需用力过猛,应选择与移液器匹配的吸头);

③平放带有残余液体吸头的移液器(应将移液器挂在移液器架上);

④用大量程的移液器移取小体积样品(应该选择合适量程范围的移液器);

⑤使用丙酮或强腐蚀性的液体清洗移液器。

4.使用注意事项

①勿将微量移液器本体浸入溶液中;

②吸取黏度高之试液,请先将微量移液器头尖端以刀片或剪刀将出口切大,并先行预润后再吸取;

③吸入酸液或具腐蚀性溶液到移液器内部后,请将微量移液器拆解开,各部位零件以蒸馏水冲洗干净,擦干后再正确组合回复原状;

④微量移液器的任何部分切勿用火烧烤,亦不可吸取温度高于 70℃的溶液,避免蒸气侵入腐蚀活塞;

⑤套有微量移液器头的微量移液器,无论微量移液器头中是否有溶液,均不可平放,需

直立架好；

⑥过滤头潮湿即需更换；

⑦若不小心使溶液进入吸管柱内时，应予以拆解，将活塞组件、吸管柱、O-ring、铁氟龙垫等各部位以清水冲洗干净后，再以酒精擦拭，擦干后再正确组合回复原状；

⑧定期自行以天平检查准确度，若有任何问题请送厂维修。

（六）磁力搅拌器

在实验室中使用的磁力搅拌器，有磁力搅拌器和恒温磁力搅拌器，视需要选用。主要适用于混合搅拌较稀的液体物质。

1.磁力搅拌器的使用

①在第一次使用时，先对照仪器说明书检查仪器所带配件是否齐全，譬如搅拌子、电源线等；

②调速时应由低速逐步调至高速，最好不要高速档直接启动，以免搅拌子不同步引起跳动；

③不搅拌时不能加热，不工作时应切断电源；

④仪器应保持清洁干燥，尤其不要使溶液进入机内；

⑤搅拌时如果发现搅拌子跳动或不搅拌，请检查一下烧杯是否平稳，位置是否正；

⑥中速运转可延长搅拌器的使用寿命；

⑦使用时最好能够接上地线。

2.恒温磁力搅拌器的使用

当使用本仪器时，首先请检查随机配件是否齐全，然后按顺序先装好夹具，把所需搅拌的烧杯放在不锈钢加热盘中，加入溶液把搅拌子放在烧杯溶液中然后先插上仪器接插的电源插头和控温探头，再接通电源打开电源开关，指示灯亮即开始工作。调整调速旋钮，由低到高选择所需搅拌速度即可。需作恒温搅拌时，打开加热开关调整调温旋钮至您所需温度值。当设置温度值高于实际温度时，加热指示灯亮表明加热开始工作，当加热指示灯熄灭时表明已处于恒温状态。调速是由低速逐步调至高速，不允许高速直接启动，以免搅拌子不同步，引起跳动，不搅拌时不能加热，不工作时应切断电源。为确保安全，使用时请接上地线，仪器应保持清洁干燥，严禁溶液进入机内，以免损坏机器。

注意事项：①搅拌时发现搅拌跳动或不搅拌时，请切断电源检查一下烧杯底是否平稳，位置是否平稳。同时请您测一下，现用的电压是否在 $220V\pm10V$ 之间，否则将会出现以上情况；②加热时间一般不宜过长，间歇使用能延长寿命；③中速运转可连续工作，高速运转间隙使用为好；④使用时一定要接地线，以便安全使用。

技能训练场

实验实训 1-1　组培实验室的识别与设计

一、实训目标

能够正确识别组培实验室及育苗工厂的基本组成并能叙述其主要功能。

二、实训内容

通过参观或观看组培实验室和育苗工厂的录像,掌握实验室的基本结构和各区的主要功能。

三、实验器材与试剂

准备设计平面图所需的铅笔、红蓝记号笔、尺、纸、橡皮等文具用品或直接用 CAD 软件进行组培实验室和育苗工厂的设计和绘制。

四、实验内容与步骤

在教师带领下对组培实验室的各个分区进行参观,并讲解其功能或观看录像,然后自己动手设计实验室。

实验实训 1-2　组培常用设备仪器的使用

一、实训目标

认识植物组织培养必需的仪器、器皿,掌握几种主要设备的使用方法。

二、实训内容

植物组织培养必需的仪器的使用。

三、实验器材与试剂

1. 常用仪器
①蒸馏水器。
②手提式高压消毒锅、卧式高压消毒锅。

③天平,包括药物天平(工业天平)、粗天平(精密度1/10)、分析天平(精密度1/10000)。

④超净工作台。

⑤电热干燥箱(烘箱)。

⑥恒温光照培养箱。

⑦电冰箱。

⑧显微镜和解剖镜,包括手提式解剖镜、立体解剖镜和普通显微镜。

⑨离心机(学习、使用、操作)。

2.必要的器皿、器械

①玻璃器皿,具体包括试管、三角烧瓶(锥形瓶)、培养瓶(罐头瓶)、培养皿、凹面载玻片。

②盛装器皿,具体包括试剂瓶、烧杯、计量器皿、量筒、容量瓶、吸管、移液管。

③其他器皿,具体包括滴瓶、称量瓶、漏斗、玻璃管、注射器等实验室常用器皿。

④金属器械。

镊子类:20~25cm长形镊子(接种或转移愈伤组织)、尖端弯曲的枪形镊子(夹取较小的植物组织)、尖头钟表镊子和鸭嘴镊子(剥离表皮用)、尖端为小铲状镊子(挖取带琼脂培养基的培养物)。

解剖刀和刀类:眼科用刀、种牛痘疫苗的菱形刀(切割柔软组织中小细胞团)、解剖刀(手术刀)、双面刀片焊接在玻棒上(切取茎尖用)、锋利小刀、大刀和小铁锹。

剪刀类:解剖剪、眉剪、眼科剪、18~25cm弯头剪、修枝剪。

接种针。

四、实验内容与步骤

教师讲解并示范后,指导学生正确地按规程进行下列设备仪器的操作使用:

①学习操作蒸馏水器;

②学习使用、操作手提式高压消毒锅、卧式高压消毒锅;

③学习使用、操作分析天平;

④学习使用、操作超净工作台;

⑤学习使用、操作恒温光照培养箱;

⑥学习使用、操作手提式解剖镜;

⑦学习使用、操作离心机;

⑧学习使用、操作量筒、容量瓶、吸管、移液管;

⑨学习使用、操作精密pH4~7试纸。

五、作业

将实验整理成实验报告。

📖 **记事本**

❋❋❋❋❋❋❋❋❋❋❋❋❋❋❋　❋❋❋❋❋❋❋❋❋❋❋❋❋❋❋

_____　_____

_____　_____

_____　_____

_____　_____

_____　_____

_____　_____

_____　_____

_____　_____

❋❋❋❋❋❋❋❋❋❋❋❋❋❋❋　❋❋❋❋❋❋❋❋❋❋❋❋❋❋❋

👧 **思考与练习**

一、名词解释

植物细胞的全能性、植物组织培养、根芽激素理论、外植体、无菌系、植物细胞分化、脱分化、再分化、愈伤组织、茎尖培养、器官培养、离体根培养、茎段培养、离体叶培养、花器官培养、初代培养、继代培养、炼苗驯化

二、填充题

1.细胞全能性是指植物的每个细胞都具有该植物的_____和_____的能力。

2.6-BA/NAA的高低决定了外植体的发育方向,比值低时促进_____的生长,这时_____占主导地位;比值高时促进_____的生长,这时_____占主导地位。

三、选择题

1.下列不具有细胞全能性的细胞是:_____。

A.成熟的老细胞　　B.幼嫩的组织细胞　C.愈伤组织细胞　　D.番茄的受精合子

2.植物组织培养的特点是_____:

A.培养条件可人为控制　　　　　　B.生长周期短,繁殖率高

C. 管理方便   D. 产量大

四、简答题

1.因地制宜建一个组织培养实验室,需要哪些实验区?各分区(或称车间)的作用是什么?

2.常规组织培养时,需要什么设备和器械?怎样使用?

五、论述题

1.试论组织培养的概念、类型、特点。

2.为了促使愈伤组织再分化,应怎样调整生长素和细胞分裂素的比例?

3.植物组织培养技术主要包括哪些环节?各环节的主要工作内容是什么?

模块 2　培养基及其配制

知识目标

- 能口述母液与培养基的概念、作用及其配制目的
- 了解培养基的组成成分及其主要作用
- 了解培养基的种类及其特点
- 理解设计筛选培养基的方法

技能目标

- 能根据培养基的种类配制相应的母液
- 能够科学合理地筛选和优化培养基
- 能配制不同种类的母液和培养基

态度目标

- 科学探索精神
- 严谨的工作作风

　　培养基是提供植物生长发育所需各种养分的基质。在离体培养条件下,不同植物的组织,即使是同种植物不同部位的组织细胞对营养的要求也是不同的,只有满足了它们各自的特殊要求,才能更好地生长发育。没有一种培养基是万能的,在建立一套培养系统时,首先是筛选出一种更合适的培养基。因此,理解培养基的组成及其作用、掌握培养基的配制及筛选方法是取得组培成功的关键环节之一。

单元 I   培养基的组成及其作用

资料库

常见缺素症(见彩页图 2-1 至图 2-5)

任务栏

1.能在 5 分钟内叙述培养基的概念与作用。

2.能在 5 分钟内表达配制培养基的目的。

3.能在 5 分钟内说出三种分类依据所对应的培养基的名称。

4.能在 5 分钟内表达出生长素与细胞分裂素类在植物组织培养中的作用。

5.能在 5 分钟内表达出常用的生长素与细胞分裂素的具体名称及英文代号民。

6.能在 5 分钟内表达出铁盐在植物组培中的作用。

想一想

1.为何在培养基中需要加入维生素等活性物质,而传统农业施肥从不放维生素?

2.配制培养基时用蒸馏水与用自来水有差别吗?

3.你怎样理解多种基本培养基的?

7.能在 5 分钟内表达出为何配制铁盐时要加入 EDTA-Na$_2$,以及 EDTA-Na$_2$ 的中文名称。

8.能在 5 分钟内表达出琼脂粉在植物组培中的作用及如何判断琼脂粉的质量好坏。

9.能在 5 分钟内表达出活性炭在植物组培中的作用及如何判断活性炭的质量好坏。

演示操作区

1.播放配制母液的视频,提出一些相应问题,令学生思考讨论后再由学生回答。

2.播放配制培养基视频或演示,提出一些相应问题,令学生思考讨论后再让学生操作。

理论学习

一、配制培养基的目的

完整植株具根、茎、叶等器官,它们彼此分工协作,通过新陈代谢从环境中吸收营养,以自养方式建造自身。离体培养材料缺乏完整植株那样的自养机能,需要以异养方式从外界直接获得其生长发育所需的各种养分。配制培养基的目的就是人为提供离体培养材料的营养源,包括碳水化合物、矿质营养、维生素等,以满足离体材料的生长发育。按照不同配方配制的培养基,是为满足不同类型离体材料的营养需要。

二、培养基的组成及其作用

培养基的成分主要包括水分、无机盐、有机物、植物激素、培养物的支持材料五大类。

（一）水分

水是植物原生质体的组成成分,也是一切代谢过程的介质和溶媒。配制培养基时选用蒸馏水或去离子水,不但可以保持培养基配制的准确性。另外,也有利于减少发霉变质,延长培养基母液的贮藏时间。大规模生产时,配制培养基可用自来水代替蒸馏水。

（二）无机盐

根据植物对无机盐需求量的多少,可分为大量元素和微量元素。

1. 大量元素

大量元素是指植物生长发育所需的浓度大于 $0.5\ \text{mmol}\cdot\text{L}^{-1}$ 的营养元素,主要有 N、P、K、Ca、Mg、S 等。其中,N 是植物矿质营养中最重要的元素,分为硝态氮（NO_3^-）和铵态氮（NH_4^+）,这两种状态的氮都是植物组织培养所需要的。当作为唯一的氮源时,硝态氮的作用要比铵态氮好得多,但在单独使用硝态氮时,培养一段时间后培养基的 pH 值会向碱性方向转变（这是由于植物组织细胞的选择吸收性所致）,若在硝酸盐中加入少量铵盐,则会阻止这种转变。缺磷时植物细胞的生长和分裂速度均会降低。K、Ca、Mg 等元素能影响植物细胞代谢中酶的活性。

2. 微量元素

微量元素是指植物生长发育所需的浓度小于 $0.5\ \text{mmol}\cdot\text{L}^{-1}$ 的营养元素,主要有 Fe、Mn、Cu、Mo、Zn、Co、B 等。它们用量虽少,但对植物细胞的生命活动却有着十分重要的作用。其中,Fe 是用量较多的一种微量元素,对叶绿素的合成和延长生长等起重要作用。Fe元素不易被植物直接吸收且易出现沉淀。因此,通常在培养基中加入以 $FeSO_4\cdot 7H_2O$ 和 $Na_2\text{-EDTA}$（螯合剂）配制成的螯合态铁（Fe-EDTA）,以减轻沉淀和提高利用率。

温馨提示

用酒石酸钠钾和柠檬酸替代 $Na_2\text{-EDTA}$ 作为 Fe^{2+} 的螯合剂,有时效果更佳。但螯合剂对某些酶系统和培养物的形成有一定的影响,使用时应慎重哦。

无论是大量元素还是微量元素,都是离体组织生长发育必不可少的基本的营养成分,含量不足时都会造成缺素症。

（三）有机化合物

1.糖类

糖类提供外植体生长发育所需的碳源、能量，使培养基维持一定的渗透压。蔗糖是最常用的糖类，可支持许多植物材料良好生长。其使用浓度一般为 2%～5%，常用 3%，但在胚培养时可高达 15%，因蔗糖对胚状体的发育起着重要作用。在大规模生产时，可用食用白糖代替，以降低生产成本。

温馨提示

　　蔗糖在高温高压下会发生水解，形成葡萄糖和果糖，更易被植物细胞吸收利用。若在酸性环境中，这种水解更加迅速。如果以葡萄糖或果糖为碳源配制成的培养基需要过滤除菌后才会有好的培养结果，否则培养基通过高温高压灭菌，会产生对细胞有害的糖与有机氮的复合物，从而妨碍细胞的生长。

2.维生素类

完整植株在生长过程中能自身合成各种维生素，可满足自身各种代谢活动的需要。但在离体培养中则不能合成足够的维生素，需要另加一至数种维生素，才能维持正常生长。常用的维生素有 V_{B1}、V_{B6}、V_{PP}、V_C 等，一般用量为 $0.1～1.0 \text{ mg·L}^{-1}$。除叶酸需要用少量氨水先溶化外，其余植物组织培养中用到的维生素均能溶于水。V_{B1} 对愈伤组织的产生和生活力有重要作用；在低浓度的细胞分裂素下，特别需要添加 V_{B1}、V_{B6} 才能促进根的生长；V_{PP} 与植物代谢和胚的发育有一定关系；V_C 有防止组织褐变的作用。

3.肌醇

肌醇又叫环己六醇，能够促进糖类物质的相互转化和活性物质作用的发挥，以及能够促进愈伤组织的生长、胚状体和芽的形成，对组织和细胞的繁殖、分化也有促进作用。另外，对细胞壁的形成也有作用。但肌醇的用量过多，则会加速外植体的褐化。肌醇使用浓度一般为 100 mg·L^{-1}。

4.氨基酸

氨基酸是良好的有机氮源，可直接被细胞吸收利用，在培养基中含有无机氮的情况下，更能发挥其作用。常用的氨基酸有甘氨酸、谷氨酸、半胱氨酸以及多种氨基酸的混合物（如水解乳蛋白和水解酪蛋白）等。

5.天然有机复合物

组织培养所用的天然有机复合物的成分比较复杂，大多含氨基酸、激素等一些活性物质，因而能明显促进细胞和组织的增殖与分化，尤其是对一些难以培养的材料有特殊作用。常用的天然有机复合物有椰乳、香蕉泥、马铃薯提取物、酵母提取液、苹果汁、番茄汁等。由于这些复合物营养非常丰富，所以培养基配制和接种时一定要十分小心，以免引起污染。

（四）植物激素

植物激素是培养基的关键性物质，对植物组织培养起着决定性的作用。

1.生长素类

(1)种类与活性强弱

常用的有 IAA、IBA、NAA、2,4-D,其活性强弱为:2,4-D>NAA>IBA>IAA,一般它们的活性比为:IAA：NAA：2,4-D=1：10：100。

(2)作用

生长素类主要用于诱导愈伤组织形成,促进根的生长。此外,协助细胞分裂素促进细胞分裂和伸长。

(3)稳定性和溶解性

除了 IAA 不耐热和光,易受到植物体内酶的分解外,其他生长素激素对热和光均稳定。生长素类溶于酒精、丙酮等有机溶剂。在配制母液时多用 95％酒精或稀 NaOH 溶液助溶。一般配成 $0.1\sim0.5\mathrm{mg}\cdot\mathrm{ml}^{-1}$ 的母液贮于冰箱中备用。

温馨提示

配制 NAA 等生长激素物质时,可以不用碱性或酸液,而直接用碳酸钠起等量反应。其优点是可以保持生长素近中性,减少在配制培养基过程调节 pH 的麻烦。

2.赤霉素(GA)

(1)作用

赤霉素主要用于刺激在培养中形成的不定胚发育成小植株,促进幼苗茎的伸长生长。赤霉素和生长素协同作用,对形成层的分化有影响,当生长素/赤霉素比值高时有利于木质化,比值低时有利于韧皮化。另外,赤霉素还用于打破休眠,促进种子、块茎、鳞茎等提前萌发。一般在器官形成后,添加赤霉素可促进器官或胚状体的生长。

(2)稳定性和溶解性

赤霉素溶于酒精,配制时可用少量 95％酒精助溶。它与 IAA 一样不耐热,需在低温条件下保存,使用时采用过滤灭菌法加入。如果采用高温高压灭菌,赤霉素将 70％以上失效。

3.细胞分裂素类

(1)种类及活性强弱

这类激素是腺嘌呤的衍生物,常见的有 6-BA、KT、ZT、2-ip 等。其活性强弱为 2-ip>ZT>6-BA>KT。

温馨提示

有时购买的 6-BA 或其他细胞分裂素在稀酸中不能溶解,可用热蒸馏水助溶,你会有意想不到的惊喜哦。

（2）作用

在植物组织培养中，细胞分裂素的主要作用是抑制顶端优势，促进侧芽的生长。当组织内细胞分裂素/生长素的比值高时，有利于诱导愈伤组织或器官分化出不定芽，促进细胞分裂与扩大，延缓衰老，同时抑制根的分化。因此，细胞分裂素多用于诱导不定芽的分化和茎、苗的增殖。

（3）稳定性与溶解性

所有的细胞分裂素对光、稀酸和热均稳定，但它的溶液在常温中时间长了会丧失活性。细胞分裂素能溶解于稀酸和稀碱中，在配制时常用稀 HCl 助溶。通常配制成 $1mg \cdot ml^{-1}$ 的母液，贮藏在低温环境中。

（五）培养物的支持材料

1.琼脂

琼脂是一种由海藻中提取的高分子碳水化合物，本身并不提供给培养物任何营养。它是固体培养时最好的固化剂。

开卷有益

市售琼脂有琼脂条和琼脂粉两种形式。前者价格便宜，但杂质含量高、凝固力差、用量大、煮化时间长；后者纯度高、凝固力强、煮化时间短，但价格略高。进口琼脂粉的凝胶强度一般在 $128g/cm^2$ 以上，而国产琼脂粉的凝胶强度只有 $65mg/cm^2$ 左右，进口琼脂粉的用量在理论上只有国产的一半，而两者价格却相差不多。所以综合考虑以购买进口的大包装琼脂粉最划算。

①溶解性：琼脂能溶解在热水中，成为溶胶，冷却至 40℃ 即凝固为固体状凝胶。

②影响琼脂凝固的因素：一般琼脂以颜色浅、透明度好、洁净的为上品。贮藏时间过久，琼脂变褐，会逐渐丧失凝固能力。琼脂的凝固能力除与原料、加工方式有关外，还与高压灭菌时的温度、时间、pH 值等因素有关。长时间的高温会使凝固能力下降，过酸过碱加之高温会使琼脂水解加速，丧失凝固能力。新购买的琼脂最好先试一下它的凝固力，这样才能做到胸中有数。

2.其他

玻璃纤维、滤纸桥等均可替代琼脂。其中，滤纸桥法在解决生根难的问题上经常采用。其方法是将一张较厚的滤纸折叠成 M 形，放入液体培养基中，再将培养材料放在 M 形的中间凹陷处，这样培养物可通过滤纸的虹吸作用不断从培养液中吸收营养和水分，又可保持有足够的氧气。

（六）活性炭

加入活性炭的目的主要是利用其吸附性，减少一些有害物质的不利影响，如能够吸附一些酚类物质，可减轻组织的褐化（在兰花组培中作用效果明显）等。此外，创造暗环境，有利于某些植物的生根。另据报道，活性炭能恢复胡萝卜悬浮培养细胞的胚状体发生能力，0.3%活性炭能降低玻璃化苗的发生率。

开卷有益

1. 活性炭的种类

根据质地,活性炭有木质和骨质活性炭,前者适宜植物组培使用,后者则对培养物产生副作用,购买时要仔细挑选。一般所说的活性炭为木炭经粉碎加工形成的粉末结构,有大颗粒与小颗粒之分。大颗粒活性炭用于组培效果较好,但价格较高,小颗粒活性炭易沉淀在培养基底部,影响培养效果。

2. 使用时的注意点

活性炭没有选择性,既能吸附有害物质也能吸附有益物质,尤其是活性物质,因此使用时应慎重。此外,高浓度活性炭不但会吸附掉活性物质,而且还会削弱琼脂的凝固能力,所以添加活性炭后要提高培养基中琼脂的含量。

（七）抗生素

抗生素有青霉素、链霉素、庆大霉素等,用量为 $5\sim20\,mg\cdot L^{-1}$。添加抗生素可防止菌类污染,减少培养过程中材料的损失,节约人力、物力和节省时间。

记事本

单元Ⅱ　母液与培养基的配制

资料库

配制培养基母液(见彩页图 2-6),MS 固体培养基的视频(见网站)

任务栏

1. 能在 5 分钟内叙述培养基的种类及其划分依据;

2. 能在 5 分钟内表达配制母液的目的;

3. 能在 5 分钟内说出常用的两种培养基的特点;

4. 10 分钟内列表完成两因素三水平的试验设置;

5. 能在 10 分钟内写出配制培养基母液与培养基的流程图。

想一想

1. 为何在配制培养基之前,先要配制母液?

2. 配制 MS 培养基母液时为何要划分成 4～6 种母液?

3. 每种母液的浓缩倍数是否是任意确定的?

演示操作区

1. 播放母液配制的视频并提出相应的问题令学生思考并分组讨论。

2. 播放配制培养基的视频,然后提出相应的问题让学生思考。

一、培养基的种类与特点

(一)培养基的种类

虽然培养基的种类名称很多,但只要抓住划分的依据就容易理解和记忆。

根据态相不同,培养基可分为固体培养基与液体培养基。固体培养基与液体培养基的区别是在培养基中是否添加了凝固剂。

根据培养阶段不同,可分为初代培养基、继代培养基。

根据培养进程和培养基的作用不同,分为诱导(启动)培养基、增殖(扩繁)培养基及壮苗生根培养基。

根据其营养水平不同,分为基本培养基和完全培养基。基本培养基即平常所说的培养基,如 MS、White 培养基。完全培养基由基本培养基和添加适宜的激素和有机附加物组成。对培养基的某些成分进行改良而成的培养基称为改良培养基。

（二）常用培养基的特点

虽然培养基有许多类型，但在组培试验和生产中应根据植物种类、培养部位和培养目的的不同而选用不同的培养基。因为不同的培养基具有不同的特点及适用范围。常用的培养基配方及特点见表 2-1 和表 2-2。

表 2-1　几种常用培养基配方

化合物名称	培养基含量/mg·L^{-1}						
	MS	White	B$_5$	WPM	N$_6$	Knudson C	Nitsch
NH$_4$NO$_3$	1650						720
KNO$_3$	1900	80	2527.5	400			950
(NH$_4$)$_2$SO$_4$			134		2830	500	
NaNO$_3$					463		
KCl		65					
CaCl$_2$·2H$_2$O	440		150	96	166		166
Ca(NO$_3$)$_2$·4H$_2$O		300		556		1000	
MgSO$_4$·7H$_2$O	370	720	246.5	370	185	250	185
K$_2$SO$_4$				900			
Na$_2$SO$_4$		200					
KH$_2$PO$_4$	170			170	400	250	68
FeSO$_4$·7H$_2$O	27.8			27.8	27.8	25	27.85
Na$_2$-EDTA	37.3			37.3	37.3		37.75
Na$_2$-Fe-EDTA			28				
Fe$_2$(SO$_4$)$_3$		2.5					
MnSO$_4$·H$_2$O				22.3			
MnSO$_4$·4H$_2$O	22.3	7	10		4.4	7.5	25
ZnSO$_4$·7H$_2$O	8.6	3	2	8.6	1.5		10
CoCl$_2$·6H$_2$O	0.025		0.025				0.025
CuSO$_4$·5H$_2$O	0.025	0.03	0.025	0.025			
MoO$_3$							0.25
Na$_2$MoO$_4$·2H$_2$O			0.25	0.25			
KI	0.83	0.75	0.75		0.8		10
H$_3$BO$_3$	6.2	1.5	3	6.2	1.6		
NaH$_2$PO$_4$·H$_2$O		16.5	150				

续表

化合物名称	培养基含量/mg·L^{-1}						
	MS	White	B$_5$	WPM	N$_6$	Knudson C	Nitsch
烟酸（Vpp）	0.5	0.5	1	0.5	0.5		
盐酸吡哆醇	0.5	0.1	1	0.5	0.5		
盐酸硫胺素	0.1	0.1	10	0.5	1		
肌醇	100		100	100			100
甘氨酸	2	3		2	2		
pH	5.8	5.6	5.5	5.8	5.8	5.8	6.0

表 2-2　常用培养基的特点

基本培养基	特　点	适用范围	设计者及时间
MS	无机盐和离子浓度较高，为较稳定的平衡溶液。其中钾盐、铵盐和硝酸盐含量较高	广泛地用于植物的器官、花药、细胞和原生质体培养	1962 年由 Murashige 和 Skoog 为培养烟草细胞而设计
B$_5$	含有较高的钾盐和盐酸硫胺素，但铵盐含量低，这可能对有些培养物的生长有抑制作用。	南洋杉、葡萄等木本植物及豆科、十字花科植物的培养	1968 年由 Gamborg 等为培养大豆根细胞而设计
White	无机盐含量较低，但提高了 MgSO$_4$ 的浓度和增加了硼素	生根培养	1943 年由 White 为培养番茄根尖而设计
N$_6$	成分较简单，但 KNO$_3$ 和 (NH$_4$)$_2$SO$_4$ 含量高。	小麦、水稻及其他植物的花药培养等	1975 年由朱至清等为水稻等禾谷类作物花药培养而设计
KM-8P	有机成分较复杂，包括了所有的单糖和维生素	禾谷类和豆科植物的原生质融合的培养	1975 年由 Kao 等为原生质体培养而设计
WPM	硝态氮和 Ca、K 含量高，不含碘和锰	木本植物的茎尖培养	1933 年由 Mecown Lioyd 设计
Knudson C	成分简单，不能满足大多数植物组织细胞的生长发育所需的营养物质	兰科植物种子培养和萌发	1925 年由 Knudson 为兰科种子培养而设计

二、培养基的配制

（一）配制母液的目的

在植物组织培养的过程中，配制培养基是日常必做的工作。通常先将各种药品配制成浓缩一定倍数的母液（又称为浓缩贮备液）。母液根据化学性质分别配制。一般配成大量元素母液（浓缩 10 倍）、微量元素母液（浓缩 100 倍）、铁盐母液（浓缩 100 倍）和有机物母液（浓缩 50～100 倍）。配制母液不但节省配制时间，而且能够保证配制的准确性和配制时的快速移取，极大提高了工作效率。此外，也便于培养基的低温保藏。

(二)母液和培养基的配制方法

母液和培养基的配制方法分别见实验实训 2-2 和实验实训 2-3。

三、培养基的筛选

培养基和培养条件是影响植物组织培养效果的两大重要因素。在培养对象选定进行大规模生产前,必须经过培养基和培养条件的筛选和优化。只有经过试验筛选、验证确属最佳配方后,才可以在生产上应用。培养条件的筛选与培养基的筛选方法大体相似。一般最佳培养基的筛选途径如图 2-1 所示。

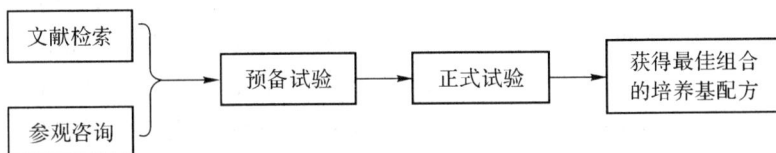

图 2-1　最佳培养基的筛选途径

(一)试验前的准备工作

1. 文献检索

在进行某种植物组织培养之前,需要通过查阅相关文献来了解培养对象的有关信息。查找文献的途径主要有:①从专业杂志或有关杂志上查阅;②从互联网上查找,特别是从收费的数据网上搜索,资料和数据比较丰富和可靠,且非常方便,效率高;③从报纸或电视等媒体上获取。

2. 参观咨询

有时查找文献不方便,这时可通过参观组培育苗工厂或研究机构,向专业人员请教植物组培的试验方案。参观咨询可能较自己查阅文献来得更直接和更便捷。

(二)预备试验

所谓预备试验就是指正式试验开始之前根据试验设计进行的过渡试验,为正式试验的开展所做的前期摸索。预备试验要求较低,往往凭经验进行试培养,然后观察培养物的反应,有反应的可接着做。即使否定性的结果也能从中获得有用的信息。

温馨提示

在建立一个新的试验体系时,为了能研制出一种适合的培养基,最好先由一种已被广泛使用的基本培养基(如 MS 培养基或 B5 培养基)开始。当通过一系列的实验,对这种培养基做了某些定性和定量的较小变动之后,即有可能得到一种能满足实验需要的新培养基。

试验处理需要设有一定的重复,以取得可靠的试验数据。随试验规模和要求的不同,大多每个处理至少接种 10 瓶,每瓶至少 3 块培养物或 3 丛小幼苗。

（三）常用的试验方法

1. 单因子试验

单因子试验是指整个试验中保证其他因素不变，只比较一个试验因素的不同水平的试验。其试验方案由该试验因素的所有水平构成。这是最基本、最简单的试验方法。例如不同浓度 NAA 对生根影响的试验就是一种单因子试验。试验中要求对照组与试验组中的植物组织块或其他培养物必须在遗传性、生理状态、培养条件等方面尽可能完全一致，以保证试验结果是来源于试验因子，而不是由于试验材料的不一致导致的。

2. 双因子试验

双因子试验是指在整个试验中其他因素不变，只比较两个试验因素的不同水平的试验。如研究 NAA、6-BA 两种因子对熏衣草增殖率的影响时，可以按表 2-3 设计试验。从表中可以看出，NAA 与 6-BA 各有三种水平的组合，A 组合表示向培养基中同时添加 NAA $0.1\ mg \cdot L^{-1}$ 与 6-BA $1mg \cdot L^{-1}$，E 组合表示 NAA $0.5mg \cdot L^{-1}$ 与 6-BA $2mg \cdot L^{-1}$ 的组合添加，其余类推。

表 2-3　双因子试验方法

NAA/mg·L⁻¹ ＼ 6-BA/mg·L⁻¹	1	2	5
0.1	A	B	C
0.5	D	E	F
2	G	H	I

3. 多因子试验

多因子试验是指在同一试验中同时研究两个以上试验因子的试验。多因子试验方案由该试验的所有试验因子的水平组合（即处理）构成。此种方法可用于同时探讨培养基中多种成分的适宜用量，如 KT、糖类、NAA 的用量等。多因子试验方案分为完全方案和不完全方案两类。前者在试验因子和水平较多时，会费时费力，且试验误差不易控制，故很少有人使用；而后者是在全部水平组合中凭经验挑选部分水平组合所获得的设计方案，工作效率高，故为多数人所采用。其中，正交试验用得最多，它是安排多因子试验、寻求最优水平组合的一种高效率试验设计方法。

所谓正交试验，是指利用正交表来安排与分析多因子试验的一种设计方法（见表 2-4）。表头中的"L"代表正交表；L 右下角的数字"8"表示有 8 行（即 8 种各种不同因子水平的组合或称处理），表头括号内的底数"2"表示因子的水平数只有 2 个，指数"7"表示有 7 列，用这张正交表最多可以安排 7 个因子。常用的正交表已由数学工作者制定出来，供正交设计时选用（详见相关书籍）。

表 2-4　$L_8(2^7)$ 正交表

试验号（处理）	列号（各种试验因子）						
	A	B	C	D	E	F	G
1	1	1	1	1	1	1	1
2	1	1	1	2	2	2	2

续表

试验号 （处理）	列号（各种试验因子）						
	A	B	C	D	E	F	G
3	1	2	2	1	1	2	2
4	1	2	2	2	2	1	1
5	2	1	2	1	2	1	2
6	2	1	2	2	1	2	1
7	2	2	1	1	2	2	1
8	2	2	1	2	1	1	2

任何一张正交表都具有如下两个特性：

①任一列中，不同数字出现的次数相等　例如 $L_8(2^7)$ 中不同数字只有 1 和 2，它们各出现 4 次；$L_9(3^4)$ 中不同数字有 1、2 和 3，它们各出现 3 次。

②任两列中，同一横行所组成的数字组合出现的次数相等，例如 $L_8(2^7)$ 中 (1,1)，(1,2)，(2,1)，(2,2) 各出现两次；即每个因素的一个水平与另一因素的各个水平互碰次数相等，表明任意两列各个数字之间的搭配是均匀的。

正交试验虽然是多因子组合在一起的试验，但是在试验结果的分析中，每一种因素所起的作用却又能够明白无误地表现出来。因此，根据一次系统的试验结果，就可以把问题分析得清清楚楚，取得事半功倍的试验效果。

4.逐步添加和逐步排除的试验方法

在植物组织分化与再生的研究中，在没有取得可靠的分化与再生之前，往往添加各种有机营养成分，以促使试验成功；而在取得了稳定的再生之后，就可以逐步减少这些成分，以便找到最有影响力的因子，或从经济实用上考虑，简化培养基，以降低成本和利于推广。在寻求最佳激素配比时，经常用到这种逐步添加与逐步减少的简单方法。

记事本

技能训练场

实验实训 2-1 玻璃器皿及用具的洗涤

一、技能要求

1. 能清楚理解玻璃器皿洗涤的标准；
2. 能按照程序正确进行玻璃器皿的洗涤，不但要求操作快，而且要求达到洗涤标准；
3. 能正确说出本次实验应注意的地方。

二、实验内容

1. 配制洗涤液。
2. 分类洗涤：新购玻璃器皿的洗涤，使用过的玻璃器皿的洗涤，污染瓶的洗涤，移液管、常量瓶、量筒等量具器皿的洗涤。

三、实验器材与试剂

(一)器材

具体包括：待洗的移液管、吸管、量筒、量杯、容量瓶等量具；新购和用过的培养皿、锥形瓶、罐头瓶、果酱瓶、试管、广口瓶等玻璃器皿；污染瓶(管)；试管夹、不同大小的试管刷、玻璃棒、周转筐等。

还包括：晾干架、橡胶手套、磁力搅拌器、烘箱、高压灭菌器、分析天平、水池(槽)、工作台、无尘柜、电炉、铝锅、塑料盆、塑料桶、烧杯(500ml、1000ml)、容量瓶(500ml、1000ml)、量筒(100ml、500ml、1000ml)。

(二)试剂

具体包括：重铬酸钾、浓硫酸、浓盐酸、市售洗涤剂和洗衣粉、高锰酸钾、95%酒精、蒸馏水等洗涤用品。

四、实训步骤

(一)洗涤液的配制

1. 强碱洗液

配制 5%～10% 的 NaOH 溶液(或 Na_2CO_3、Na_3PO_4 溶液)

作用：常用以浸洗除去普通油污，通常需要用热的溶液。黑色焦油、硫可用加热的浓碱液(如浓 NaOH)溶液洗去。

2. 重铬酸钾－硫酸洗液

称取重铬酸钾 40g→慢慢加入约 50℃ 的 80～100ml 蒸馏水中，边搅拌边让它溶解(为了加速溶解,还可加热到约 95℃)→待稍冷却后→加入工业用浓硫酸 900～1000ml(用玻棒引流),刚开始加入时,速度要缓慢(因为浓硫酸会迅速释放出溶解热,导致溶液激烈沸腾,甚至会溅到你的脸上,烫伤你的皮肤)→待倒入的浓硫酸不再激烈沸腾和冒浓雾时,就可加速倒入浓硫酸→搅拌均匀→装瓶→贴上标签。

温馨提示

配制洗液时,为了防止由于加入浓硫酸释放大量热量而导致烧杯破裂,可将烧杯放在塑料盆中。或用塑料杯代替烧杯,再将塑料杯放入装有凉水的塑料盆中,这样即使浓硫酸溶解过程释放出大量的热量也会很快被冷却,因而可以缩短配制洗液的时间。

具有强酸性、强氧化性,对有机物、油污等的去污能力特别强。在进行精确定量实验时,对口小、管细难以用刷子刷洗的玻璃器皿(如吸量管、容量瓶等),可用洗液来洗。洗涤时装入少量洗液,将仪器倾斜转动,使管壁全部被洗液湿润。转动一会儿后倒回原洗液瓶中,再用自来水把残留在仪器中的洗液洗去,最后用少量的蒸馏水洗三次。

刚配制的洗液呈棕红色,如果洗液一旦变绿,表示 Cr^{6+} 已经还原 Cr^{3+},失去了氧化能力,不宜再用。如将这样洗液加热,再加适量重铬酸钾,又可重新使用。

3.苯、二甲苯、丙酮溶液

用于浸洗除去小件异形仪器,如活栓孔、吸管及滴定管的尖端等。

4.1%～2%稀盐酸

以配制 100ml 该溶液为例,先量取 97ml 蒸馏水于烧杯中,再吸取 35% 浓盐酸 3ml,立即释放到装有 97ml 蒸馏水的烧杯中,搅拌均匀即可。

该溶液主要用于清洗刚购买的玻璃器皿,它能中和新玻璃器皿上的游离碱和金属氧化物。

5.碱性高锰酸钾洗液

取 4g 高锰酸钾溶于少量水后,加入 100ml 10% 的 NaOH 溶液混匀后装瓶备用。

该洗液呈紫红色,有强碱性和氧化性,能浸洗去除各种油污。洗后若仪器壁上面有褐色二氧化锰,可用盐酸、稀硫酸或亚硫酸钠溶液洗去。

该洗涤液与重铬酸钾－硫酸洗液一样,可反复使用若干次,直至碱性及紫红色消失为止。

6.1 mol·L^{-1}盐酸溶液

用 1 mol·L^{-1}盐酸溶液即可除去附在容器底部或壁上的铁锈、二氧化锰、碳酸钙等物质。

(二)分类洗涤

根据洗涤对象不同,需分类洗涤。

1.移液管、吸量管、小量筒和容量瓶的洗涤

将小量筒和容量瓶灌满重铬酸钾－硫酸洗液,或将吸量管、移液管浸泡在重铬酸钾－硫酸洗液中$\xrightarrow{\text{过夜}}$第二天用竹夹子取出,或将容量瓶和小量筒中的重铬酸钾－硫酸溶液倒回

到洗液瓶中→流水冲洗这些玻璃器皿至洁净→用蒸馏水冲洗 1～3 次,然后将吸量管、量筒等分别倒放在移液管架或工作台上,垂直晾干,容量瓶置于工作台上,自然晾干。

2.新购玻璃器皿的洗涤方法

具体流程如图 2-2 所示。

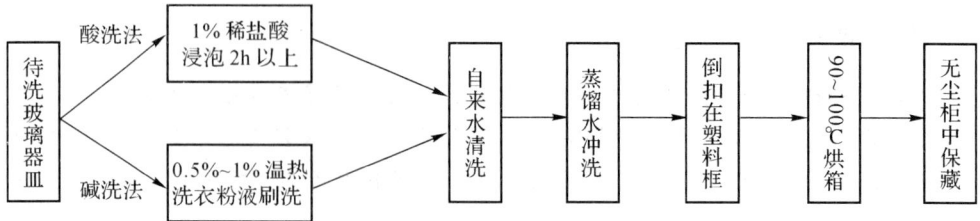

图 2-2   新购玻璃器皿的洗涤的流程

3.使用过的玻璃器皿的洗涤方法

具体流程如图 2-3 所示。

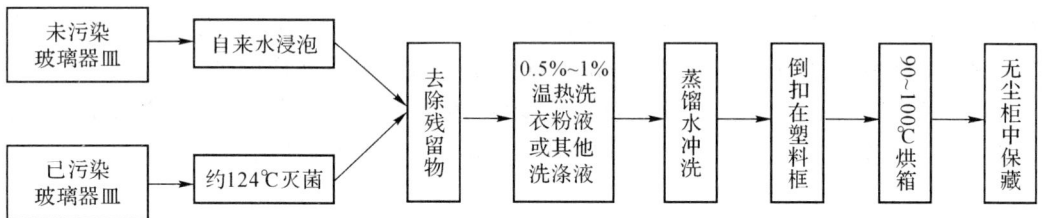

图 2-3   已用过的玻璃器皿的洗涤流程

(三)洗涤标准

玻璃器皿洗涤后透明锃亮,内外壁水膜均一,不挂水珠,无油污和有机物残留。

五、注意事项

具体包括:

①用热浓碱液去除黑色焦油等油污物时,不要用玻璃器皿盛浓碱液,更不能裸手洗涤。

②使用洗液洗涤玻璃器皿时应戴上橡皮手套,避免裸手与洗液直接接触而腐蚀皮肤。

③洗液是一种强氧化剂,尽量避免直接将污染有甲醛、酒精等物质的玻璃器皿放入洗液中,这样可延长洗液的使用时间。

④用于制备或贮存培养基母液的玻璃器皿最好专用,且洗涤要及时。

⑤如果玻璃器皿不能及时洗涤,应该立即用清水冲洗后浸泡在水中。

⑥玻璃量具洗涤后最好不要高温(≥115℃)烘干,否则易引起量具变形,影响到量取液体的准确性。

六、训练与考核建议

具体包括：

①具体程序如下：通过视频播放或演示→提出问题→学生分组讨论→抽一组选一个代表回答问题→教师讲清本实验的技术要点和操作流程并强调玻璃器皿洗涤的重要性→分组训练。

②考核做到定性与定量相结合，重视洗涤程序的正确性和实训态度，更注重洗涤效果。

③重视实训报告的批改，实训报告应格式规范、字迹工整、技术要点与心得体会详略得当。

七、思考题

1.重铬酸钾－硫酸洗液的洗涤机理是什么？

2.配制重铬酸钾－硫酸溶液时应注意哪些事项？

3.如何判断重铬酸钾－硫酸溶液失效？

4.用稀盐酸洗涤新购玻璃器皿的原因是什么？

5.为何污染过的培养瓶先要进行灭菌后才能洗涤？

实验实训 2-2　培养基母液的配制

一、技能要求

1.能根据母液配方和扩展倍数计算各试剂的用量；

2.能正确使用电子分析天平；

3.能解释有些试剂不能混合在一起、有些需要加入螯合剂的原因；

4.掌握培养基母液的配制流程及注意事项。

二、实验内容

1.MS 培养基母液的配制（配方见表 2-5）；

2.植物生长调节剂母液的配制；

3.母液低温贮存。

三、实验器材与试剂

（一）仪器与用具

具体包括：电子分析天平（精确度 0.001 和 0.0001 各 1 台）、磁力搅拌器、塑料烧杯（500 ml、1000 ml）、量筒（100 ml）、容量瓶（500 ml、1000 ml）、冰箱、棕色瓶（1000 ml、500 ml、100 ml）、标签纸、钢笔等。

（二）试剂

具体包括：配制 MS 培养基母液所需的药品、植物激素（2,4-D、IAA、NAA、IBA、6-BA等）、95％酒精、蒸馏水或去离子水、$0.1mol \cdot L^{-1}$ NaOH、$0.1mol \cdot L^{-1}$ HCl。

四、实训步骤

1. MS 培养基各种母液的配制

按照图 2-4 的流程和表 2-5 的用量进行配制。

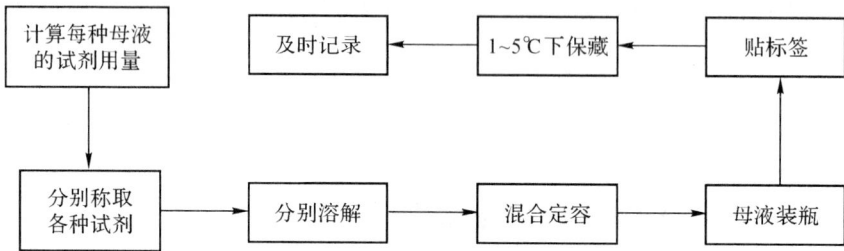

图 2-4　培养基母液配制流程

附标签格式（以大量元素母液Ⅱ为例）如图 2-5 所示。

大量元素Ⅱ母液	6-BA 母液
50×	$0.5mg \cdot ml^{-1}$
张三	张三
11.20	11.20

图 2-5　左为 MS 培养基母液的标签格式，右为激素母液的标签格式

表 2-5　MS 培养基的配制

母液名称	化合物名称	原配方量/mg	扩大倍数	称取量/mg	母液体积/ml	配1L培养基移取量/ml
大量元素母液Ⅰ	NH_4NO_3	1650	50	82500	1000	20
	KNO_3	1900	50	95000		
	KH_2PO_4	170	50	8500		
大Ⅲ	$MgSO_4 \cdot 7H_2O$	370	50	18500	1000	20
大Ⅱ	$CaCl_2 \cdot 2H_2O$	440	50	22000	1000	20
微量元素母液	$MnSO_4 \cdot H_2O$	22.3	100	1115	500	10
	$ZnSO_4 \cdot 7H_2O$	8.6	100	430		
	$CoCl_2 \cdot 6H_2O$	0.025	100	1.25		
	$CuSO_4 \cdot 5H_2O$	0.025	100	12.5		
	H_3BO_3	6.2	100	310		
	$Na_2MO_4 \cdot 2H_2OP$	0.25	100	12.5		
	KI	0.83	100	41.5		

续表

母液名称	化合物名称	原配方量/mg	扩大倍数	称取量/mg	母液体积/ml	配1L培养基移取量/ml
铁盐母液	$FeSO_4 \cdot 7H_2O$	28.7	100	1435	500	10
	Na_2-EDTA	37.3	100	1865		
有机物母液	烟酸（V_{PP}）	0.5	50	25	1000	20
	盐酸吡哆醇（VB_6）	0.5	50	25		
	盐酸硫胺素（VB_1）	0.1	50	5		
	肌醇	100	50	5000		
	甘氨酸	2	50	100		

配制大量元素母液时,由于 Ca^{2+} 和 SO_4^{2-},Ca^{2+}、Mg^{2+} 和 PO_4^{3-} 一起溶解后会产生沉淀,虽然分别溶解再混合和降低扩展倍数能在短时间内不产生沉淀,但时间长了也会发生沉淀;另外,由于在配制时降低了大量元素浓度（10×）而使它与其他母液的扩大倍数（100×）相距甚大,这样会导致在配制培养基时,大量元素用尽时而其他元素还剩余很多,造成浪费。因此氯化钙单独配制就可避免以上弊端。此外,在配制 $CaCl_2$ 母液时,先用少量蒸馏水或无离子水煮沸,驱除水中的 CO_2,然后,乘热逐渐加入溶解,可以减少碳酸钙沉淀,提高母液精度。

2. NAA 与 6-BA 母液的配制

NAA 与 6-BA 的配制流程与 MS 培养基的各种母液配制相似,即:确定配制的浓度与体积→计算它们的用量→称取→溶解→装瓶→贴标签→1～5℃冷藏。溶解时一定要注意它们的溶解性,NAA 溶解在强碱溶液中,6-BA 溶解在强酸或强碱溶液中,但为了能调和培养基的 pH,6-BA 一般用强酸（多用盐酸）溶解。下面以配制 0.5 mg·ml^{-1} NAA100ml 为例说明其配制过程:

称取 NAA 用量=0.5×100=50 mg→加入约 5ml 10%NaOH 助溶→加入约 60～80ml 热蒸馏水加速溶解→倒入 100ml 容量瓶定容→装瓶→贴标签→1～5℃冰箱中冷藏。

其他生长素类与细胞分裂素类母液的配制的流程均与以上相似。

五、实验注意事项

具体包括:

①各种母液组合时,一定要考虑彼此之间是否会发生沉淀或产生气体反应,因为这两种现象均会使配制的母液准确度降低,从而影响到实验的结果。另外,决定扩展倍数的主要是试剂的溶解度。

②配制母液所需药品应采用分析纯或化学纯试剂。

③配制铁盐母液要先将 Na_2-EDTA 和 $FeSO_4$ 分别溶解,然后将 Na_2-EDTA 溶液缓慢倒入 $FeSO_4$ 溶液中,充分搅拌并加热 5～10min,使其充分螯合。

④配制激素母液时,强酸或强碱是作为助溶剂参与的,所以用量不能太多,一般配制 100ml 母液时,助溶剂不能超过 10ml,如果此时还不能溶解,应该再加热或直接加入热蒸馏水即可。

⑤NAA 母液的浓度不要超过 0.5 mg·ml^{-1},6-BA 母液的浓度不要超过1mg·ml^{-1},否则冷藏时间久了会出现结晶,从而严重影响实验的结果。

⑥配制母液所需药品应采用分析纯或化学纯试剂。

⑦母液保存时间不要过长,最好 2 个月内用完。如发现母液有混浊或沉淀现象发生,则弃之勿用。

六、训练与考核建议

具体步骤如下:通过视频播放或教师演示→提出问题由学生思考和小组讨论→抽取一个小组的代表回答问题→教师讲清方法步骤和相应的技能标准及任务→学生分组分技能练习,先模拟训练,后配制真实母液。

为节约药品,可用食盐等替代大量元素化合物。

考核重点是操作规范性、准确性和熟练程度,考核方案如表2-6 所示。

表 2-6   母液配制考核方案

考核项目	考核标准	考核形式	满分
实训态度	实训报告撰写字迹工整、详略得当(25 分);操作认真、主动;积极思考,有协作精神(15 分)	现场观察批阅实训报告	40 分
技能操作	计算准确(10 分),操作规范和准确(25 分)、熟练(5 分)	现场操作、口试、技能比赛	40 分
效果检查	母液标识清楚、正确(10 分),无沉淀发生(10 分)	现场调查	20 分

七、思考题

1.MS 培养基母液中的各种化合物(试剂)组合的依据是什么?

2.确定扩展倍数的依据是什么?

3.为何多数生长素母液配制时选择的助溶剂是强碱而细胞分裂素类的是强酸?

4.为何配制的激素母液浓度不能太高?

5.为何配制培养基前先配制母液?

实验实训 2-3   固体培养基的配制

一、技能要求

1.学会计算各母液用量;

2.掌握培养基的配制流程;

3.学会培养基的灭菌方法。

二、实验内容

1.根据已给定配方和已知母液扩展倍数,计算各母液用量;

2.配制 MS 固体培养基；

3.高压蒸汽湿热灭菌。

三、实验器材与试剂

(一)器材

具体包括:培养基灌装机、托盘天平、酸度计或精 pH 计、试纸、移液管架、移液管、吸耳球、量筒(100ml、500ml、1000ml)、1000ml 容量瓶或量筒、电饭煲或刻度烧杯(2000 或1000ml)、玻璃棒、培养瓶(锥形瓶或罐头瓶或果酱瓶)、铝锅、电炉或燃气灶、温度计、注射器、聚丙烯高压塑料等封口膜、标签或记号笔、硬质塑料周转筐等。

(二)试剂

具体包括:MS 培养基的各种母液和激素母液；琼脂、蔗糖或白砂糖、蒸馏水、$0.1mol \cdot L^{-1}$ NaOH、$0.1mol \cdot L^{-1}$ HCl。

四、实验实训步骤

(一)培养基配制的一般流程

培养基配制的一般流程如图 2-5 所示。

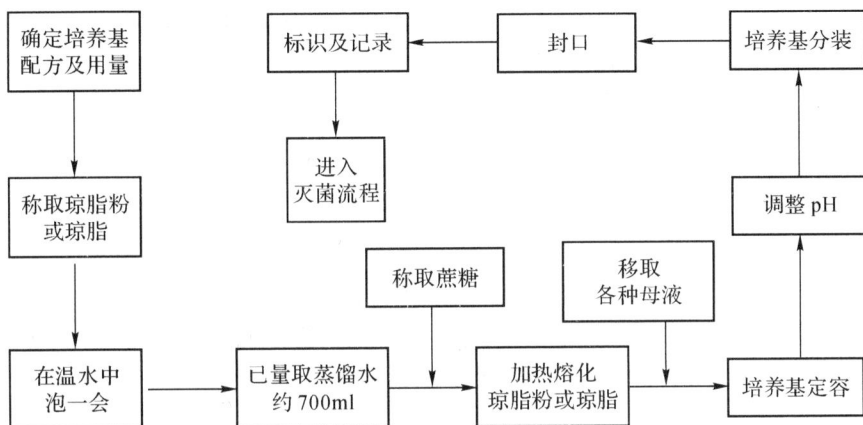

图 2-5　配制培养基的工艺流程

(二)具体操作步骤

1.确定配方及培养基用量

培养基配制前,首先要根据培养对象、培养部位、培养方式确定培养基配方,然后根据培养材料和实验处理的多少,确定培养基用量。

2.称取蔗糖、琼脂

根据琼脂粉或琼脂的凝固强度和自己的一些经验,确定琼脂粉或琼脂的用量。一般进口的琼脂粉的用量为 0.5% 左右,国产的琼脂粉的用量在 0.8% 左右；琼脂条用量一般在0.8%～1.2%,具体视琼脂产品的产地、厂家及凝固强度等物理参数而定。蔗糖的用量一般在 2%～3%(可用白砂糖代替)。根据配制培养基的体积,计算琼脂条或琼脂粉的用量,然后用托盘天平分别称取。

3.琼脂条或琼脂粉的熔化

首先用约 100～150ml 温水(约 35℃)润化琼脂粉或琼脂条约 3 分钟,然后倒入已经量取所配制培养基体积 70%左右的蒸馏水容器中,开始猛火加热,待沸腾后再文火煮溶,并经常搅拌,防止烟锅底和溢出,使琼脂熔化(其标志是溶液澄清透明),再加入已经称取的蔗糖,继续加热。(注:若采用电磁炉溶解琼脂,则可极大缩短配制培养基的时间,具体方法是先将电磁炉设定 160℃,然后加热 70%培养基体积的水→加入琼脂粉→搅拌→待沸腾时→端离电磁炉→等沸腾液冷却下来后→又加热→这样反复 2～3 次→将微波炉调至 80℃→直至琼脂完全溶化)

4.移取母液

(1)计算

根据培养基配制量,计算各母液移取量。其具体计算可按以下公式计算:

$$MS\ 母液的移取量(ml)=\frac{待配制的培养基体积(ml)}{母液的扩大倍数}$$

$$激素母液的移取量(ml)=\frac{培养基所需的激素质量(mg)}{母液的浓度(mg \cdot ml^{-1})}$$

培养基中激素和 MS 母液的用量计算,以配方 MS + NAA0.5mg · L^{-1} + NAA0.1 mg · L^{-1} 计算配制 2L 培养基所需的 NAA 和大量元素Ⅱ为例:先求出 NAA 所需的质量=0.5mg · L^{-1}×2L = 1 mg,然后按下列公式计算移取的 NAA 和大量元素Ⅱ(其浓度以图2-5标签所标注的为准)母液体积:

$$NAA\ 的移取量(ml)=\frac{1mg}{0.5mg \cdot ml^{-1}}=2ml$$

$$大量元素Ⅱ的移取量(ml)=\frac{2000ml}{50}=40ml$$

(2)移取

按照大量元素母液、铁盐母液、微量元素母液、有机物母液、激素类母液的顺序和移取量,用吸量管分别依次将母液移入步骤 2.3 中琼脂已经溶化的溶液中(注意,吸量管每种母液要专用,不要混用,否则会导致母液成分发生变化,从而影响实验结果)。

5.定容

将熬好的培养基倒入 1000ml 容量瓶或量筒中定容。

6.pH 调整

待培养基温度下降至 65～75℃时,用酸度计或 pH 试纸测试 pH 值,通过滴加 0.2mol · L^{-1} NaOH 或 0.2mol · L^{-1} HCl 溶液,调整 pH 到规定值。灭菌前一般将培养基的 pH 值调整到 6.0～6.2 左右。

7.分装与封口

趁热分装。用注射器将调好 pH 值的液体培养基分灌装到培养瓶内,培养基的装量厚度约 1.5～3cm,视容器的横截面积和培养时间而定,横截面积越大和培养时间越长,则厚度要厚一些(装量大一些),反之,装量厚度要薄一些。分装后立即加盖或用线绳扎紧耐高温聚丙烯塑料封口膜(也可用棉塞等其他封口材料)。注意预先检查好高压聚丙烯薄膜封口有无破损之处。

8.标识与记录

在培养瓶上贴上标签或用记号笔在瓶壁上注明培养基的代号、配制时间等,然后用周转筐运至灭菌室,准备灭菌。另外,要填好培养基配制登记表(见表 2-7)。

表 2-7　培养基配制登记表

培养基代号	体积/瓶	配制瓶数	pH 值	配方	培养对象

计算人:_____　校核:_____　配制:_____　审批:_____　配制日期:___年__月__日

五、实验注意事项

1.吸取各种母液时吸量管要专用,不要吸了一种母液后再吸取另一种母液。

2.一次配制量大时,可用白砂糖替代蔗糖,用自来水代替蒸馏水。大批量配制可用培养基灌装机分装。

3.酸度计使用后,其电极需要用 65～75℃热水洗净。

4.培养基配制要建档备案,并妥善保管,以备查阅。

六、训练与考核建议

具体步骤如下:通过视频播放或教师演示→提出问题由学生思考和小组讨论→抽一个小组的代表回答问题→教师讲清方法步骤和相应的技能标准及任务→学生分组分技能练习,先模拟训练,后配制真实培养基。

• 注重过程考核,定性和定量考核相结合,达到技能标准(见表 2-8)。

• 考核形式以单人操作为主,并辅以组内和组间的技能比赛,使考核、技能比赛与技能训练相结合,从而达到"以考促训,以赛促练"的目的。

表 2-8　培养基配制技能标准

技能单元名称	技　能　标　准
移取母液	移取准确,一次性移取,不滴不漏,移液管与母液瓶一一对应,母液不要吸入吸耳球内,2min 内移完母液。
定　容	用量筒或容量瓶定容时,平视溶液凹面与刻度线卡齐。
培养基熬制	先武火迅速烧开,再用文火煮溶;熬制时不能煳锅;熬好的培养基液体澄清透明。1L 培养基熬制一般需要 15～20min。
分　装	趁热分装。用已知容积的勺子分装,培养基不能溅留在培养瓶口。
封　口	采用高压聚丙烯塑料封口时,培养瓶倾斜度不超过 45°;扎绳位置在瓶颈处,松紧适宜,线绳不重叠。1min 内封完 12 个培养瓶为满分。

七、思考题

1.用吸量管移取母液时如何做到不滴不漏?

2.如何判断熬制培养基过程中琼脂已经完全溶化了?

3.为何分装培养基时瓶口不能沾上培养基？如果沾上该怎样处理？

4.为何调节培养基 pH 时,要将培养液溶液调至高于配方规定的 0.2 个单位左右？

5.为何培养基定容时用量筒而不用烧杯？

记事本

模块 3 灭菌与无菌操作技术

向目标奋进！

知识目标

- 理解灭菌与消毒的含义，以及培养条件要求
- 掌握外植体的选择与处理方法以及常用的消毒方法
- 掌握无菌操作
- 掌握驯化移栽方法
- 掌握植株再生途径

技能目标

- 正确选择和处理外植体
- 能够正确进行植物材料的离体培养和试管苗的驯化移栽
- 熟练配制培养基、灭菌与接种

态度目标

- 牢牢树立无菌意识，严格按照规程进行无菌操作
- 树立安全意识，尤其是在灭菌与接种过程中

植物组织培养是一项技术性和实践性强、无菌条件要求高的工作。掌握基本操作技术，是做好组织培养工作的基本要求。因此，我们在组织培养的学习和实践中应不断提升操作水平，掌握技术要领和相关理论知识，这样才能更好地按照工作程序的要求，高质量地开展组织培养的试验研究和苗木生产。

单元 Ⅰ　灭菌与消毒技术

资料库

柑橘苗污染(见彩页图 3-1、图 3-2),高压蒸汽灭菌锅(见彩页图 3-3);培养基与接种器具灭菌的视频(见网站)

任务栏

1.在 10 分钟内完成文字组织并叙述出灭菌、消毒的概念及灭菌与消毒之间的差异。

2.请你用图解方式在 15 分钟内列出物理灭菌方法的种类。

3.请你用图解方式在 10 分钟内列出化学灭菌方法的种类。

4.能针对不同对象采取不同的灭菌方法。

想一想

1.为何通过过滤能得到无菌的滤液?

2.燃烧灭菌与烘烤灭菌之间有何区别?

3.煮沸灭菌与高压蒸汽灭菌有何区别?

4.紫外灭菌对被灭菌对象和介质有何要求?

5.在熏蒸灭菌时应该注意哪些事项?

6.酒精浓度高低对消毒效果有何影响?

演示操作区

1.过滤除菌——教师先播放过滤除菌的视频或演示,然后由学生操作。

2.灼烧灭菌——教师先播放灼烧灭菌的视频素材或演示,然后由学生操作。

3.烘烤灭菌——教师先播放烘烤灭菌的视频素材或演示,然后由学生操作。

4.煮沸灭菌——教师先播放煮沸灭菌的视频素材或演示,然后由学生操作。

5.高压蒸汽灭菌方法——教师先播放高压蒸汽灭菌的视频素材或演示,然后由学生操作。或将该操作放在培养基灭菌实训中操作。

6.紫外灭菌——教师先播放紫外灭菌的视频素材或演示,然后学生分组操作。

7.熏蒸灭菌——教师先播放熏蒸灭菌视频或演示,然后学生分组操作。或将其放在灭菌综合实训中操作。

8.涂抹灭菌——教师先播放涂抹灭菌视频,后由学生操作。或将其放在实验实训无菌操作中播放。

9.喷雾灭菌——先播放喷雾灭菌或演示,后由学生分组操作。

10.浸泡灭菌——先播放浸泡灭菌或演示,后由学生分组操作。或将其放在外植体处理实训中操作。

理论学习

灭菌是组织培养的常规工作之一。因为引起很多植物组培失败的原因主要是菌类污染,而造成菌类污染的原因就是灭菌不彻底。我们知道了引起污染的原因后,又该如何防治呢?这就需要掌握组织培养的灭菌技术。

一、无菌概念

初学者首先要清楚有菌和无菌的范畴。有菌的范畴是指凡是暴露在空气中和接触自然水源的物体,至少它的表面都是有菌的;依此观点,无菌室等未处理的超净台表面、刀、剪器具,简单煮沸的培养基、洁净的培养容器等等都是有菌的。这里所指的菌,包括细菌、真菌、放线

> **想一想**
>
> 建立无菌理念在植物组培中有何重要意义?

菌、藻类及其他微生物。菌的特点是:极小,肉眼不易见,它无处不在,无时不有,无孔不入。而无菌的范畴是指经高温灼烧或一定时间蒸煮过后的物体,或经其他理化灭菌方法处理后的物体等都是无菌的;此外,岩石内部、不与外部接触的健康的动、植物的组织内部,强酸强碱溶液等也被视为无菌。由此可见,地球表面无菌空间比有菌空间小得多。

二、灭菌与消毒的含义及其差异

所谓灭菌是指用物理或化学的方法,杀死物体表面和孔隙内的一切微生物或生物体,即把所有有生命的物质全部杀死;而消毒是指杀死、消除或充分抑制部分微生物,使之不再发生危害作用。由此可见,灭菌与消毒的主要区别在于前者杀菌强烈,能杀死所有活细胞;后者作用缓和,主要杀死或抑制附在植物材料表面的微生物,但芽孢、厚垣孢子一般不会死亡。但是,灭菌与消毒是相对的,如果消毒时间过长或消毒剂浓度过高,也可杀死全部活的细胞,消毒就成为灭菌了。反之,灭菌剂只能起到消毒作用。

植物组织培养对无菌条件的要求是非常严格的,这是因为培养基含有丰富的营养,易被微生物污染。要达到彻底灭菌,必须根据灭菌对象采取不同的灭菌方法。组织培养灭菌方法分为物理灭菌和化学灭菌两类。

(一)物理灭菌

物理灭菌是指能杀灭或去除外环境中一切微生物的物理方法。植物组织培养的物理消毒方法如图 3-1 所示。

以下着重介绍组织培养中常用的灭菌方法。

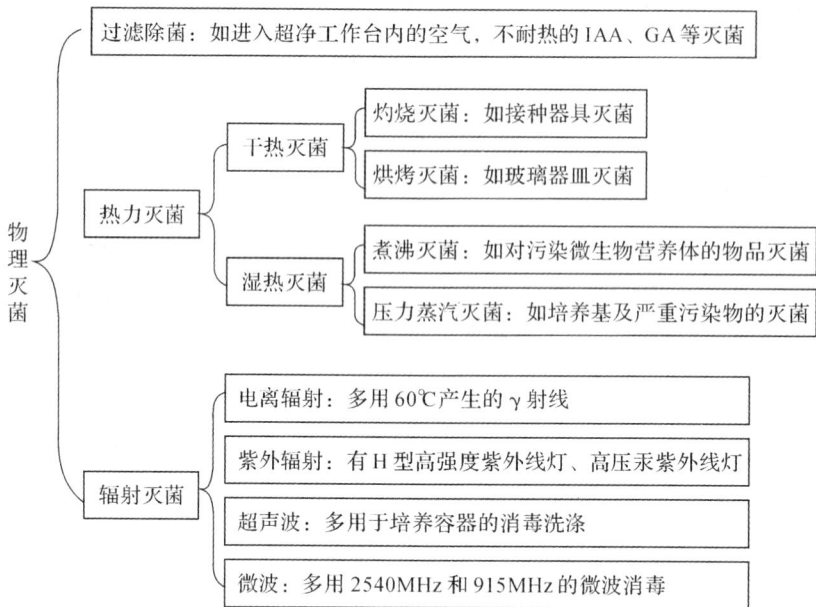

图 3-1　组培中常见的物理灭菌方法

1.压力蒸汽灭菌

压力蒸汽灭菌主要用于培养基、接种工具、无菌水等的灭菌。其灭菌原理与使用方法见相应技能实训。影响湿热灭菌效果的因素有以下几方面：

①灭菌器内冷空气排出的程度。冷空气的存在影响蒸汽的温度和穿透力。冷空气排出的程度和灭菌器内温度的关系如表 3-1 所示。

表 3-1　压力蒸汽灭菌器内空气排出程度与温度的关系(引自薛广波,1993)

表 压		排出不同程度冷空气时灭菌器内的温度/℃				
1b/in²	kg/cm²	全排出	排出 2/3	排出 1/2	排出 1/3	未排出
5	0.35	109	100	94	90	72
10	0.70	115	109	105	100	90
15	1.05	121	115	112	109	100
20	1.41	126	121	118	115	109
25	1.76	130	126	124	121	115
30	2.11	135	130	128	126	121

注:b/in² 表示每磅平方英寸。

②灭菌物品的数量、包装和放置。灭菌物品的包装不宜太大,也不宜扎太紧。放入灭菌器内的物品应少于灭菌器容积的 85%,排放物品时,应留有空隙以利于蒸汽的穿透,切忌形成死腔。陶瓷的盆、实验服、口罩纺织品等应垂直放置,空瓶的瓶口不应向上。

③加热速度。由于蒸汽穿透需要时间,所以当加热速度太快时,灭菌器内的温度已达到所需的温度,但物品内部的温度仍然没有达到,则杀菌效果就不理想。所以应按正常速度加热。

④超高热蒸汽。在一定的压力下,若锅内的蒸汽温度超过饱和状态下应达到温度的

2℃以上,则为超高热蒸汽。虽然温度高,但水分不足,遇到灭菌物品不能凝结成水,导致不能释放出潜热,所以对灭菌不利。为了避免这种现象出现,锅内的水量应多于产生蒸汽所需的水量,即水量应放足。另外,灭菌物品不宜太干燥。

2. 灼烧灭菌

灼烧灭菌主要用于无菌接种的器械。无菌操作时,把镊子、剪子、解剖刀浸入95%的酒精中,使用之前取出在酒精灯火焰上灼烧灭菌。冷却后立即使用。另外,现在购买的超净工作台一般可配备接种器械灭菌器,温度可在室温至320℃之间调节,这样操作会更加方便。

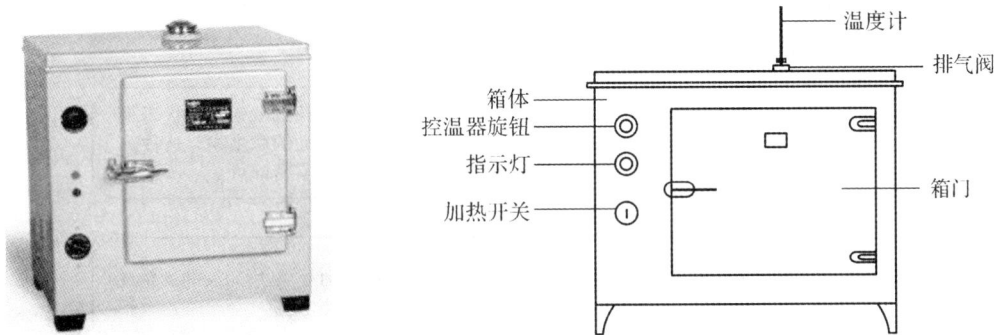

图 3-2　电热恒温鼓风干燥箱

3. 过滤灭菌

过滤灭菌主要用于不耐热的物质如赤霉素、玉米素和某些维生素的灭菌。其过滤原理是让待灭菌的溶液通过直径为 $0.45\mu m$ 以下的微孔滤膜时,因细菌和真菌孢子大于滤膜直径而无法通过微孔而被阻隔在滤膜之上,这样就得到无菌滤液,从而达到灭菌的效果。溶液量大时,常使用抽滤装置(见图 3-3A);溶液量小时,可用注射器过滤器(见图 3-3B)。注射器在使用前对其高压灭菌,将滤膜装在注射器的靠针管处,将待过滤的液体装入注射器,推压注射器活塞杆,使溶液从滤膜压出,而菌细胞则留在滤膜内侧,这种被挤压出的滤液是无菌的。

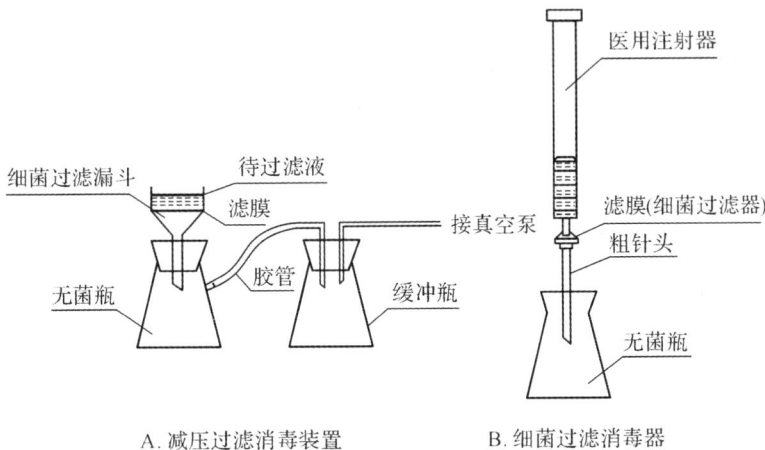

A. 减压过滤消毒装置　　B. 细菌过滤消毒器

图 3-3　液体过滤灭菌装置(引自程家胜,2003)

4. 紫外线灭菌

紫外线灭菌主要用于接种室、缓冲间、超净工作台或接种箱的空间灭菌。其原理是利用辐射因子灭菌,细菌吸收紫外线后,蛋白质和核酸发生结构变化,引起细菌的染色体变异,导致死亡。紫外线的波长为 200~300nm,其中以 260nm 的杀菌能力最强。但是由于紫外线的穿透力很弱,所以只适于空气和物体表面的灭菌,而且要求距照射物以不超过 1.2m 为宜。

（二）化学灭菌

化学灭菌是指利用化学物质杀灭、抑制微生物的方法。这种物质称为灭菌剂(有时也称为消毒剂)。按其作用水平,可分为灭菌剂(即高效消毒剂)、中效消毒剂、低效消毒剂、防腐剂和保藏剂。植物组培中用到的消毒剂主要是高效消毒剂和中效消毒剂。高效消毒剂能杀灭一切微生物,如用甲醛与高锰酸钾进行室内熏蒸灭菌。中效消毒剂除不能杀灭有足够有机物保护的细菌、芽孢外,其他微生物均可被杀灭,如用次氯酸钠对植物材料进行消毒。植物组培中常用的化学灭菌方法如图 3-4 所示。

化学灭菌

熏蒸灭菌:用加热焚烧、氧化等方法,使化学药剂变为气体状态扩散到空气中,以杀死空气和物体表面的微生物。这种方法简便,只需要把消毒的空间关闭紧密即可。

涂抹灭菌:桌面、墙面、双手、植物材料表面等可用 70% 的酒精或 0.2% 新洁尔灭等化学药剂反复涂抹灭菌。

喷雾灭菌:接种室空间或物体表面可用 70%~75% 酒精或 0.2% 新洁尔灭溶液作喷雾处理,可杀死空间的微生物。此外,也可使悬浮在空间的灰尘沉降到地面。

浸泡灭菌:把接种器械、接种材料直接浸泡在一定浓度的消毒剂中,达到灭菌的目的。

图 3-4 组培中常见的化学灭菌方法

记事本

单元 Ⅱ　外植体的选择与处理

资料库

切割外植体、无菌接种(见彩页图 3-4),愈伤组织的形成试管菌的形成(见彩页图 3-5);外植体采集与处理的视频(见网站)

任务栏

1.在 3 分钟内说出外植体的概念。

2.在 10 分钟内说出选择外植体应遵循的原则。

3.在 10 分钟内图解外植体的处理工艺流程。

4.在 10 分钟说出消毒外植体应遵循的原则。

5.在 10 分钟能以表格形式列出常见消毒剂的种类、使用浓度和处理时间及其优缺点。

想一想

1.确定外植体的取材部位时应考虑哪些方面?

2.接种前所切割的外植体大小与初代培养的成功率有何关系?

3.为何次氯酸钠消毒剂要现配现用?

4.消毒外植体时主要应考虑什么?

演示操作区

1.外植体的采集——教师先播放采集某一种植物材料作为外植体的视频或演示,后学生操作。

2.消毒剂的选择与配制过程——教师先播放视频或演示,后学生操作。

3.外植体的消毒工艺流程——教师先播放视频或演示,后学生操作。

理论学习

植物组织培养的成败除与培养基、培养条件的正确选择有关外,另一个重要因素就是外植体本身,即由活体植物上切取下来,用以进行离体培养的那部分组织或器官。外植体选择是否适宜,以及对其处理的方法是否得当,直接关系到组织培养的难易程度和培养方向。因此,掌握外植体的选择原则及其处理方法是十分重要的。

一、外植体的选择原则

从理论上讲,任何活的含完整细胞核的植物细胞都具有全能性,只要条件适宜,都能再生成完整植株。所以,外植体可以是植物细胞、组织或器官,甚至是原生质体。由于不同植物种类以及同种植物的不同器官对诱导条件的反应是不一致的,有的部位诱导成功率高,有的部位很难脱分化,有的即使脱分化,再分化频率也很低,出芽不长根,或长根不长芽。因此,生产实践中必须选取最易表达全能性的部位,以提高组培的成功率和降低生产成本。一般多选择茎段、茎尖、叶片、花药等作为组培快繁的外植体。选择外植体主要从植物的基因型、生理状态、取材季节、取材部位等方面考虑。

(一)植物基因型

植物组织培养的难易程度与植物的基因型相关。一般来说,草本植物较木本植物易,双子叶植物较单子叶植物易。因此,选取优良的或特殊的具有一定代表性的基因型,可以提高组织培养的成功率,增加其实用价值。

(二)生理状态

外植体的生理状态和发育年龄直接影响植物离体培养过程中的形态发生。越幼嫩、年限越短的组织越具有较高的形态发生能力,组织培养越易成功。

(三)取材季节

外植体最好在其生长开始的季节选取,若在生长末期或已经进入休眠期选取,则外植体会对诱导反应迟钝或无反应。如百合鳞片外植体,春、秋季取材容易形成小鳞茎,夏、冬季取材培养则难形成小鳞茎,而水仙在秋冬季节取材,则易形成小鳞茎培养,说明培养对象不同,取材的季节也不同。

(四)植物的长势

生长健壮的器官或组织代谢旺盛,再生能力强,容易培养成功。

(五)取材部位

在确定取材部位时,一方面要考虑培养材料的来源是否有保证和容易成苗;另一方面要考虑经过脱分化产生的愈伤组织的培养途径是否会引起不良变异。对于培养较困难的植物,在培养材料较多的情况下,最好比较各部位的诱导及分化能力,既保质又保量。

(六)外植体大小

选择外植体的大小,应根据培养目的而定。如果是胚胎培养或脱除病毒,则外植体宜小;如果是进行快速繁殖,外植体宜大。但外植体过大,消毒往往不彻底,易造成污染;过小则离体培养难以成活。一般外植体大小在 $0.5\sim1.0$ cm 为宜。具体说叶片、花瓣等约为 $5mm\times5mm$,茎段长约带 $1\sim2$ 个节,茎尖分生组织带 $1\sim2$ 个叶原基,大小约 $0.2\sim0.5$ mm 等。

二、外植体处理的基本过程

从田间取回的离体材料,往往带有较多的泥土、杂菌,不宜直接接种,需要对其进行预处理和消毒。外植体处理工艺流程如图 3-5 所示。

(一)材料消毒原则

材料接种前必须进行表面消毒。由于植物种类、取材部位、母体植株的生态环境、取材季节和天气状况的不同,所采集的材料带菌程度也不同,而且材料对不同种类、不同浓度的

材料选取 ⟶ 材料预处理与修整 ⟶ 流水冲洗 ⟶ 70%酒精浸泡

预处理

⟶ （无菌水漂洗） ⟶ 消毒剂处理 ⟶ 无菌水漂洗 ⟶ 无菌接种

消毒

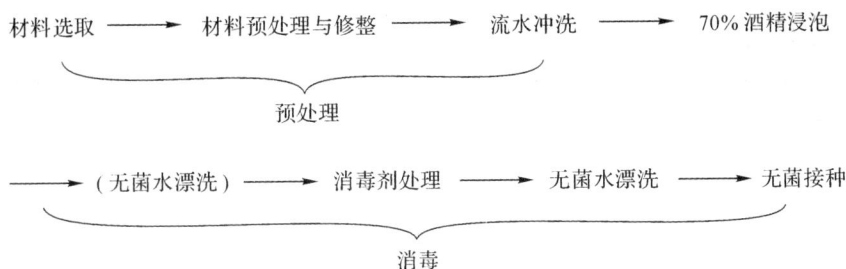

图 3-5　外植体处理工艺流程

消毒剂的敏感度也不一样。所以,选择消毒剂的种类、浓度大小和消毒时间的长短一定要有针对性,这样才有可能达到预期的消毒效果。为此,需要掌握的消毒原则是既要杀死离体材料表面的全部微生物,又不损伤或只轻微损伤植物材料。

（二）常用的消毒剂

好的消毒剂应该既有良好的消毒作用,又易被无菌水冲洗掉或能自行分解。此外,还不会损伤材料,影响细胞的生长。目前使用的消毒剂的种类较多,实践中可根据情况从表3-2 中选取 1～2 种。

表 3-2　常用消毒剂的使用浓度及消毒效果的比较

消毒剂	使用浓度	消毒时间/min	去除的难易	效果	无菌水漂洗次数
氯化汞	0.1%～0.5%	3～10	较难	最好	5～7
次氯酸钠	0.7%～2%	5～30	易	很好	3～4
漂白粉	饱和溶液	5～30	易	很好	3～4
次氯酸钙	9%～10%	5～30	易	很好	3～4
酒　精	70%～75%	0.5～2	易	好	1
过氧化氢	10%～12%	5～10	最易	好	2～3
抗菌素	4～50mg·L^{-1}	30～60	中	较好	2～3

温馨提示

消毒剂应在使用前临时配制。氯化汞可在短期内贮用。氯化汞是由重金属汞离子来达到消毒效果的;次氯酸钠和次氯酸钙都是利用其分解产生的氯气来杀菌,故消毒时用广口瓶加盖较好;过氧化氢是在分解中释放初生态氧来杀菌的,这种药剂残留的影响较小,消毒后用无菌水涮洗 2～3 次即可;由于用氯化汞液消毒的材料,难以去除升汞残毒,所以应当用无菌水涮洗 5 次以上,每次 1～3min,以尽量去除残留的汞离子。

记事本

单元Ⅲ　接种与培养

资料库

培养室(见彩页图3-6),无菌接种过程的视频(见网站)

任务栏

1.在12分钟内说出无菌操作、初代培养、继代培养、胚状体、人工种子、原球茎的概念。

2.根据实物及培养过程能区别开无菌短枝型与丛生芽增殖型。

3.根据实物及培养过程能区别开原球茎发生与胚状体发生两种增殖类型。

4.能根据不同的培养对象而灵活设置和调节不同的培养条件。(难点)

想一想

1.胚状体、原球茎、人工种子之间有何异同?

2.无菌短枝型与丛生芽增殖型之间有何区别?

演示操作区

1.胚状体、原球茎、人工种子的概念——教师先播放视频或出示图片,后学生讨论这三者之间的区别。

2.无菌短枝型与丛生芽增殖型之间的区别——教师先播放视频或出示图片,后学生讨论。

理论学习

接种与培养是组织培养最常规和关键的技术环节。只有熟练掌握接种与培养技术,才能取得组培的成功。那么如何正确接种和培养呢? 这就是本节介绍的主要内容。

一、接种

(一)无菌操作

外植体的接种是把经过消毒后的植物材料在无菌环境中切割或分离出器官、组织或细胞转入无菌培养基上的过程。由于整个过程都是在无菌条件下进行的,所以又称为无菌操作。

(二)接种程序与方法

参阅相应技能实训。

二、培养

培养是指在人工控制的环境条件下,使离体材料生长、脱分化形成愈伤组织或进一步分化成再生植株的过程。

(一)培养条件

1.温度

温度不仅影响植物组织培养育苗的生长速度,也影响其分化增殖以及器官建成等发育进程。大多数植物组织培养的最适温度在 23～27℃之间。但是不同植物组织培养的最适温度不同,如百合的最适温度是 20℃,月季是 25～27℃。

2.光照

光照对植物组培的影响主要表现在光照时间、光照强度及光质三个方面,它对细胞增殖、器官分化、光合作用等均有影响。外植体生长发育所需的能源主要由外来碳源提供,光照主要是满足植物形态的建成,300～500lx 的光照强度基本可以满足,但对于大多数的植物来说,2000～3000lx 比较合适。光周期影响植物的生长,也影响花芽的形成和诱导。一般保证 14～16 h·d^{-1} 的光照时间就能满足大多数植物生长分化的光周期要求。光质对愈伤组织诱导、组织细胞的增殖以及器官的分化都有明显的影响。如百合珠芽在红光下培养 8 周后,分化出愈伤组织,但在蓝光下只要 3 周就出现愈伤组织,而唐菖蒲子球块接种 15d 后,在蓝光下培养首先出现芽,形成的幼苗生长旺盛,而白光下幼苗纤细。

3. 湿度

湿度包括培养容器内和环境的湿度条件。容器内湿度主要受培养基的含水量和封口材料的影响。前者又受到琼脂含量的影响。冬季应适当减少琼脂用量,否则,将使培养基变硬,不利于外植体插入培养基和吸水,导致生长发育受阻。另外,封口材料直接影响容器内湿度情况,封闭性较高的封口材料易引起透气性受阻,也会使植物生长发育受影响。

环境的相对湿度可以影响培养基的水分蒸发,一般要求 70%～80% 的相对湿度,常用加湿器或经常洒水的方法来调节湿度。湿度过低则培养基丧失大量水分,导致培养基各种成分浓度的改变和渗透压的升高,进而影响组织培养的正常进行。而湿度过高则易引起棉塞长霉,导致污染。

4. 渗透压

培养基中因存在盐类、蔗糖等化合物,故会影响溶液渗透压的变化。当溶液的渗透压在 1～2 个大气压时,有利于植物细胞正常生长,2 个大气压以上就会造成原生质体失水收缩过度,反之,若溶液渗透压较低时,会引起植株过度吸水,两者均会影响外植体细胞的生长,甚至死亡。

5. pH 值

培养基的 pH 值影响培养物对营养物质的吸收和生长速度。对大多数植物来说,培养基的 pH 值控制在 5.6～6.0 之间,但在蝴蝶兰培养时,pH 值只能用 5.3,否则会影响原球茎的形成和分化;杜鹃的培养基则要求 pH 值为 4.0。pH 值过高,不但培养基变硬,阻碍培养物对水分的吸收,而且影响离子的解离释放;pH 值过低,则容易导致琼脂水解,培养基不能凝固。

不同植物组织培养对环境的最适 pH 值的要求是不同的(见表 3-3),大多数植物的最适 pH 值在 5.0～6.5 之间,一般培养基 pH 值为 5.8 就能满足绝大多植物培养的需要。

表 3-3　不同植物组织培养的最适 pH 值

种　类	杜鹃	月季	越橘	胡萝卜	石刁柏	蚕豆	桃	葡萄
最适 pH 值	4.0	5.8	4.5	6.0	6.0	5.5	7.0	5.7

6. 培养基的成分

参见模块二中的单元Ⅱ内容。

7. 培养方法

培养方法一般分为有固体培养与液体培养,它们的优缺点如表 3-4 所示。

表 3-4　固体培养和液体培养方法的比较

培养方式	优　点	缺　点
固体培养	操作简便,设备简陋,易于观察,氧气充足	养分分布不匀,外植体与培养基接触面积小,代谢废物易累积基部,影响细胞组织的正常代谢。
液体培养	组织与培养液接触面积大、均匀,但设备昂贵	为了解决氧气的不足,需要购买昂贵的摇床等设备,不便观察。

(二)培养程序

1. 初代培养

初代培养是指在组培过程中,最初建立的外植体无菌培养阶段,即无菌接种完成后,外植体在适宜的光、温、气等条件下被诱导成无菌短枝(或称茎梢)、不定芽(丛生芽)、胚状体或原球茎等中间繁殖体的过程。因此,初代培养也称为诱导培养,被诱导形成中间繁殖体均需要无菌。由于外植体的来源复杂,又携带较多杂菌,因此初代培养比较困难。

2. 继代培养

通过初代培养所获得的不定芽、无菌茎梢、胚状体或原球茎等无菌材料被称为中间繁殖体。中间繁殖体由于数量有限,需要将它们分割后转移到新的培养基中培养增殖,这个过程称为继代培养。继代培养是继初代培养之后的连续数代的培养过程,旨在扩繁中间繁殖体的数量,最后能达到边繁殖边生根的目的。由于培养物在接近最好的环境条件下生长,又排除了其他生物的竞争,所以中间繁殖体可按几何级数扩繁,例如以 2 株苗为基础,每棵苗的繁殖系数为 3(即 1 株苗剪成 3 段接种,培养一段时间后每段又形成 3 株苗),那么经 10 代繁殖,将生成 $2 \times 3^{10} = 118098$ 株苗。

3. 壮苗与生根

(1)诱导生根的一般要求

当丛生芽苗增殖到一定数量后要分离成单苗转入生根培养基进行生根诱导。一般认为矿质元素含量高,有利于茎叶生长,较低时有利于生根。所以生根培养基多采用 1/2 MS 或者 1/4 MS 培养基。另外,培养基要去掉全部细胞分裂素,并加入适量的生长素(NAA、IBA 等)。因植物种类不同,一般 2~4 d 即可见根原基发生,当洁白的生长正常的根长约 1 cm 时即可驯化移栽。

温馨提示

1. 在丛生芽分化为试管苗时,若遇茎的节间不伸长,可添加适量 GA 克服,GA 还可减少茎基部产生愈伤组织和有助于茎尖成活。

2. 保留继代增殖材料的操作原则是挑选最好的中间繁殖体作为继代材料,剩余的在淘汰变异的基础上均可进入生根阶段使之形成完整的试管苗。

3. 当中间繁殖体大量增殖后,下一步应该使部分培养物分流到壮苗生根阶段。若不能及时将培养物转到生根培养基上去,就会使久不转移的苗发黄老化,或因过分拥挤而使无效苗增多造成抛弃浪费。

4. 由一个外植体经整理、洗净及一系列消毒灭菌,接入培养瓶内进行培养,建立无菌培养物,再经若干次扩大增殖与壮苗生根,形成无数且遗传性状相对一致的植物群体的过程称为无性繁殖系。

(2)诱导生根方法

具体步骤包括:①将新梢基部浸入 50~100 ppm IBA 溶液中处理 4~8 h;②直接移入含有生长素的生根培养基中。上述两种方法均能诱导新梢生根,但前者对新生根的生长发育更为有利,而后者对幼根的生长有抑制作用。其原因是当根原始体形成后较高浓度生长素的继续存在,将不利于幼根的生长发育。不过这种方法比较可行,实践中要选择好适宜的生长素及其浓度。另外也可采用下列方法生根:①延长在增殖培养基中的培养时间;②适当降低增殖倍率,减少细胞分裂素的用量(即将增殖与生根合并为一步);③切割粗壮的嫩枝用生长素溶液浸蘸处理后在营养钵中直接生根。这种方法省去了生根阶段,但只适于一些容易生根的作物。另外,少数植物生根比较困难时,则需要在液体培养基中放置滤纸桥,使其略高于液面,靠滤纸的吸水性供应水和营养,解决生根时氧气不足的问题,从而诱发生根。

(3)生根阶段的壮苗措施

具体步骤包括:①培养基中添加多效唑、比久、矮壮素等一定数量的生长延缓剂;②生根培养阶段将培养基中的糖含量减半,提高光强约为原来的3~6倍,一方面促进生根,促使试管苗的生活方式由异养型向自养型转变;另一方面对水分胁迫和疾病的抗性也会增强。由于胚状体有根原基和芽原基的分化,可不经诱导生根阶段,直接成苗。但因经胚状体途径发育的苗数特别多,并且个体弱小,所以通常需要一个在低浓度或没有植物激素的培养基培养的阶段,以便壮苗生根。由其他途径形成的弱小试管苗也需要经历一个壮苗过程。

4.植株再生途径

植株再生途径一般可划分为无菌短枝型、器官发生型、丛生芽增殖型、胚状体、原球茎发生型五种类型(见图3-6)。所形成的植株称为再生植株。

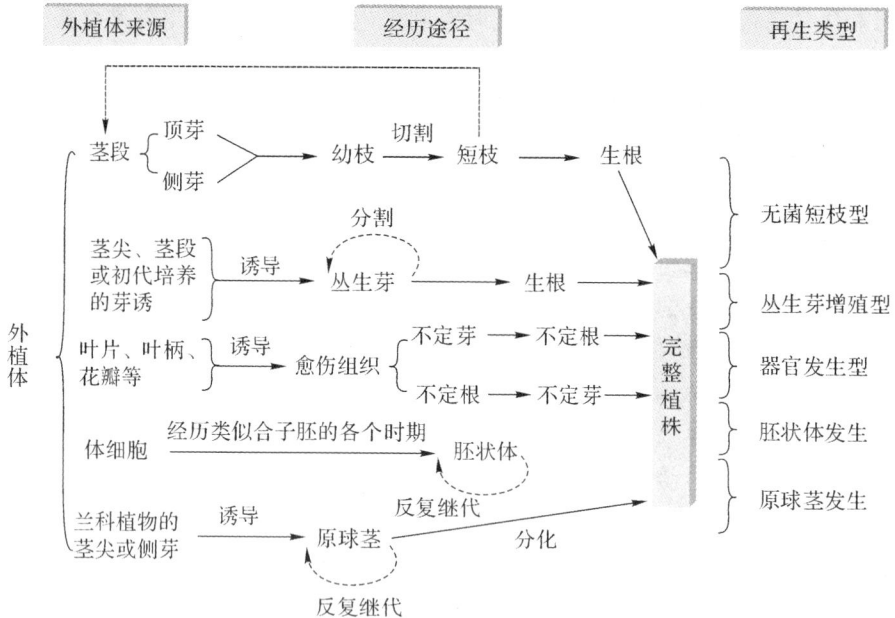

图 3-6　植株的再生途径

(1)无菌短枝型

将顶芽、侧芽或带有芽的茎切段接种到培养基上,进行伸长培养,逐渐形成一个微型的多枝多芽的灌木丛状结构。继代时将丛生芽苗反复切段转接,重复芽一苗增殖的培养,从而迅速获得较多嫩茎(在特殊情况下也会生出不定芽,形成芽丛)。这种增殖方式也称为"微型扦插"或"无菌短枝扦插"。将一部分嫩茎切段转移到生根培养基上,即可培养出完整的试管苗。这种方法主要适用顶端优势明显或枝条生长迅速,或对组培苗质量要求较高的一些木本植物和少数草本植物,如月季、枣树、葡萄、矮牵牛、茶花、菊花、香石竹等等。由于其不经过愈伤组织诱导阶段,因此是最能使无性系后代保持原品种特性的一种繁殖方式。实践中应注意芽位的选取,一般以上部 3～4 节的茎段或顶芽为宜。

(2)丛生芽增殖型

茎尖、带有腋芽的茎段或初代培养的芽,在适宜的培养基上诱导,可使芽不断萌发、生长,形成丛生芽。将丛生芽分割成单芽增殖培养成新的丛生芽,如此重复芽生芽的过程,可实现快速、大量繁殖的目的。将长势强的单个嫩枝进行生根培养,培养成再生植株。

(3)器官发生型

外植体经诱导脱分化形成愈伤组织,再由愈伤组织细胞分化形成不定芽(丛生芽)。这种途径也称为愈伤组织再生途径。有些植物能够直接从外植体表面产生不定芽,如矮牵牛、悬钩子、百合、银杏、柏科和松科的一些植物等。

影响器官发生的主要因素有外植体、培养基和培养环境等。

①外植体。理论上讲所有的植物都有被诱导产生愈伤组织的潜力,但不同植物种类被诱导的难易程度大不相同。一般来说,苔藓、蕨类、裸子植物与被子植物相比,诱导比较困难;在同类植物中,草本植物比木本植物容易;在一种植物中,幼嫩材料较老熟材料易于诱导和分化。通常同一种植物的不同器官或组织所形成的愈伤组织,无论在生理上或形态上,其差别均不大。但是对有些植物而言,确有明显差异。如油菜的花器比叶、根等易于分化成苗;水稻和小麦幼穗的苗分化频率比其他器官高。

📖 开卷有益

愈伤组织形成过程中的特点有:

①分裂期的细胞分裂局限在组织的外缘,主要是单周分裂;在分化期开始后,愈伤组织表层细胞的分裂逐渐减慢,直至停止。愈伤组织内部深处的局部地区的细胞开始分裂,使分裂面的方向改变了,出现了瘤状结构的外表和内部分化。

②迅速生长的愈伤组织,都是极相似的,而当愈伤组织生长速度减慢时,就出现特殊的形状和结构。一个显著的特征是:形成由分生组织组成的瘤状结构,它变成不再进一步分化的生长中心,而在其周缘产生扩展的薄壁细胞。瘤状结构团团地散布在愈伤组织块中。

③出现了各种类型的细胞,如薄壁细胞、分生细胞、管胞、石细胞、纤维细胞、色素细胞等。

④生长旺盛的愈伤组织一般呈奶黄色或白色,有光泽,也有淡绿色或绿色的;老化的愈伤组织多转变为黄色甚至褐色。

②培养基。培养基的类型、组成、激素及其配比、物理性质等,都对愈伤组织诱导和分化不定芽产生一定影响。主要表现以下特点:一是高无机盐浓度对愈伤组织诱导和生长有利,无机盐浓度较高的 MS、B5 等基本培养基均可用于愈伤组织的诱导。二是生长素与细胞分裂素的浓度和配比是控制愈伤组织生长和分化的决定因素(参见第一章概述中"根芽

激素理论")。通过改变激素的种类和浓度,可有效调节组织的器官的分化。一般高浓度的生长素和低浓度的细胞分裂素有利于愈伤组织的诱导和生长。在生长素类激素中,2,4-D诱导愈伤组织效果最好,但使用浓度过高,则会抑制不定芽的分化;Kt 和 BA 能广泛地诱导芽的形成,而 BA 比 Kt 的效力大。三是培养基中添加糖、维生素、肌醇和甘氨酸等有机成分,可以满足愈伤组织的生长和分化的营养要求,糖类物质还起到维持培养基渗透压的作用。四是液体培养基要比固体培养基好,在液体培养基中愈伤组织易于生长和分化。

③培养环境。在离体培养条件下,光对器官的作用是一种诱导反应,而不是提供光合作用的能源,除一些植物愈伤组织培养需要暗环境之外,一般均需一定的光照条件,因为一定的光照对芽苗的形成、根的发生、枝的分化和胚状体的形成有促进作用。对一般植物而言,在 25±2℃的恒温条件下都能较好地形成芽和根,而有些植物则需要在一定的昼夜温差下培养。温度高低对器官发生的数量和质量有一定的影响。

(4)胚状体发生型

胚状体类似于合子胚但又有所不同,它也通过球形胚、心形胚、鱼雷形胚和子叶形胚的胚胎发育过程,形成类似胚胎的结构,最终发育成小苗,但它是由体细胞发生的。其中体细胞既可以是成熟的植物根、茎、叶、花等组织细胞,亦可来自花药壁及未成熟幼穗等。这已从伞形科、禾本科等四十余科植物中观察到。胚状体可从愈伤组织形成,亦可不经脱分化直接从子叶、下胚轴和花药培养形成。胚状体可以从愈伤组织表面或悬浮培养的细胞发生,也可从外植体表面已分化的细胞产生。它是植物离体无性繁殖最快的途径,也是人工种子和细胞工程常用的发生途径,但有的胚状体存在一定的变异,应经过试验和检测后才能在生产上大量应用。图 3-7 与图 3-8 分别显示胡萝卜和石龙芮胚状体的形成和分化过程。

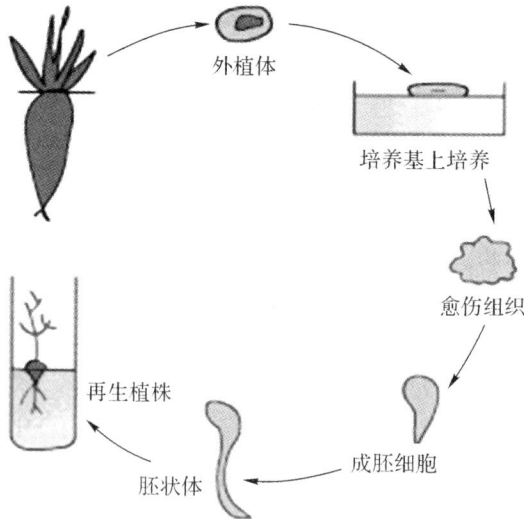

图 3-7　胡萝卜胚状体的诱导和分化过程(引自肖尊安,2004)

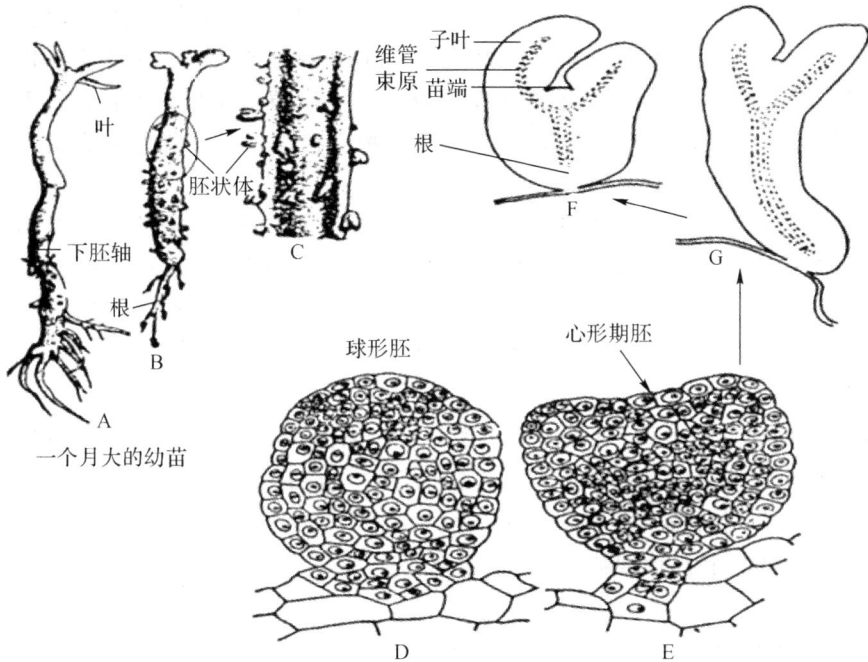

图 3-8 石龙芮胚状体的形成(引自利容千等,2004)

开卷有益

胚状体在组织学上具备以下与不定芽不同的三个特征:

1.最根本的特征是具有两极性,即在发育的早期阶段,胚状体从其方向相反的两端分化出茎端和根端,而不定芽或不定根都为单向极性。

2.胚状体的维管组织与外植体的维管组织无解剖结构上的联系,而不定芽或不定根往往总是与愈伤组织的维管组织相联系。

3.胚状体维管组织的分布是独立的"V"字形,而不定芽的维管组织无此现象。

由于胚状体发生和器官发生均可起源于愈伤组织或者直接来自于外植体,因此这两种再生植株常常容易混淆,表 3-5 列出了这两种再生植株的主要区别。

表 3-5 胚状体苗与器官发生苗的区别

胚状体苗	器官发生苗
1.最初形成多来自单个细胞,双向极性,两个分生中心,较早分化出茎端和根端(方向相反)	1.最初形成多来自多细胞,单向极性,单个分生中心
2.胚状体维管组织与外植体维管组织不相连	2.不定芽和不定根与愈伤组织的维管组织相连
3.具有典型的胚胎形态发生过程	3.无胚胎形态,分生中心直接分化器官
4.形成的幼苗具有子叶	4.不定芽的苗无子叶
5.胚状体发育的苗、根和芽齐全,不经历诱导生根阶段	5.一般先长芽后诱导生根,或先长根后长芽

影响胚状体发生的因素主要是培养基中的激素和含氮化合物。

　　①植物激素。在愈伤组织的产生和增殖过程中,在2,4-D等生长素的作用下,有时会在愈伤组织的若干部位分化形成胚性细胞团,但只有在降低或者完全去除2,4-D等生长素的培养基中(如金鱼草、矮牵牛)才能发育成胚状体。有些植物在只有细胞分裂素的培养基上也能诱导出胚状体(如大麦、檀香);而大多数植物需在生长素与细胞分裂素结合的培养基上才能诱导出胚状体(如山茶、花叶芋)。

　　②含氮化合物。除生长素外,培养基中还要求有一定量的含氮化合物。对胚状体的形成有作用的是铵根离子。如果愈伤组织是在含有KNO_3和NH_4Cl培养基上建立起来的,无论分化培养中是否含有NH_4Cl,愈伤组织都能形成胚状体。另外,水解酪蛋白、谷氨酰胺和丙氨酸等对胚状体的发生均有一定的作用。

　　(5)原球茎发生型

　　原球茎是一种类胚组织,可以看做呈珠粒状短缩的、由胚性细胞组成的类似嫩茎的器官。一些兰科植物的茎尖或侧芽培养可直接诱导产生原球茎,继而分化成植株,也可以通过原球茎切割或针刺损伤手段进行增殖培养。

　　各种再生类型的特点比较如表3-6所示。

表3-6　各种再生类型的特点比较

再生类型	外植体来源	特　点
①无菌短枝型	嫩枝节段或芽	一次成苗,培养过程简单,适用范围广,移栽容易成活,再生后代遗传性状稳定,但初期繁殖较慢。
②丛生芽增殖型	茎尖、茎段或初代培养的芽	与无菌短枝型相似,繁殖速度较快,成苗量大,再生后代遗传性状稳定。
③器官发生型	除芽外的离体组织	多数经历"愈伤组织→不定芽→生根→完整植株"的过程,繁殖系数高,多次继代后愈伤组织的再生能力下降或消失,再生后代易发生变异。
④胚状体发生型	活的体细胞	胚状体数量多、结构完整、易成苗和繁殖速度快,有的胚状体存在一定变异。
⑤原球茎发生型	兰科植物茎尖	原球茎具有完整的结构,易成苗和繁殖速度快,再生后代变异几率小。

技能训练场

实验实训3-1　灭菌技术

一、实训目标

1.能运用常用的理化灭菌原理有效地针对不同对象进行相应灭菌;

2.掌握各种灭菌的方法和特点;

3.能配制各种灭菌剂。

二、实验器材与试剂

(一)材料与试剂

具体包括:模拟培养基(只加琼脂);解剖刀、手术剪、镊子、盆子、实验服、口罩、工作帽、定性滤纸、40%甲醛、高锰酸钾、95%酒精、5%苯扎溴铵、7%次氯酸钠、70%~75%酒精、3%来苏儿、氨水、洗衣粉等。

(二)仪器与用具

具体包括:手提式高压湿热灭菌器(下称手提灭菌器)、自动立式压力蒸汽灭菌器、液体过滤灭菌装置、细菌过滤器、烘箱、分析天平、托盘天平、磁力搅拌器、移液枪、手按式喷壶、酒精缸(装酒精用的罐头瓶)、塑料筐、200ml 罐头瓶、搪瓷盒、纱手套、聚丙烯薄膜袋、线绳、脱脂棉球、铝箔、干净的棉布块。

三、实训内容

(一)任务

1.配制不同化学灭菌剂;

2.不耐热物质如 GA$_3$、维生素等的过滤除菌;

3.接种室的灭菌;

4.培养基的灭菌;

5.培养器皿和用具的灭菌;

6.实验服、口罩、工作帽、滤纸、无菌水的灭菌;

7.超净工作台的灭菌。

(二)操作步骤

1.培养基灭菌——高压湿热灭菌

高压灭菌的原理:水在密闭的容器内加热,由于产生蒸汽使锅内压力不断升高,在充分排除锅内冷空气的情况下,当压力升高到 0.105MPa 时,锅内温度达到 121℃,具体设备如图 3-9 所示。这种高温蒸汽能强烈穿透细胞,导致细胞蛋白质、核酸等物质变性而失去生命活动能力,从而杀死各种细菌及其高度耐热的芽孢。所需时间与装培养基的容器体积有关,如表 3-7 所示。注意完全排除锅内冷空气,否则,锅内温度与表压不一致,具体排出的冷空气与锅内实际温度如单元Ⅰ中表 3-1 所示。

表 3-7　灭菌容器体积与灭菌时间的关系

容器的体积/ml	在 121℃灭菌所需最少时间/min
20~50	15
75~150	20
250~500	25
1000	30

培养基在制备后的 24h 内必须完成灭菌工序,否则易被微生物污染,尤其是在夏天。

图 3-9　大型电加热灭菌器外观(左为卧式,右为立式)

温馨提示

　　灭菌结束后,不可久不放气,这样会引起培养基成分变化,以至培养基无法凝固。培养基灭菌结束后,也不能马上打开锅盖,必须待表压降到 0 时,才可打开放气阀。另外一个技巧是松开锅盖螺栓后,不能马上将锅盖完全打开,需要先轻移锅盖,使盖子与锅体口留一条缝隙约 3min,以避免因冷热空气迅速接触而使灭菌物或培养瓶壁凝结出水滴。如果马上打开锅盖,液体会冲开盖子,甚至伤及操作者。对高压灭菌后不变质的物品,如无菌水、栽培介质、接种用具等,可以提高锅内压力,缩短灭菌时间;而对易引起化学成分变化的物体,则要严格控制灭菌温度和灭菌时间。

　　2.过滤除菌——激素、抗生素和维生素的灭菌

　　(1)原理

　　由于有些激素、抗生素和维生素等对热不稳定,不能与培养基一起进行高温灭菌,需要单独对它们进行灭菌然后与灭菌后的培养基混合均匀。由于细菌过滤装置(见图 3-10)的滤膜的孔径小于 0.45μ,而细菌和真菌的孢子直径大于 0.45μ,当不耐热的溶液通过滤膜过滤,微生物就被阻隔在滤膜上方,而滤液则不含微生物,从而达到了除菌的目的而活性成分又不被破坏。

　　(2)细菌过滤器的选择

　　根据待过滤的激素、抗生素或维生素溶液的量的大小选择相应的细菌过滤器,如果溶液量大,则选择图 3-10 左边或图 3-3A 的细菌过滤装置;反之,则选择图 3-10 右边的装置。

　　(3)具体操作过程

　　①将细菌过滤器分别进行包装,再高压湿热灭菌。

　　②分别配制一定浓度的激素、抗生素、维生素溶液,放置在超净工作台上。

　　③双手消毒,然后在超净工作台上组装过滤灭菌装置。

　　④直接将待过滤溶液倒入细菌过滤漏斗,启动减压过滤灭菌装置使液体流过滤膜(滤

图 3-10　改进后的各种针筒型细菌过滤除菌器

膜孔径 0.45μm），或用注射器型过滤器吸取待过滤溶液，再用力推动注射器活塞，使溶液经过滤膜到无菌容器中，所得滤液即为无菌液体。

⑤将滤液按照配方要求，用移液枪（枪头已消毒）立即加入未凝固的培养基（温度约在42℃）中，轻轻晃动几次，使各种成分充分混匀；若使用液体培养基，则可在培养基冷却时加入，以免高温对活性成分的破坏。

3. 环境消毒

（1）接种室消毒

①气体熏蒸。先将 20％甲醛溶液（10ml/m^3）与高锰酸钾 3g/m^3 混合，即分别称取 2％甲醛和高锰酸钾，并按甲醛、高锰酸钾的先后顺序倒入罐头瓶内，利用产生的烟雾密闭熏蒸接种室 1～2d，然后开启房门，排除甲醛气体。熏蒸前接种室可预湿，以增强熏蒸效果。为了尽快接种，可以用氨水中和甲醛，氨水的用量约为甲醛用量的 1～2 倍。另外，也可选择冰醋酸加热熏蒸，但效果不如甲醛熏蒸。本消毒杀菌方法适合在开学初或期末进行。

②药剂喷洒。用 70％酒精或 0.2％苯扎溴铵溶液（新洁尔灭）灭喷洒接种室空间及四周，要求喷洒全面、均匀。此方法在接种前均要求进行。

③紫外线照射。接种前打开紫外灯（波长 260nm），照射 20～30min。此方法在接种前均要求进行。

其他空间消毒同接种室消毒方法①、②。

4. 培养架消毒

双手戴乳胶手套，用干净的毛布块蘸 0.2％苯扎溴铵溶液（新洁尔灭）或 0.1％的高锰酸钾溶液擦拭培养架。

5. 地面消毒

用 3％来苏儿拖地。一般 1 周拖地 1 次。如果地面不是防滑的材料，这种方法最好不要采用，不安全。

6. 实验服、口罩、帽子、滤纸、无菌水的灭菌

将实验服、口罩、帽子与滤纸分别用耐高温薄膜袋包装，用线绳扎紧；将自来水装至500ml 的三角烧瓶内（装量一般为 300～350ml 左右），用耐高温薄膜封口，然后进行湿热灭菌，灭菌方法同培养基灭菌。灭菌后将无菌水等物品密封放置在超净工作台上，工作服等则放在缓冲间的柜子内。

7.超净工作台、双手及培养瓶的消毒

（1）药剂喷洒

分别配成70％酒精、0.2％新洁尔灭溶液，然后用手按式喷壶分别对培养瓶、超净工作台的台面、搁板及两侧的玻璃均匀喷洒消毒。

（2）涂抹消毒

双手、培养瓶及超净工作台面可用70％～75％酒精浸泡过的棉球，或用0.2％新洁尔灭溶液浸泡过的毛巾擦拭。

（3）紫外线照射

上面工作完成后，将空白培养基、无菌水、接种用具等放置在超净工作台上，打开紫外灯照射20～30min。

8.培养器皿和用具的灭菌消毒

（1）干热灭菌

将玻璃器皿和盛装接种工具的搪瓷盒，置烘箱内，设置温度为160～180℃，烘烤1.5～2.0h，然后断电，待烘箱充分冷凉，才能打开烘箱，以免因骤冷而使器皿破裂。灭菌后的玻璃器皿和搪瓷盒（含接种工具）放入接种室。注意：不能用报纸等易燃物包扎容器，可用锡铂纸包扎。

（2）高压湿热灭菌

将玻璃器皿和接种工具装入耐压薄膜袋，线绳扎紧后放入灭菌器内与无菌水同时灭菌。聚丙烯、聚甲基戊烯、同质异晶聚合物等材质的塑料器皿每次灭菌时间不超20min。

（3）擦拭消毒和灼烧灭菌

接种前用70％～75％酒精浸泡过的酒精棉球擦拭培养皿和接种工具（见图3-11），再在火焰上烘烤（见图3-13）；用95％酒精中浸泡接种工具（见图3-12），再在酒精灯火焰上反复灼烧灭菌（见图3-13）。

图3-11　涂抹消毒

图3-12　浸泡消毒

图3-13　灼烧灭菌

9.外植体消毒

见本模块实验实训3-2。

四、注意事项

1.培养基应在 24h 内灭菌;灭菌后最好在一星期内使用,临时可在洁净、无灰尘、黑暗的环境中低温保存;不宜重复灭菌。

2.培养基灭菌时,要排净锅内冷空气,使压力与温度关系相对应,使锅内物体升温均匀;操作人员不能离开,应随时观察锅内的压力变化。

3.使用减压过滤灭菌装置时,须待过滤液滤干后首先拔除连接无菌瓶的胶管,然后才能关闭真空泵。

4.细菌过滤器高压湿热灭菌温度务必不要超过 121℃。

5.用新灭菌锅初次灭菌的培养基或接种数量少而贵重材料的培养基,须放置 3 天后检查无杂菌污染后才能用于接种。

6.树立无菌观念,做到环境消毒灭菌经常化。

五、训练与考核

其考核方案如表 3-8 所示。

表 3-8　考核方案

考核项目	考核标准	考核形式	满　分
实训态度	遵守纪律,服从安排,积极主动,操作认真,有团队精神和创新意识	随机观察	15 分
灭菌原理	能准确随机回答思考题 2 题	口试	20 分
操作规范性	对不同的灭菌对象能选用选择适宜的灭菌方法,针对性强(10 分);操作流程正确,动作规范(25 分)	现场操作	35 分
操作熟练度	操作熟练,工序衔接紧凑有序(10 分);组员间配合默契,操作效率和质量高(5 分)	现场操作随机观察	15 分
灭菌效果	经检验灭菌效果好	跟踪考核	15 分
		成绩小计	100

六、思考题

1.高压灭菌的机理是什么?

2.灭菌过程中如何判断灭菌锅内的冷空气已经排放尽了?

3.手提式灭菌锅的盖子下方为何有一条长长的"尾巴"?

4.消毒用的酒精浓度是否越高消毒效果越好? 为什么?

5.为何培养基的灭菌温度不能太高或灭菌时间不能太长?

6.为何无菌水、接种的碟子等材料,在温度安全范围内灭菌的温度越高越好?

7.物理灭菌的常见方法有哪些?

8.化学灭菌的常用消毒剂有哪些?

9.说出超净工作台的灭菌程序。

10.为何烘烤灭菌的材料不能用纸质或棉布材料包裹?

11. 用火焰对剪刀或镊子等金属工具进行灭菌时,为何这些接种工具与水平夹角不能太大?

12. 为何解剖刀等金属接种器具不宜采用高压蒸汽湿热灭菌?

实验实训 3-2　外植体的选择与处理技术

一、实训目标

1. 能根据外植体选择原则选取合适的外植体;

2. 能正确对外植体进行预处理;

3. 能有效选择外植体消毒的方法。

二、实训器材与试剂

(一)器材

具体包括:分析天平、磁力搅拌器、塑料花盆、量筒(100ml)、容量瓶(500ml、1000ml);锥形瓶(250ml)、塑料烧杯(500ml)、手按式喷壶、市售薄膜袋、线绳、纱布、手术剪、解剖针、解剖刀、镊子、铁铲等。

(二)试剂

具体包括:常见植物(花卉、果树、蔬菜等)的形态挂图、照片、标本和各种植物器官的实物;草炭、珍珠岩、蛭石等基质;市售杀菌剂和杀虫剂、次氯酸钠、次氯酸钙、升汞(氯化汞)、溴水、95%酒精、过氧化氢、抗生素、蒸馏水、吐温-80、无菌水等。

三、实训内容

(一)任务

1. 外植体选择原则在正确选取合适外植体中的运用;

2. 对选取的外植体进行预处理;

3. 对已经预处理后的外植体进行有效消毒。

(二)内容

1. 外植体的预处理

(1)喷杀虫剂、杀菌剂及套袋

以小组为单位,在室外株型较大的木本植株上确定好外植体的选择部位后,用手按式喷壶向选取部位喷杀虫剂和杀菌剂,然后套上薄膜袋,并用线绳扎住,待长出新枝条后,再进行外植体采样。

(2)室内盆栽

以小组为单位,将基质消毒后装填花盆,挖取欲组培的植物,剪除一些不必要的枝条后,改为盆栽,喷杀虫剂和杀菌剂,在室内或置于人工气候室内培养。

(3)外植体的修整

外植体消毒前,预先进行必要的修整。以小组为单位,按照图 4-5 和表 3-9 的要求进行操作。

表 3-9 外植体的修整方法

外植体类型	修整方法
花器	一般不用修整,直接冲洗消毒。
果实与种子(含胚等)	直接冲洗消毒。种子、胚或胚乳培养时,对于种皮较厚的种子,可去除种皮或预先用浓硫酸浸泡几十秒或机械将种皮磨薄。
叶片	叶片带油脂、蜡质、茸毛的,可用毛笔蘸肥皂水刷洗;较大叶片可剪成若干带叶脉的叶块,大小以能放入冲洗用容器为宜。
茎尖、茎段	先去除枝条上的叶片、刺等附属物,如是软质枝条则用软毛刷蘸肥皂水刷洗,硬质枝条则用刀刮除枝条表面的蜡质、茸毛等,再将枝条剪成带 2~3 个茎节的茎段,长约 4~5cm。
根及地下部器官	剪除老根、烂根→切除损伤及污染严重部位→用软毛刷刷洗→→幼根剪或切成 1 至几厘米长的根段→消毒

2.外植体消毒

①以小组为单位,识别各种灭菌剂,并配制各种消毒液。

②以小组为单位,根据不同的外植体类型,按照表表 3-9 和表 3-10 的要求进行外植体消毒处理,并比较不同灭菌剂的灭菌效果。

表 3-10 不同外植体的消毒方法

外植体	消毒方法
果实及种子	①根据果实清洁度,流水冲洗 10~20min→70%酒精漂洗几秒到几十秒钟→用 2%次氯酸钠溶液浸泡 10min 后,无菌水冲洗 2~3 次;②种子用流水冲洗 10~20min→10%次氯酸钠溶液浸泡 10~20min,或用 0.1%升汞溶液浸泡 5~15min 后,无菌水漂洗 3~5 次
胚及胚乳	①对成熟或未成熟的种子消毒后剥离出胚或胚乳;②直接从子房开始剥离,子房在约 1%的次氯酸钠溶液浸泡 8~10min→去除种皮→无菌水漂洗 3~5 次→剥离胚或胚乳
花器	对于未开放的花朵,只要消毒整个花蕾:①流水冲洗后用肥皂、洗衣粉→70%酒精浸泡数秒;②无菌水冲洗 2~3 次;③饱和漂白粉滤液中浸泡 10min;④无菌水漂洗 2~3 次。然后剖开花被,剥离所需外植体接种
茎尖、茎段及叶片	用肥皂、洗衣粉液浸泡 5~10min→流水冲洗 5~10min→70%酒精浸泡数秒→根据材料老嫩和枝条的坚实程度,用约 1%次氯酸钠溶液浸泡 10~15min,或者用约 0.2%的升汞消毒 3~10min→无菌水漂洗 5 次
根及地下部	流水冲洗→纯酒精漂洗→用 0.1%~0.2%升汞液浸 5~10min 或 2%次氯酸钠溶液浸泡 10~15min→无菌水漂洗 3~5 次

四、注意事项

1.外植体识别要准确,采集回来后不宜久放,应及时清洗处理。木本或容易褐化的植物材料需流水冲洗 2h 以上。

2.根据外植体的取材部位和老嫩程度及结合自己的经验来确定消毒剂浓度和消毒时间。

3.为提高消毒效果,可做预备试验;采取交替灭菌和多次灭菌方式;在灭菌剂中适当加入表面活化剂,如吐温-80 等,可提高消毒效果。

4.如果外植体较大而硬,可直接用灭菌剂处理,如果实、叶片、茎段、种子等;如果接种幼嫩的茎尖,一般先取较大的茎尖,表面消毒后,再在无菌条件下借助解剖镜剥取适宜大小的茎尖培养;如果是细胞,应按培养目的选择合适的初始材料进行消毒。

5.对于取自植物体内部、由多层包被的微小材料,如花粉、子房、未成熟种子、茎尖等,也可不经消毒,在无菌条件下剥离后直接接种。

6.消毒液要浸没材料,随时轻轻搅动;材料消毒后尽快切取所需的外植体接入培养基,减少在空气中的暴露时间,避免风干和褐化。

7.70%～75%的酒精具有较强的杀菌力和湿润作用,应严格掌握处理时间,时间太长会引起处理材料的损伤。

8.消毒时间是以灭菌液开始倒入容器至从容器倒出为止的时间。

五、训练与考核

具体考核方案如表 3-11 所示。

表 3-11　考核方案

考核项目	考　核　标　准	考核形式	满　分
实训态度	积极主动(4 分),协作意识强(5 分),在思路与操作上有创新表现(6 分)	随机观察	15
外植体修整	接种材料的性状特点表达清楚(5 分),修整方法选择正确,修整程度适宜(10 分)	现场操作	20
外植体消毒	消毒方案合理、可操作性和针对性强(20 分),接种后无灭菌过度和染菌现象发生(25 分)	现场操作跟踪考核	45
回答问题	能准确回答老师随机挑选的 2 个思考题	口试	20
		成绩小计	100

六、思考题

1.选择外植体的根据是什么?

2.外植体消毒的原则是什么?

3.为何外植体用升汞消毒后的漂洗时间较用次氯酸钠消毒后漂洗的时间长?

4.在消毒剂中加入吐温主要起何作用?

5.为何用 70%～75% 酒精消毒外植体的时间不能过长?

6.通过实训,谈一谈你对灵活运用消毒剂、消毒时间、消毒浓度在控制外植体消毒效果方面的经验。

7.采集外植体时应注意哪些事项?

8.处理外植体包括哪几个阶段?

9.常用的消毒剂种类有哪些?试列表比较它们在使用浓度、消毒时间、消毒效果及去除附着的容易性等方面的差异。

实验实训 3-3 无菌操作

一、实训目标

1.能独立对接种室和超净工作台进行消毒处理;

2.能合理摆放接种用具和空白培养基;

3.能规范地进行无菌操作。

二、实验器材与试剂

（一）器材

具体包括:实验服、口罩、实验帽、超净工作台、生物解剖镜、酒精灯、脱脂棉球、罐头瓶、广口瓶、剪刀、镊子、解剖刀、碟子等接种器械,定性滤纸等接种用品(已灭菌),周转筐、塑料烧杯(500ml、1000ml)、计时工具、记号笔等其他用品。

（二）试剂

具体包括:空白培养基(已灭菌),培养材料(根、茎、叶或种子等),70%～75%酒精、95%酒精、0.1%新洁尔灭、3%来苏儿、0.1%升汞或10%漂白粉上清液、吐温-80、无菌水。

三、实训内容

1.接种室和超净工作台的消毒与接种用具摆放;

2.无菌操作——对已处理的外植体进行接种;

3.清理现场,填写记录。

四、操作步骤

操作步骤具体如下:

1.接种室消毒

预先对接种室灭菌。接种室灭菌方法见实验实训 3-1 灭菌技术。

2.接种用具摆放

接种室消毒后,将已灭菌的培养基、接种工具等摆放在超净工作台(以下简称"超净台")的台面上,并在接种前 20 min 打开超净台的风机和紫外灯。紫外灯照射 20min 后,关闭紫外灯。

3. 进入接种室

接种人员用肥皂水洗净双手,在缓冲间换上拖鞋或戴上鞋套,穿好工作服和戴好帽子和口罩后进入接种室,随后打开超净台的照明灯。

4. 手及台面消毒

用70%浸泡过的酒精棉球(见图3-14)擦拭双手,然后按一定顺序和方向擦拭超净台面。

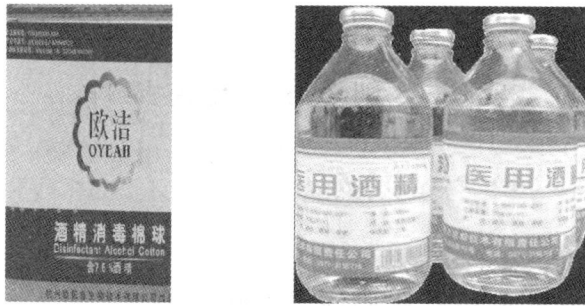

图 3-14   酒精消毒棉球和医用酒精

5. 培养材料灭菌

将接种材料预先放入已经灭菌过的有盖子的瓶子或烧杯里,置入超净台面进行表面消毒。其方法见实验实训3-2。

6. 取接种工具和培养皿

从薄膜袋内取出接种工具浸泡在盛有95%酒精的罐头瓶内,成套培养皿放在超净台面上。

7. 擦拭接种工具并灼烧灭菌

用酒精棉球全面擦拭接种工具及培养皿,然后点燃酒精灯,按碟子(或培养皿)、接种工具的先后顺序在火焰上分别灭菌(也称作"过火"),并将接种工具摆放在碟子、培养皿或器械架上(见图3-15)。

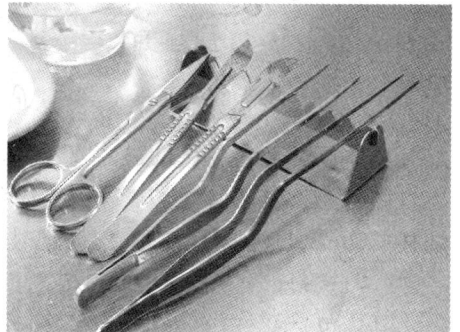

图 3-15   接种工具摆放

8. 取滤纸

用镊子从薄膜袋内取出无菌滤纸,并衬垫在培养皿内。

9. 材料修剪

用无菌滤纸吸干材料表面的水分,然后一手拿镊子,一手拿剪子或解剖刀或解剖针,对材料进行剥离或切割成适宜的大小。用于微茎尖剥离的解剖镜,应事先用70%酒精棉球擦拭显微镜台表面进行消毒。

10. 接种

先将外植体插植或平放在培养基上,接种方法分横插法和竖插法,具体操作步骤如下:

①镊子火焰灭菌,并放在培养皿或器械架上冷却。

②瓶口火焰灭菌。用棉塞封口的,在拔棉塞前用火焰灼烧瓶口外侧,打开培养瓶后再灼烧瓶口里面;用硫酸纸或薄膜封口的,开瓶后边转动瓶口边火焰灭菌。

③接种。在酒精灯火焰附近,一只手斜握瓶(横插法)或将培养瓶置于火焰附近的超净工作台面上(竖插法),另一只手拿镊子夹持外植体横向(横插法)或垂直(竖插法)送入培养瓶。材料放置方法除茎尖、茎段正放(即形态学上端向上)外,其他尚无统一要求。

11. 封口

接种后,旋转培养瓶口火焰灭菌数秒钟后,迅速用瓶盖或瓶塞或薄膜封严。

12. 标识

所有材料接种完毕,用记号笔在瓶壁上注明材料名称缩写、接种日期。

13. 清理现场,填写记录

接种结束后清理干净超净工作台,填好仪器使用记录本。

14. 摆瓶培养

将接种后的培养瓶通过传递窗传递,有序摆放在培养室的培养架上。

五、注意事项

具体包括:

①接种人员要经常剪指甲,实验服、口罩和实验帽应经常清洗和严格灭菌。

②对水平流超净工作台,无菌操作时要戴上口罩,防止大声说话或咳嗽所引起的污染;

③双手不要离开超净台,头部不要伸入超净工作台内,手及手臂尽量避免或减少从培养皿上方经过;离开超净工作台后再接种时要重新擦手。

④必须在酒精灯(或煤气)火焰的有效范围(ø10cm 的半圆区域)内操作,如修剪材料、打开瓶盖、接种等。

⑤接种材料消毒完成后,应将所用过的器皿清理出台面,以腾出更多的空间,再行接种,这样可提高操作效率和减少污染。

⑥接种工具灼烧后充分冷却,防止烫伤外植体。

⑦开瓶盖前最好松动一下瓶盖,再将瓶口靠近火焰,打开盖子,如果是薄膜封口材料,则要求在超净工作台边沿解绳或先去除橡皮筋,以免搅动超净台内的空气。

⑧手拿的培养瓶应保持倾斜(约与水平呈 0°~45°),减少灰尘落入瓶内。

⑨防止交叉污染。具体做到以下几点:第一,严格操作顺序;第二,接种材料消毒后要用无菌滤纸吸干水分,并剪除触及培养皿外沿或伸出培养皿外的接种材料;修剪后的外植体不能重叠放置;第三,切割完一瓶母种材料或无菌滤纸较湿、有较多破损之处时应及时更换滤纸;第四,接种工具不能碰到台面、管(瓶)的外壁、棉塞或薄膜;第五,手握镊子不能太靠前,外植体和手指不能触及瓶口;第六,接种工具每接种一瓶最好火焰灭菌一次。

⑩封口时线绳不能碰到培养皿和接种工具,封口材料与瓶口接触的部分不要用手触摸或接触台面。

⑪无菌操作要规范迅速,动作协调。

六、训练与考核

按照先规范性操作训练后速度训练,先模拟训练后实际操作的层次顺序分阶段训练,注意因材施教。

考核侧重无菌操作的规范性和准确性,做到定性与定量、过程与效果、实践与理论、小组间与小组内的技能比赛、考核与技能比赛和训练五结合。考核方案如表 3-12 和表 3-13 所示。

表 3-12　考核方案

考核项目	考核标准	考核形式	满分
实训态度	遵守纪律,服从安排,实训积极主动,操作认真,实训报告字迹工整,有团队精神和创新意识	随机观察,批阅实训报告	10 分
操作前准备	讲究个人卫生,准备充分	随机观察	10 分
技能操作	操作程序正确(5 分);操作规范、用具摆放合理(10 分);操作熟练,效率高(10 分);外植体切割符合接种要求(5 分)	现场操作	30 分
善后处理	接种后台面清理干净、迅速,接种工具摆放整洁(5 分);培养瓶标识符合要求(5 分)	随机观察	10 分
接种效果	外植体接种数量适宜,布局合理,方向正确,深浅适度,整齐一致(10 分);污染率≤5%~10%(10 分)	跟踪考核现场调查	20 分
操作原理	准确回答老师随机提出的问题 2 个	口试	20 分
		成绩小计	100

表 3-13　接种熟练程度考核标准(以接 5 瓶所用时间计算)

成绩 项目	90~100 分	80~89 分	70~79 分	60~69 分	60 分以下	备注
愈伤组织转接	≤15min	16~18min	19~21min	22~24min	>25min	每瓶接 3 个
根段、茎段接种	≤10min	11~13min	14~16min	17~20min	>21min	每瓶接 3 个
根尖、普通茎尖接种	≤20min	21~23min	24~27min	27~30min	>31min	每瓶接 2 个
叶片接种	≤10min	11~12min	13~15min	16~20min	>21min	每瓶接 4 个
花器接种	≤15min	16~18min	19~23min	24~29min	>30min	每瓶接 3 个
芽丛转接	≤15min	16~20min	21~25min	26~30min	>31min	每瓶接 3 个

七、思考题

1. 为何接种过程中,瓶口在以火焰为中心的 10 厘米范围内进行?
2. 何谓交叉感染? 如何避免?
3. 用于接种用具灭菌的酒精缸为何不能将酒精装得太满?
4. 为何要将用于外植体消毒完成后的废液缸等移出超净台?
5. 为何用于摆放外植体的碟子或培养皿不能在外植体未完成消毒前从薄膜袋内取出?
6. 为何接种前要对无菌操作室进行空间酒精或苯扎溴铵(新洁尔灭)喷雾和拖地?
7. 为何接种过程中要尽量减少人员不必要的走动?
8. 为何接种过程中不能大声说话和咳嗽?
9. 为何说接种速度越快(但操作规范),相对污染率越低?

信息链接

植物无糖培养技术

植物无糖培养技术由日本专家古在丰树在 20 世纪 80 年代末期发明。它是指在封闭系统中人工控制营养、光照、湿度、温度、气体成分,为植物生长创造最佳的环境条件,所产种苗健壮、整齐、品质好、周期短,无需驯化就可直接移栽到大田的技术。这种技术与常规组培技术的差异在于:①改变了碳源的供给途径,即培养基中不添加糖,而是增加 CO_2,配合强光照来提高植物的光合作用,极大地降低了污染率;②组培苗由原来的小容器改为大容器培养,简化了工艺流程,节约了大量劳力、物力,极大提高了经济效益;③通过控制离体材料生长的环境因子,促进植物光合作用,使之快速由异养型转变为自养型,形成的苗整齐、粗壮、根系发达。④用多孔低廉的无机材料取代了琼脂,克服了组培苗根系生长纤细而在移栽时根系易折断的问题,提高了移栽成活率。需要注意的是植物无糖培养技术只适合组培切段扩繁的植物,应用范围较常规组培技术小。

记事本

思考与练习

一、名词解释

灭菌、消毒、外植体、胚状体、原球茎、初代培养（或诱导培养）、中间繁殖体、继代培养（或扩繁培养）、无菌操作（无菌接种）、再生途径

二、简答题

1.灭菌与消毒之间有何区别？
2.压力蒸汽灭菌与煮沸灭菌之间有何区别？
3.何谓壮苗生根？
4.外植体消毒要求掌握哪些原则？
5.外植体选择要求掌握哪些原则？

三、问答题

1.离体材料的培养条件有哪些？
2.植物组培快繁过程主要包括哪些程序？各程序主要作用是什么？
3.组织培养中常用的促进生根的措施有哪些？
4.试比较各植株再生类型的外植体来源、特点及经历途径（最好用图解方式表示）。

模块 4   营养器官与花器培养

知识目标

- 能叙述离体快速繁殖的培养流程
- 熟练掌握植物不同器官的取材、处理和灭菌方法
- 掌握不同植物继代的切割方式
- 理解茎尖、茎段、叶片的培养法与注意事项
- 能口述花药与花粉培养的方法、特点和用途
- 能叙述子房与胚珠的方法、特点和用途

技能目标

- 能够根据不同植物特点选择合适的外植体进行启动培养
- 能够对外植体准确修整和有效消毒
- 熟练进行营养器官等的离体培养
- 能够正确进行花药和花粉预处理,能区别出不同发育时期的花粉
- 能完成花粉与花药培养的整个过程
- 能独立完成子房与胚珠的组培过程

态度目标

- 科学严谨、精益求精的工作作风
- 养成科学的探索精神

植物器官培养是指对植物某一器官的全部或部分甚至是器官原基进行离体培养的技术。主要分为营养器官(根、茎、叶)和繁殖器官(果实、种子、花器官)培养,其一般的培养流程如图 4-1 所示。以器官作为外植体进行离体培养,是植物组织培养中最主要的一个方面,进行的植物种类最多,应用的范围也最广。器官培养不仅是研究器官营养代谢、生理生化、组织分化和形态建成的最好材料和方法,而且在生产实践上具有重要的应用价值,如利用茎、叶和花器培养建立的试管苗,可在短期内提高繁殖速率,进行名贵品种的快速繁殖;利

用茎尖培养可得到脱毒试管苗,解决品种的退化问题,提高产量和质量;对植物器官作诱变处理可得到突变株,有可能筛选到优良的品种。

单元 I　营养的器官培养

**资料库**

　　矮牵牛的茎尖培养(见彩页图 4-1),微型月季的茎段培养(见彩页图 4-2),花烛的叶片离体快繁(见彩页图 4-3),禾本科牧草的胚状体胚发生过程(见彩页图 4-4);普通离体茎尖培养的视频(见网站),茎段离体培养的视频(见网站)

**任务栏**

　　1.能在 15 分钟内默画出器官培养的一般流程图。

　　2.能在 5 分钟内表达营养器官培养的意义。

　　3.能在 5 分钟内表达影响茎尖和茎段培养的主要因素。

　　4.能在 5 分钟内阐明普通茎尖培养与茎段培养的区别。

　　5.能在 5 分钟内表达出普通茎尖培养时,取材和处理外植体的过程。

**想一想**

　　1.为什么说植物器官培养是组织培养的一个最重要的方面?

　　2.茎段培养与茎尖培养有什么主要区别?

　　3.离体根培养能否形成完整的植株?

演示操作区

1.播放或演示根培养的过程,提出一些相关问题,由学生思考和讨论后再让学生回答。

2.播放或演示离体普通茎尖培养的过程,提出一些相应问题,由学生思考和讨论后再让学生回答。

3.播放或演示离体茎段培养的视频,提出一些相应问题,由学生思考和讨论后再让学生回答。

4.播放或演示叶培养的过程,提出一些相应问题,由学生思考和讨论后再让学生回答。

![图标] 理论学习

一、根的培养

根培养一般是指利用种子在无菌环境中萌发的根进行组织培养。但也有人直接从土壤中挖取根的。离体根的培养是进行根系生理代谢研究最优良的实验体系。因为根系生长迅速,代谢旺盛,变异小,可以通过培养基的调控来研究其生长和代谢的变化。一方面,在工厂化生物反应器系统中通过工艺调控实现根的大规模生产,可以随时随地生产离体根的培养物,进行药物、微量活性物质及一系列次生代谢产物的工厂化生产。另一方面,通过根细胞的培养可再生植株,用于农业生产。此外,由根细胞可再生成植株,不仅证明根细胞的全能性,而且也能产生无性繁殖系,用于生产实践。其培养方法如图 4-1 所示。

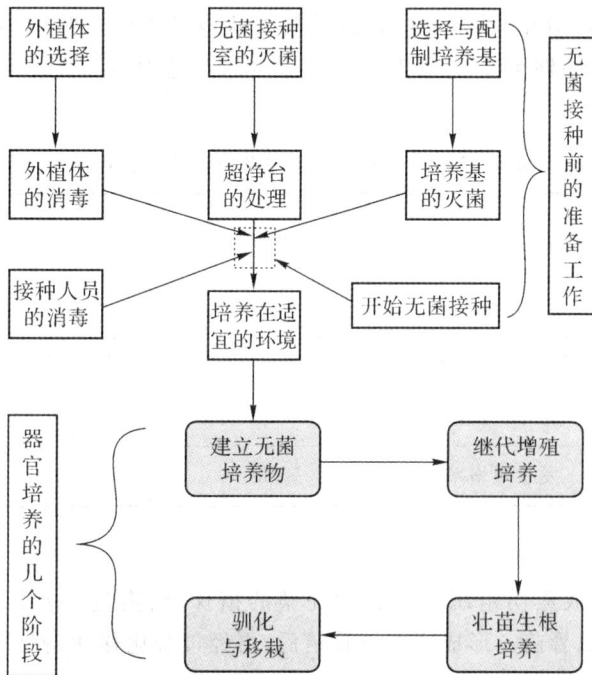

图 4-1　器官培养的常规工艺流程

根的常规培养可分以下几个阶段:

第一,筛选培养基。多选择无机离子浓度低的 White 培养基,其他培养基如 MS、B 等也可采用,但必须将其浓度稀释到 2/3 或 1/2。

第二,建立根无性繁殖系。将种子进行表面消毒,在无菌条件下萌发,待根伸长后从根尖一端切取长 1.2cm 的根尖,接种于培养基中。培养条件为黑暗和 25~27℃,这些根的培养物生长甚快,几天后发育出侧根。待侧根生长约 1 周后,即切取侧根的根尖进行扩大培养,它们又迅速生长并长出侧根,又可切下进行培养,如此反复,就可得到从单个根尖衍生而来的离体根的无性系。这种根可用来进行根系生理生化和代谢方面的实验研究。

第三,植株再生培养。根段的离体培养也可以用来再生植株。第一步诱导形成愈伤组织。第二步在再分化培养基上诱导芽的分化,在愈伤组织上分化成小植株。

现以诱导茶树根愈伤组织及发状根(彭正云,2004)为例具体说明离体根培养的过程。

1. 外植体的采集与处理

根培养的外植体一般取自无菌种子发芽产生的幼根或植株根系经消毒处理后的切段。但此例是从茶园中直接挖取。挖回的根用自来水冲洗干净后,用70%的乙醇中浸泡30s,再用0.25%的 $HgCl_2$ 溶液浸泡10min,最后用无菌水漂洗3次,最后将根切成长0.5cm左右的根段作为外植体。

2. 根无性繁殖系的建立

将上述切好的根段接种于表4-1中的A培养基中,35d后,可看到愈伤组织被诱导出来,当愈伤组织生长至肉眼可见时需要及时转移至新鲜培养基A上培养,否则以后生长十分缓慢甚至停止生长。转接10d后,会长出新的淡黄色愈伤组织,愈伤组织再转接到表4-1中的B培养基上进行继代培养,其生长比在A培养基上培养的旺盛。当愈伤组织长到一定数量后,就可转接到C培养基进行发状根(茶树发状根可生产茶叶中的有用物质)的分化,当长出发状根后可以接种至D培养基进行增殖培养。总体上说,这种培养方案还算初步成功。

表4-1　茶树根愈伤组织和发状根诱导培养基配方

编　号	培养基作用	基本培养基	激素/mg·L^{-1}	
			6-BA	IBA
A	诱导愈伤组织	MS	1	3
B	愈伤组织增殖	与上同		
C	诱导发状根	$\frac{1}{2}$MS	0	2
D	发状根增殖	$\frac{1}{2}$MS	1	2

3. 继代培养与驯化移栽

如果想使发状根或愈伤组织再分化为完整的植株,尚需进一步研究一种再分化培养基,让其形成完整的试管苗。形成完整试管苗后,再经过驯化移栽,就可栽植到大田中。

二、茎的培养

茎尖是植物组织培养常用的外植体。这是因为茎尖不仅生长速度快,繁殖率高,不易产生遗传变异,而且是目前获得脱病毒苗木的最有效途径。茎尖培养根据培养目的和取材大小分为微茎尖培养和普通茎尖培养。前者主要用于脱毒苗的培养,后者主要用于营养器官的快速繁殖。微茎尖是指带有1~2个叶原基的生长锥,其长度一般不超过0.5mm(见图4-2)(大小因植物各类和芽部位的不同而有所差异),主要用于脱除植物体内病毒(具体内容见模块6);普通茎尖是指较大的茎尖(几毫米到几十毫米)、芽尖及侧芽,培养技术简单易行,操作方便,容易成活,成苗所需时间短,常用于植物的离体快速繁殖。而带有1个以上定芽或不定芽的茎段(包括块茎、球茎、鳞茎的幼茎切段)培养除具有普通茎尖培养的特点外,还具有材料来源广泛、"芽生芽"方式增殖的苗木变异小和性状均一的特点,它往往与微茎尖培养技术配合使用,即通过微茎尖培养获得了脱毒苗,再将脱毒苗通过普通茎尖培养进行快速繁殖。由于茎尖和茎段等是在无菌条件下,且又是在一个非常小的范围内进行大量繁殖,因此又称为微繁技术。

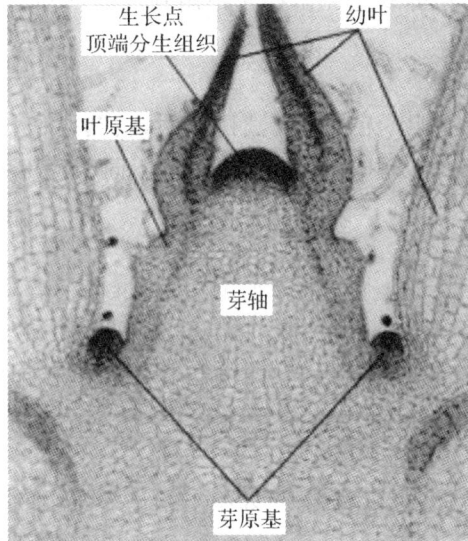

图 4-2 茎尖纵剖面

(一)普通茎尖培养

1.培养基的选择与准备

不同植物茎尖的培养,所用的培养基是不同的。一般应通过查阅资料和请教行家或自己做一些试验工作后,筛选出适宜的培养基。多数茎尖培养以 MS 作为基本培养基或略加修改,或补加其他物质。据朱至清报道,大量元素含量减半,不加肌醇,并将 V_{B1} 提高到 $1mg \cdot L^{-1}$ 的改良培养基,适合于大多数单子叶和双子叶植物。木本植物的茎尖培养也可选用 WPM 培养基。另外在培养基中添加生长素是必需的,因为它们能有效地促进芽的生长发育,但是浓度不能太高,一般用 $0.1mg \cdot L^{-1}$ 左右,高于此浓度,往往产生畸变芽或形成愈伤组织。但不同种类植物对生长素的反应是不同的,所以应区别对待,灵活运用。茎尖培养一般选用固体培养基,而对于易发生褐化的可以考虑采用液体培养基,以便减少培养物周围酚类化合物的积累和及时将培养物从褐化的培养基中转移到新鲜的培养基中去。培养基的 pH 值影响茎尖对营养液的吸收和生长速度,对大多数植物的茎尖培养来说,pH 值应控制在 $5.8 \sim 6.0$ 之间。

继代增殖所用的基本培养基与初代培养基本相同,有时为了提高繁殖系数,可以适当提高细胞分裂素的比例。促进腋芽增殖最有效的细胞分裂素是 6-BA,其次是 KT 和 ZT,使用浓度在 $0.1 \sim 10mg \cdot L^{-1}$ 之间,一般使用 $0.5 \sim 2mg \cdot L^{-1}$。有时培养基中也添加低浓度的 GA,促进芽的伸长,但浓度太高会产生不利的影响。试管苗生根培养对基本培养基的种类要求不严,如 MS、B5、White 等培养基都可用于诱导生根。一般从促进植物生根的因素考虑选用低浓度无机盐的基本培养基,如 White 培养基,像 MS、B5 培养基因富含 N、P、K 等元素,能够抑制根的发生。因此,应将这类培养基的无机盐浓度稀释至 1/2、1/3 甚至1/4。蔗糖浓度降低至 $1\% \sim 1.5\%$,甚至为 0.5%,以增强组培苗的自养能力,使根系发育更加健壮。此外,向培养基中添加适量的生长素,NAA 的浓度一般在 0.1～10mg·L^{-1},IBA 和 IAA 可略高些,可明显提高试管苗的生根率。

一旦确定了培养基的配方,接着就开始配制培养基了,具体操作见模块 2 的相应部分。培养基配制完成后,就可对培养基及无菌操作中用到的器材和无菌水等进行灭菌了,具体操作见模块 3 的相应部分。

2.外植体的采集与处理

选择晴天从生长旺盛、健壮、无病的供试植株的茎、藤或匍匐枝上切取适当长度的嫩梢,除去嫩梢大叶,因植物种类及材料来源不同,采取不同的消毒方法。材料消毒方法参见模块 3 中的外植体。

3.无菌操作

与根无菌操作大同小异,具体见实验实训 4-2 离体茎的培养。为了降低污染,可在无菌接种前再剥掉一些芽鳞片和幼叶,使茎尖约为 0.5cm 大小,可带 3～6 个叶原基或更多,以方便操作和省工。一般每瓶接种 1 个茎尖,以免发生交叉感染(即原来未污染的外植体因接触有菌的物体而最终导致被污染的现象)。

4.培养

接种完成后,将培养瓶转入培养室的培养架上。培养室中的温度控制在 25℃左右,因植物而异可作适当调整,或给予适当的昼夜温差等处理。大多数植物的茎尖培养需在光下培养,光照强度在 1000～3000lx,光照 16h·d^{-1}或 24h 连续光照,有利于茎尖培养和芽的分化与增殖,但在进行块茎类植物(如马铃薯和花叶芋)和鳞茎类植物(如百合)的芽培养时,如果目的在于诱导小块茎或小鳞茎(珠芽)的分化和增殖,则需要暗培养。增强光照有利于试管苗生根,且对于试管苗移栽有良好的作用,但强光直接照射根部,会抑制根的生长。所以,在生根培养时最好在培养基中加 0.1%～0.3%活性炭,以促进生根。由于生长点培养时间较长,琼脂培养基易于干燥,这可以通过定期转移和包口封严等方法加以解决。

茎尖培养的具体过程可大致分为以下几个阶段:

(1)初代培养

茎尖的初代培养属于无菌短枝发生型。外植体启动的关键是培养基中的激素种类、浓度及比例。一般提高细胞分裂素/生长素的比例,以解除顶端优势,促进丛生芽的产生,如图 4-3 所示。一般顶芽和腋芽培养 30～40d 左右可长成新梢,但兰科植物多会在茎尖基部产生原球茎。

(2)继代培养

经过约 30～40d 培养,茎尖长成新梢,这时对它进行"微型扦插"以扩大中间繁殖体。当中间繁殖体的数量达到一定时,就要进行分流,即留一部分生长健壮的苗进行继代增殖,大部分中间繁殖体接种到生根培养基中进行生根,以形成完整的试管苗,如图 4-4 所示。兰科植物则通过切割原球茎进行继代增殖。

(3)诱导生根

将切下的新梢接种到生根培养基可诱导生根,如图 4-3 和图 4-4 所示。一般多采用 1/2～1/4MS 培养基,并添加适量的生长素类如 NAA、IBA 等。也可将切下的新梢基部浸入 200～500mg·L^{-1}的 NAA 或 IBA 溶液中处理 1～3min,视根木质化程度而定,然后转移到无激素的生根培养基中。注意更高浓度的生长素对生根有抑制作用。

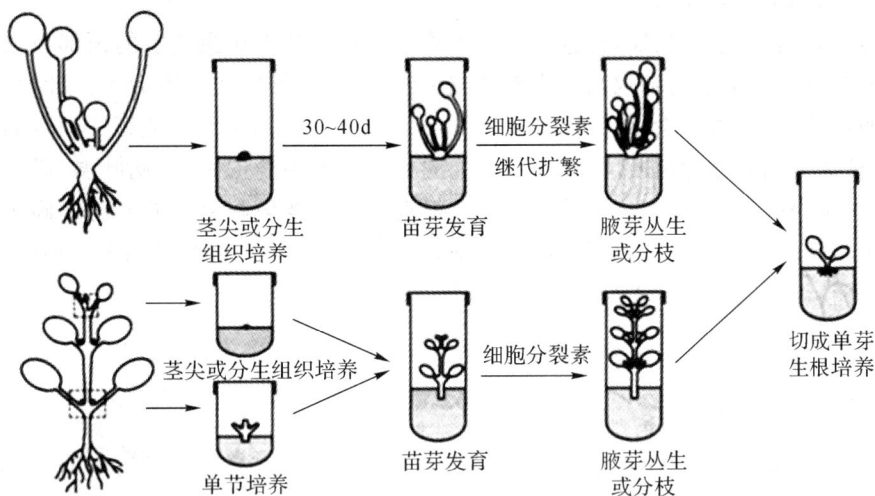

图 4-3　丛生芽微繁(引自 Pierik,1989)

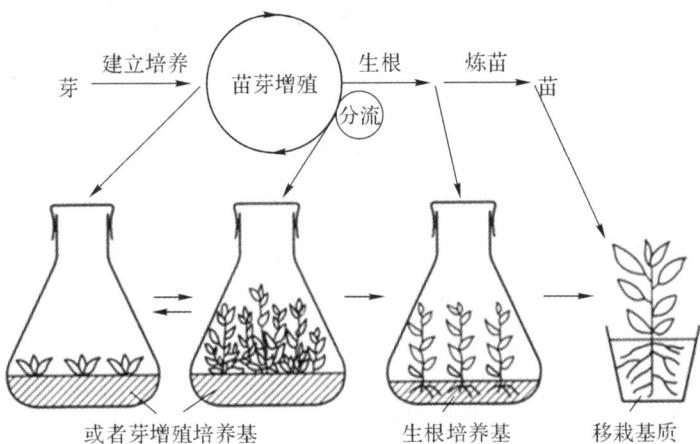

图 4-4　腋芽丛生法(引自刘进平,2005)

(4)驯化移栽

在生根培养基中培养 1 个月左右,多数新梢即可长出健壮而发达的根系。当新梢基部生有 5 条以上不定根,且根长 1cm 左右时就可驯化移栽。驯化移栽方法见模块 7 中的相关内容。

(二)微茎尖培养

微茎尖培养见模块 6 中的相应内容。

(三)茎段培养

1.培养基的选择与准备

培养基的选择与准备具体步骤如下:通过查阅资料或请教有经验的组培行家,并设计试验来确定合适的培养基→按照配方配制培养基→灭菌(包括培养基、无菌水、接种器材等)。

2.外植体的采集与处理

当待培养植物处于生长期,挑选晴天下午采集生长健壮无病虫危害的顶部枝条或中部幼嫩枝条,如果是木本植物则取当年生嫩枝或一年生枝条,带回实验室后去掉叶片,再剪成3~4cm的小段,每段至少含有1个节,如图4-5所示。材料消毒的一般程序同普通茎尖培养。如果枝条表面有厚的角质层、蜡质或绒毛应在消毒剂中滴加1~2滴吐温,以便消毒剂充分地与枝条表面接触,提高消毒效果。注意根据材料的老嫩和蜡质的厚薄来确定消毒剂的种类、浓度和消毒时间。最后用无菌水冲洗3~5次,以彻底去除材料表面残留的消毒剂,以免影响外植体细胞的正常生长。

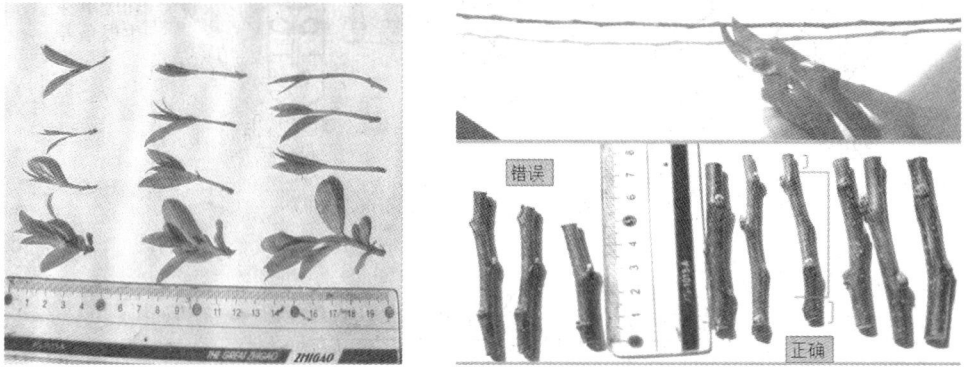

图 4-5   外植体的修剪大小

3.无菌操作

切除已经消毒好的茎段两端,因两端常被消毒剂损害。分切成单芽小段竖插于诱导培养基中。在切割时,靠近节下端的要斜切,以增加与培养基的吸收面积,上端则平切,以减少水分蒸发的面积。

4.培养

要求培养室的温度在25℃,光照强度为2000~3000lx,每天光照时间为12~14h,相对湿度为80%~90%。

初代培养约3~5d,茎段切口处特别是基部切口处有时会形成少量愈伤组织,但主要是腋芽开始向上伸长,形成新茎梢,有时会出现丛生芽。再培养约2周,则会长出较多的新梢或丛生芽。这时就可进行继代扩大繁殖了。继代培养的途径主要有:促进腋芽的快速生长与诱导形成大量不定芽,前者的优点是不会产生变异,方法简便,每年从一个芽可增殖10万株以上;后者的缺点会产生变异。继代增殖过程注意选用适宜的培养基和生长调节剂。

生根培养的目的是使再生的大量试管苗形成根系,获得完整的植株,以便驯化移栽和早日移植到大田或出售。培养基可选择:1/2、1/3或1/4的MS、B5或White培养基,另外附加生长素(NAA浓度为0.1~1.0mg·L^{-1},IBA和IAA可稍高)以降低或除去细胞分裂素。此外,添加0.3%活性炭也可促进生根。

(四)影响茎尖和茎段培养的主要因素

1.植物类型

由于不同的植物种类,其形态、结构、生理及生态习性不同,因此,培养它们时有针对性地选择好适宜的培养基和培养条件是非常重要的。

2.取材部位

对于草本植物而言,外植体应取幼嫩、健壮的部分;对于草花,应选择以生长健壮、生长势旺的枝体为宜,如图 4-6 所示。在幼树上采集外植体,以健壮的丁梢枝或侧枝为宜,如图 4-7 所示。对于从成年大树上取外植体,不取外围的枝叶,而取内堂枝条,因为内堂枝条往往含有较高的促生长激素。另外,由于顶芽的数量有限,因此经常使用侧芽(带侧芽的茎段)做外植体。所以,芽的着生部位对茎尖培养的影响不能一概而论。此外,从取材植株的年龄来说,从幼年树木取材培养较成年树木容易,一年生或多年生草本植物的营养生长早期取材培养较营养生长后期容易。

图 4-6　草本植物外植体的选取

图 4-7　左为草本植物外植体的选取,右为幼树外植体的选取

3.取材时间与芽的生理状态

取材的时间最好选择在植株的萌动期或活跃生长期,否则就需采用某种适当的措施,例如向培养基中添加 GA3 等措施以打破休眠,促进芽的生长发育。温带木本植物的萌芽多数只限于春季,故茎尖和茎段培养最好在春季进行,此时芽已充分做好萌发前的准备,叶芽饱满,代谢活动蓄势待发,加上芽鳞片未开展,成活率较高。而且此时取材方便消毒处理,可减轻因消毒剂对生长锥细胞的伤害。

对处于休眠期的块茎、鳞茎、球茎等进行茎段培养,则必须经过高温、低温处理或特殊光周期处理之后再进行,如水仙鳞茎在培养之前需在 $1\sim4℃$ 下放置 $2\sim4$ 周。

4.外植体大小

在最适培养条件下,外植体的大小决定茎尖的存活率,外植体越大,产生再生植株的机会也就越多,但培养的茎尖材料过大,也会不利于丛生芽与不定芽的形成,容易受到污染;外植体越小脱毒效果越好,但越难成活。除了外植体的大小之外,叶原基的存在与否也影响分生组织形成植株的能力,一般认为,叶原基能向分生组织提供生长和分化所必需的生长素和细胞分裂素。在含有必要的生长调节物质的培养基中,离体顶端分生组织能在组织重建过程中迅速形成双极性两端。另外,生长健壮而饱满的茎尖微繁殖容易成功。

5.培养基和培养条件

在茎尖培养中,光下培养的效果通常比暗培养效果好,如马铃薯茎尖培养时,当茎已长到 1cm 高时光照强度便可增至 4000lx。其他参照普通茎尖培养。

6.极性

极性在不同的植物离体培养中有不同的反应。如将杜鹃茎切段的形态学下端竖插在培养基上,从远离基部的表面上诱导出茎芽的数目较多;而当把唐菖蒲外植体的基部向上放置时,也可以产生茎,但数目较少;水仙花茎切段只有倒放在培养基上才有器官发生。为何会如此,至今还没有统一的说法。注意使用适当的激素后,能削弱或加强极性的影响。

三、叶的培养

离体叶的培养是指包括叶原基、叶柄、叶鞘、叶片、子叶在内的叶组织的无菌培养。叶是植物进行光合作用的自养器官,又是某些植物的繁殖器官,因此离体叶组织、细胞的培养不仅可用于研究形态建成、光合作用、叶绿素形成等理论问题,而且可为叶片原生质体培养和原生质体融合的研究提供理论依据;可以建立快速无性繁殖系,成为提高不易繁殖的植物繁殖效率的有效途径;利用叶细胞培养物的自然和人工诱变处理,可以筛选出突变体而应用于育种实践。现以陈秋芳(2007)菘蓝叶片离体培养与试管无性系的建立为例,说明叶培养的一般过程:

取菘蓝幼嫩叶片→用稀的洗洁精水冲洗后再用自来水清洗干净→转到超净工作台内用 70% 的酒精消毒 30s→无菌水漂洗 3 次→10% 的次氯酸钠(有效氯为 0.7%)消毒 3min,无菌水漂洗 5 次→将叶片切成 0.5 cm² 的小块,接种 MS＋BA0.5mg・L^{-1}＋NAA 1mg・L^{-1}或 M＋SNAA1mg・L^{-1}培养基上,每瓶接种 10 块叶片→在温度为 25℃ 左右、光照 12h・d^{-1}、光照强度 1500~2000lx 下培养。10d 左右后,叶片开始增厚—肿胀—鼓起,20d 左右有不定芽原基从叶片边缘产生,30d 不定芽(已经萌发成嫩梢)高度可以达到 3~4cm。如果还要继续增殖,可以在原培养基上进行扩繁或对此培养基改进后再扩繁,使之数量上不断增加,从而壮苗生根,驯化移栽。

(一)常规培养方法

1.取材与消毒

从生长健壮无病的植株上选取未充分展开的幼嫩叶片,进行常规消毒(消毒时间可据材料的老嫩和质地而定)。对一些粗糙或带茸毛的叶片可预先用蘸有 70%~75% 酒精的棉球擦拭叶片两面或用饱和洗衣粉液洗刷后,再用消毒剂消毒,并且要适当延长消毒时间;而幼嫩的叶片消毒时间宜短。

2.无菌接种

将已经消毒的叶组织转入铺有无菌滤纸的培养皿内,然后将叶组织切成约 0.5cm² 的小块或薄片(如叶柄和子叶),接种至 MS、N6 等基本培养基上。接种时叶面朝上,因叶背含有较多的气孔、角质层薄、海绵组织排列疏松,有利营养物进入叶内,但当叶裂缺较多且起伏不平时,则叶切块宜小且叶面朝下较为适宜。接种后,将培养物放置在约 25℃、光强 1500

~3000lx 和光照 10~12h·d^{-1}培养室内进行培养。

3.诱导出初代培养产物

经过上述一段时间培养后,通常就能看到有愈伤组织、不定芽、原球茎或胚状体等中间繁殖体长出(具体见模块2)。

4.增殖培养

当形成了中间繁殖体后,往往这些中间繁殖体的数量很有限,需要进一步扩大。这时可对这些初代培养产物进行分割,再转接至继代(或称增殖)培养基上,然后转到适宜的环境中进行培养。

5.壮苗生根

当中间繁殖体数量足够多时,这时就要考虑分流:一方面继续扩大中间繁殖体,另一方面就要促进中间繁殖体形成完整的试管苗用于生产。这一过程中可能会发现有些无根苗比较弱小,这时就要对这些弱小苗进行培壮的过渡阶段,这个过程叫壮苗。壮苗后再转接到生根培养基上进行生根,使其形成完整的试管苗。

6.驯化移栽

当形成健壮完整的试管苗后,就可以进行驯化、移栽。

(二)影响叶培养的因素

1.激素

离体叶的培养较茎尖、茎段培养难度大,常常需要多种激素的配合使用,并且不同培养阶段需要更换不同的激素组合。如杏离体叶培养使用 1/2MS 培养基,ZT 与 2,4-D 的组合可诱导其愈伤组织的产生,KT 与 NAA 的组合可从愈伤组织中诱导不定芽的产生;驱蚊草在 MS+6-BA 0.5~1.0 mg·L^{-1}+IAA 0.05~0.2 mg·L^{-1}培养基中,可以直接使叶片产生愈伤组织,并分化出芽。需要注意的是 2,4-D 对某些植物的愈伤组织诱导非常有效,但如果使用浓度不当,将会对后期的分化产生抑制作用。

2.叶龄

一般子叶较叶片易于分化;幼叶较成熟叶脱分化时间短,分化能力强,而且可从不同部位成苗。

3.极性与损伤

离体叶培养一般要求上表皮朝上平放于培养基上,这样易于培养成活。如烟草的一些品种的叶片背面朝上放置时,就不生长、死亡或只形成愈伤组织而没有器官的分化。但有些叶由于叶背叶脉突起,这时可以考虑叶面朝下,并且要切割得小一些,这样可使叶块紧贴培养基。另外,切割叶外植体时所带来的损伤对愈伤组织的形成具有一定的影响。大多数植物的愈伤组织首先从叶切口处形成或在切口处直接产生不定芽芽苗。

4.叶脉

离体叶培养的外植体一般要求带叶脉,尤其是大的叶脉,因为大的叶脉含有较完整的维管束,而完整的维管束中间有形成层,它是次生分生组织,所以很容易恢复分裂能力,进而形成中间繁殖体。如杨树、中华猕猴桃植物常在叶柄和叶脉的切口处容易形成愈伤组织和分化成苗。

除上述之外,植物种类、品种间在叶组织培养特性上也存在着一定的差异。

单元 Ⅱ　花器的培养

花器培养是指对植物的整朵花或花的组成部分（如花托、花瓣、花丝、花柄、子房、花药等）进行的无菌培养。花器培养无论在理论研究和生产应用上都有重要价值，通过离体花芽培养，可了解整体植物和内源激素在花芽性别决定中所起的作用，可以了解花器各部分对果实和种子发育的作用，以及内、外源激素在果实种子发育过程中的调控作用。其培养方法如下：

1. 取材与消毒

从健壮植株上取未开放的花蕾，先用 70%～75% 酒精浸润 30s，再用饱和漂白粉上清液消毒 10～15min，最后用无菌水漂洗数次。

2. 接种培养

用整个花蕾培养时，只需将花梗插入培养基中即可。若用花器的某个部分，则分别取下待培养的部分，切成小片后接种。常用的培养基有 MS、B5 等。若要把花器官部分培育成小植株，应加入生长素和细胞分裂素，诱导形成愈伤组织或胚状体，再分化培养成植株。如菊花的花瓣切片接种在含 6-BA 2mg·L^{-1}、NAA 0.2 mg·L^{-1} 的 MS 培养基上，在 26℃、光强 1500lx、光照 10h·d^{-1} 条件下培养约 2 周，会形成少量愈伤组织，再经 1 个月就分化出绿色芽点，再切割转接，可形成大量无根苗，再转到生根培养基使其长出根来，就可形成完整的小植株。

资料库

根、茎、叶的部分形态、结构及变态器官的图片（见网站），分生组织的类型与纵剖结构图片（见网站），大蒜的根尖培养与植株再生图片（见网站）

任务栏

1. 能在 5 分钟内叙述花的概念与典型组成。
2. 能在 5 分钟内说出胚珠的剥离过程。
3. 能在 5 分钟内说出花粉培养的意义。
4. 能在 10 分钟内阐明花粉培养与花药培养的区别。
5. 能在 5 分钟内叙述离体胚培养的意义。
6. 能在 5 分钟内叙述胚珠与胚乳培养的意义。

演示操作区

播放花药培养过程的视频并提出相应的问题令学生思考并分组讨论。

播放花粉培养过程的视频并提出相应的问题令学生思考并分组讨论。

播放子房培养过程的视频并提出相应的问题令学生思考并分组讨论。

播放胚珠与胚乳培养过程的视频并提出相应的问题令学生思考并分组讨论。

播放离体胚培养过程的视频并提出相应的问题令学生思考并分组讨论。

想一想

1. 为何将花药培养归入器官培养,而将花粉培养纳入细胞培养的范畴?

2. 采集花粉应注意哪些事项?

3. 花药的培养产物与花粉的一样吗?

一、花药与花粉的培养

花药与花粉的培养指在合成培养基上,改变花粉的发育途径,使其不形成配子,而像体细胞一样进行分裂、分化,最终发育成完整植株。花药是植物花的雄性器官,包括体细胞性质的药壁和药隔组织,以及雄性性细胞的花粉粒。按染色体的倍性来看,前者为二倍体细胞,后者为单倍体细胞。因此,从组织器官的角度来讲,花药培养属于器官培养的范畴,但其培养目的并不是诱导其药壁和药隔组织得到二倍体植株,而是诱导其中的花粉细胞以获得单倍体植株。花粉培养属细胞培养的范畴。花药培养和花粉培养的目的一样,都是要诱导花粉细胞发育成单倍体细胞,最后发育成单倍体植株。

花药与花粉培养的意义在于花粉植株作为单倍体植株,其表现型和基因型一致,一旦发生显性或隐性突变,在当代即能表现出来,提高了目标基因型的选择效率,因而是体细胞遗传研究和突变育种的理想材料;通过 F_1 代花药或花粉培养得到单倍体植株后,经过染色体加倍即成为纯合二倍体,可以显著缩短杂交育种周期,加快育种进程。另外,花粉植株还是进行物种进化研究、构建作物遗传图谱等的理想材料。

(一)花药培养

花药培养是指应用组织培养技术,将花粉发育至一定阶段的花药接种到人工培养基上,以诱导花粉粒改变其发育进程,形成花粉胚或花粉愈伤组织,进而分化成苗的技术。这是目前获得单倍体植株的主要方法,如图4-8所示。

1.了解小孢子的发育过程

在植物体中,花粉母细胞经过减数分裂形成四分孢子,经过单核期、二核期和三核期最终发育成成熟花粉,这个途径称为花粉配子体发育途径(见图4-9)。而在离体培养条件下,花粉的第一次有丝分裂在本质上与合子的第一次孢子体分裂相似,脱离配子体发育途径,最终发育成植株,这种花粉形成植株的途径称为花粉孢子体发育途径。目前多数学者把花粉沿孢子体途径发育成花粉植株的过程称为雄核发育。

2.确定花粉发育时期

在花药培养的过程中,并非任何时期的花粉都可以诱导出花粉植株,只有花粉发育到特定的时期,才对处理和离体培养敏感。所以,选择适宜的花粉发育时期是提高花粉植株诱导成功的重要环节。尽管雄核发育可在四分体时期和双核期被诱导,但大多数植物适宜

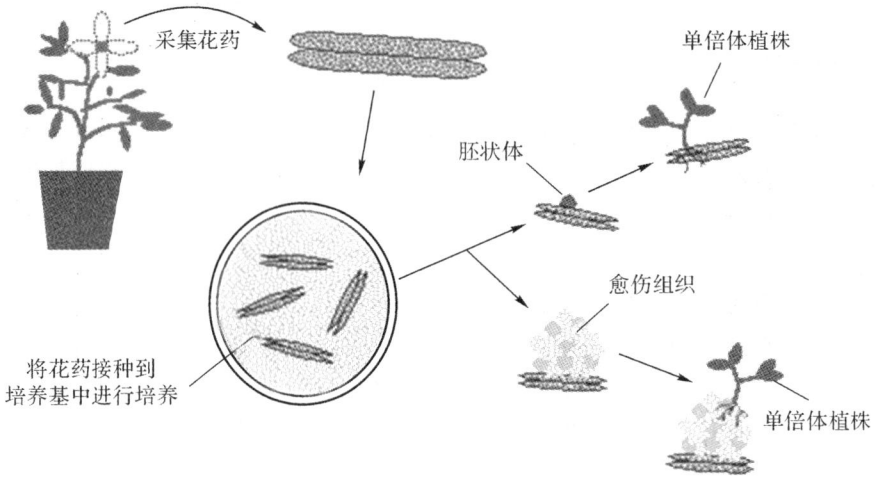

图 4-8　花药的培养过程

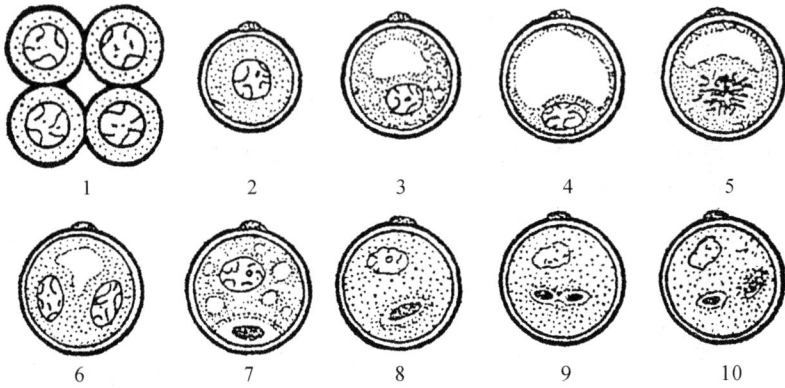

图 4-9　小孢子发育过程图解(王蒂,2004)

1.四分孢子　2.单核早期　3.单核中期　4.单核晚期　5.第一次有丝分裂中期
6.双核初期　7.双核中期　8.双核晚期　9.三核期　10.成熟

花药培养的时期为单核期,尤其是单核中、晚期(见表 4-2)。因此在采集花蕾时需要确定它处于何时期是花药培养的关键技术。

表 4-2　不同植物花药培养适宜的花粉发育时期

植物种类	花药培养的适宜时期						
	减数分裂中期	减数分裂晚前期	四分体	单核期	双核期	三核期	资料来源
辣椒				√			*
番茄	√						*
烟草			√	√	√		*
拟南芥菜		√					*
小麦				√			* *

续表

植物种类	花药培养的适宜时期						
	减数分裂中期	减数分裂晚前期	四分体	单核期	双核期	三核期	资料来源
水稻				√			* *
玉米				√			* *
草莓				√			* * *
苹果				√			* * *
葡萄			√	√			* * *

资料来源:*引自中科院北京植物所和黑龙江省农科院,1977;**引自卫志民,1999;***引自傅润民,1994。

确定花粉发育时期最简捷有效的方法是压片镜检法。水稻和玉米采用 I−KI 染色效果比醋酸洋红更好,而对于 DNA 含量较低的材料,最好用孚尔根试剂染色。通过镜检确定花粉的发育时期,并找出花粉发育时期与花蕾或幼穗的大小、颜色等形态学性状的相关性,以便于直接快速而准确地选取到适宜的花蕾而无需作镜检,从而极大地提高花药培养的工作效率。如烟草的花萼与花冠等长时的花蕾,其花粉发育时期就处于单核后期;小麦的叶耳间隔长 5~15cm,幼穗中的花粉处于单核后期。但是,花药的这种外部形态与花粉发育时期的相关关系,不是固定不变的,会因品种及种植环境条件的不同而发生改变。因此,在实践中要做到外部形态观察与压片镜检相结合。这需要长期实践才能积累的经验。

3. 花药的预处理

在接种前后对花药采取适当的方法进行预处理,可以显著提高花粉的存活和绿苗产量。

(1)高低温处理

高低温处理包括低温预处理、低温后处理以及热激处理。前者是在接种前将材料置于 0℃以上低温处理一段时间后再接种;后者则是指花药接种后,先在较高温度下(一般为 30℃~35℃)培养数天,然后再移至正常温度下继续培养;低温后处理是指花药接种后,先在低温环境中培养一段时间,再移至正常温度下继续培养。研究表明,在多数植物的花药培养中采用上述预处理方法,均可在不同程度上提高花粉愈伤组织或花粉胚状体的诱导率和花粉植株的再生频率。

(2)药剂处理

常用的药剂有秋水仙素、乙烯利、甘露醇、高糖等。添加 0.05%~0.1%秋水仙素的作用主要是使小孢子发生均等分裂;100mg·L^{-1}乙烯利喷施烟草植株的花芽,再取其花药培养,其雄核发育提高了 25%;甘露醇预处理能明显地提高花粉存活率,使发育进度比低温预处理和对照提早 2~3h;接种前用高糖预处理花药一定时间,再转移到适宜的糖浓度下培养,可以大幅度提高愈伤组织和胚状体的诱导率。

(3)其他处理

据报道,γ 射线对小孢子也有刺激作用,其辐射处理可诱导花粉愈伤组织形成,而 γ 射线和低温处理结合效果更好。离心处理也是有效的预处理方法。如烟草花蕾在花药取出前在 5℃、冷冻离心机 500 rpm 的转速下离心 1h,可明显提高单倍体植株的诱导率。另有报道,磁场处理单核期的花蕾也有明显效果。

4.花药培养的方法

花药培养方法参见实验实训 4-3 和本节"影响花药培养的因素"的内容。

5.评价花药培养质量的几个技术指标

在通过花药培养获得单倍体植株的培养过程中,通常根据以下几个指标对花药培养体系进行科学的量化评价。

(1)污染率与褐化率

花药接种后,每隔 3～5d 观察记录一次污染的花药数,直到结果不再变化为止,统计污染率和褐化率(计算褐化率时不包括污染的花药数目)。污染率和褐化率的计算公式如下:

$$污染率(\%)=\frac{污染花药数}{接种花药数}\times100\%$$

$$褐化率(\%)=\frac{褐化花药数}{接种花药数}\times100\%$$

(2)出愈率

在花药培养中,多数情况下花粉植株是通过愈伤组织方式产生的。愈伤组织诱导率(或称出愈率)的计算公式如下:

$$出愈率(\%)=\frac{产生愈伤组织的花药数}{接种花药数}\times100\%$$

(3)胚诱导率

在花药接种 60d 左右,统计接种的花药数和出胚数(不包括污染和褐化的花药数),计算诱导率。花粉胚的诱导率的计算公式如下:

$$花粉胚诱导率(\%)=\frac{出胚的花药数}{总花药数}\times100\%$$

(4)绿苗分化率

大部分禾谷类作物在花药和花粉培养过程中,会出现部分形态没有明显异常,但缺乏绿色的植株,即白化苗的现象。白化苗缺乏叶绿素,没有完好的叶绿体,在异养条件下只能生长一段时间,很难开花结实,没有利用价值。有时白化苗的比例可高达 80％以上,给花粉植株的诱导造成严重的影响。绿苗分化率计算公式如下:

$$绿苗分化率=\frac{分化绿苗的愈伤组织数}{接种的总愈伤组织数}\times100\%$$

6.影响花药培养的因素

(1)基因型

植物基因型是影响雄核发育的最重要的因素之一。同一物种中的不同基因型对小孢子离体诱导反应差异较大(见表 4-3)。再如在水稻中,籼稻花粉培养力远低于糯稻。

表 4-3　芸薹属植物 Brassica napus 不同基因型的小孢子产胚率比较

基因型	胚状体数量/106 小孢子	成苗率/%
Topas	10,000～200,000	1～20
Westar	1000～10,000	0.1～1
Delta	100～10,000	0.01～1
Bounty	10～100	0.001～0.01

（2）花粉发育时期

多数植物在单核期（第一次有丝分裂前）对诱导反应最敏感，为最佳培养期。形成双核后，在合适的条件，主要由营养细胞分裂产生胚状体。王玉英等学者比较了辣椒和甜椒的花粉处于单核早期、单核靠边期、双核期的花药培养效果，指出单核靠边期效果最佳。

（3）预处理

接种前后采用适当的方法对花药进行预处理是目前可以显著地提高花药培养的成功率，使绿苗产量大大增加的有效措施。低温处理时间根据培养温度而定，较低的温度处理时间短，较高的温度处理时间长。如典型的玉米花药的处理时间为 4～8℃下处理 7～14d，马铃薯花药在 4℃下处理 2d。

（4）培养基

基本培养基是花药培养中影响花粉启动和再分化的重要条件，应根据植物的种类不同，选用适宜的基本培养基。MS 及 Nitsch 培养基广泛用于双子叶植物的花药培养；B5 培养基广泛用于十字花科及豆科植物的花药培养。为了提高水稻、小麦花药的诱导频率，我国科学工作者研制出 N6 培养基，随后又研制出 C17 和 W14 培养基，它们均可极大地提高水稻等禾本科的花药出愈率。黄玉英等在辣椒花药培养中试用了 MS、N6、NTH 等培养基，结果发现在 N6 上只形成愈伤组织，而没有胚状体，在 MS、NTH 上都形成了愈伤组织和胚状体，但 NTH 培养基上形成胚状体的频率较高。

碳源种类与浓度对花药培养的效果是不同的。培养基中的糖在花药培养中起到提供碳源和调节渗透压的作用。Butter 等比较了 8 种糖，得出蔗糖对花药培养效果最好。另外，不同的糖浓度与花药培养效率也有密切关系，王玉英等对不同浓度蔗糖进行了对比，发现培养 10d 后，12% 的浓度中活花粉和已分裂花粉的数量较多，20d 后，较高浓度的培养基中（9%，12%）花粉大量死亡，而在低蔗糖浓度（3%，6%）中，已分裂的花粉能继续发育成胚，且 6% 的蔗糖浓度最佳。

生长素和细胞分裂素的各类和适当比例，能促进孢子体的小孢子发育。王玉英等研究指出，低浓度的 2,4-D 对辣椒花药培养的效果不佳，而只有在低浓度 NAA、IAA 的条件下，才有利于胚状体的形成；培养基中附加 $0.5\ mg \cdot L^{-1}$ 的 KT、$1\ mg \cdot L^{-1}$ 的 6-BA 能够提高花药的出胚率。

Butter 等通过比较不同的培养基固化材料，发现 0.1%～0.2% 脱乙酰基吉兰糖胶固化培养基与琼脂固化培养基相比，胚状体的产量多 1 倍。

（5）培养条件

一般认为，花药培养在诱导愈伤组织和胚胎期间进行暗培养或给以散射光处理较好。强光虽然有利于以后的绿苗分化，但会抑制愈伤组织的产生，而散射光既不影响愈伤组织的形成，也有利于以后的绿苗分化。连续光照可增加烟草花粉胚的形成，却抑制曼陀罗花粉胚的发生。

变温处理是离体花药诱导花粉发育成功的关键因素。多数植物在 25℃条件下，可完成愈伤组织的诱导过程。此外，无论是冷处理还是热处理，都能使胚状体和再生植株的数量大大增加。如 Dumas 在甜椒的花药培养中采用 35℃ 的高温诱导，然后在 25℃ 条件下培养，能大幅度提高花粉胚的诱导率。

培养时的温度和光照对辣椒花药培养的效果起重要作用，早期的研究工作多在 24～

30℃的恒温条件下进行培养,而现在多采用变温处理。Roman 采用 4℃低温诱导后,28℃持续培养,一般在进行 35℃高温培养的 8d 中采用的是暗培养,再转入 25～28℃的培养条件,其光照强度为 1500～2000lx,光照时间为 10～12h。光质对植株再生有不同的影响,往往光合的作用光谱对再生作用最有效,在实验室培养过程中最常用的是白色荧光。

(6)接种密度

接种密度与诱导率成正相关,这就是所谓的花药或花粉培养的"群体效应"。李春玲(2001)发现提高花药的接种密度,能明显提高甜椒的胚诱导率。其研究结果表明,在 50ml 的三角瓶中接种 10 个花蕾,其胚状体的诱导频率最高,但是接种密度提高的同时必须加快接种速度,否则污染率会升高。

(二)花粉培养

1. 花粉培养的含义

花粉培养是指将发育到一定阶段的花粉从花药中分离出来,成为分散或游离状态进行培养,从而改变其正常的配子发育进程,而像正常体细胞一样进行脱分化形成愈伤组织或胚状体,再分化为单倍体植株的技术。离体培养的花粉分化成苗的途径与花药培养相同,也具有胚状体和愈伤组织两种再生途径。

2. 花粉培养的工艺流程

花粉培养的工艺流程如下:确定花粉发育所处的时期→采集适宜培养的花蕾→3～5℃冷藏约 5d→流水冲洗 3min→转到超净工作台内→70％酒精消毒 30s→0.2％升汞消毒 10min→无菌水漂洗 6 次(第 1 次 30s,后 5 次各 1min)→花粉分离(见图 4-10)→离心纯化→接种(要求接种密集一些)→培养(25～28℃,光强 300～500lx,光照时间 8～10 h·d^{-1}),约 20～30 d,出现愈伤组织或花粉胚→转接到分化培养基中进行分化培养→形成花粉植株(为单倍体)。

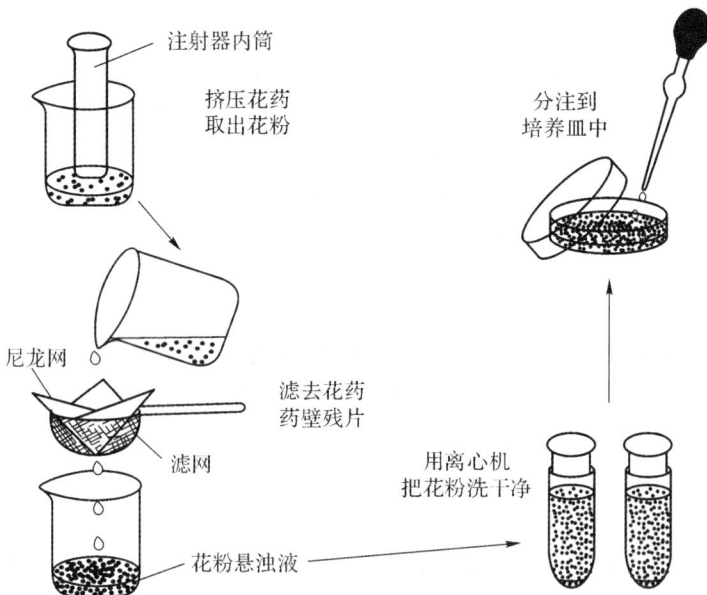

图 4-10　花粉挤压分离法(引自竹内正幸等,1996)

3.花粉培养的方法

（1）浅层静止培养

浅层静止培养是指将上述分离得到的纯化花粉,调整到一定的密度,置于培养皿或特制的扁瓶中静止培养。培养液的厚度以能盖过培养皿或扁瓶底部为宜(ø5cm 的培养皿,放 2.5ml 培养液),不使花粉粒没入培养基太深,待愈伤组织或胚状体形成后,转入分化或胚发育培养基上生长。其优点是培养物与空气接触面积大,通气好,细胞的代谢产物也易于扩散,避免有害物质的局部累积而对培养物产生毒害。另外,方便添加新鲜培养液或转移培养物,也便于观察和照相。缺点是易造成悬浮在细胞培养液中的游离细胞局部密度过高或过低,有时也会出现密集的细胞在某一区域连成一片的现象,影响细胞的分裂。

（2）平板培养

平板培养即花粉置于薄层琼脂培养基上进行培养(见图 4-11),具体方法与单细胞培养

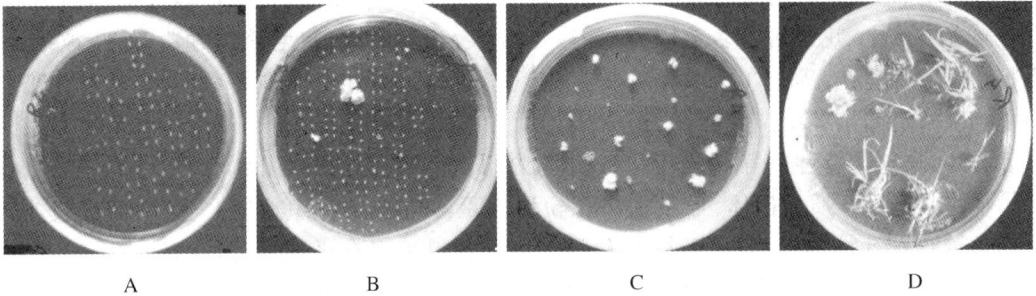

图 4-11　A 为接种在平板上的水稻花药,B 为部分花药产生愈伤组织,
C 为愈伤组织转接种到再生培养基,D 为愈伤组织分化形成再生植株

相同。它的优点是花粉细胞在培养基中分布均匀,不会连成片,并便于连续观察花粉细胞的发育情况。缺点恰恰是液体浅层静止培养的优点。因此,游离细胞往往发育速度较慢。

（3）看护培养

图 4-12 是 Kameya 和 hinate 等成功建立的看护培养体系。具体做法是将完整花药或来源于花器官的愈伤组织接种在琼脂培养基上,在花药或愈伤组织的上面垫一片圆形无菌滤纸片,然后将花粉粒放在滤纸片上进行培养。Sharp(1972)将番茄花粉看护培养 1 个月后,在滤纸上形成细胞群落,植板效率可达 60%,而将花粉粒直接接种在琼脂培养基上,则不能生长。据报道,培养的花药提取物同样对花粉粒产生同样的培养效率。因此,看护培养也可改为条件培养。具体做法是先将花药在培养基中进行短期(如 1 周)培养,然后取出花药浸泡在沸水中杀死细胞,经研磨、离心,上清液即为花药提取物,经过滤灭菌后加到培养基中,再接种花粉进行培养。这种条件培养容易培养成功。

（4）微室培养

操作方法与细胞培养相同。Kameya 等(1970)用此法培养甘蓝×芥蓝 F_1 的成熟花粉获得成功。具体做法是先把 F_1 的花序取下,表面消毒后用塑料薄膜包好,放置 1 夜后花药开裂,花粉散落,制成每滴含 50～80 个花粉的悬浮培养基,进行悬滴培养。

4.花药培养与花粉培养的区别

花药培养和花粉培养的主要目的都是获得单倍体植株,但二者有明显的区别,表现在

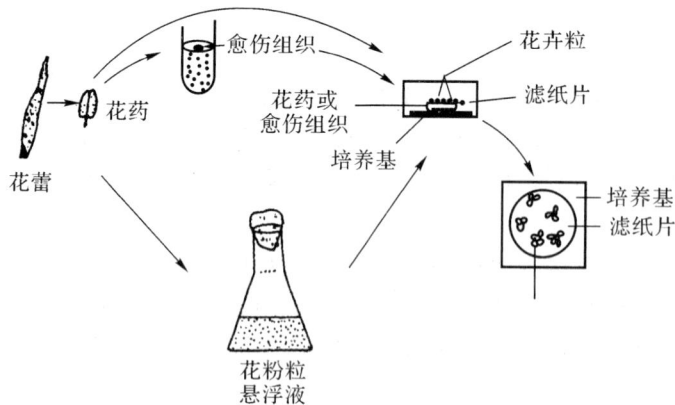

图 4-12　游离花粉粒的看护培养技术

以下三方面：①在培养的材料性质上，花药培养属于器官培养，而花粉培养为单细胞培养。②在培养方法上，花药培养多为固体培养；花粉培养采用单细胞培养的方法，如平板培养、看护培养、微室培养等。③在培养的难易程度上，花药培养相对于花粉培养来说，技术要求简单，容易成活，出胚（愈）率高。

另外，从遗传特性而言，由于同一个花药内的花粉存在异质性，因此由一个花药所产生的植株将是一个异质的群体，而且如果花粉植株是经过愈伤组织途径产生的，容易发生嵌合现象。在花药培养过程中，药壁和药隔等体细胞组织也有可能发育，存在花药壁、花丝、药隔等体细胞组织的干扰，导致部分植株为体细胞起源。而花粉培养一般不存在上述问题。

5.花粉植株的驯化移栽要求

花粉植株较常规快繁的试管苗要娇嫩，对外界的适应性很差，因此移苗时必须特别仔细。移栽时期最好避开盛夏季节，否则可将试管苗冷藏在约 4℃ 的培养箱中，待至合适移栽时再取出，在自然光下炼苗 5～7d 后移栽到温室。花粉植株移栽后要求保持较高的空气湿度（80%～90%，1～2 周）和较低的土壤湿度；温度保持 16℃～20℃，温度过高过低都会影响移栽的成活率；要求良好光照条件。

二、植物的胚胎培养

植物胚胎培养是指胚或胚器官（如子房、胚珠）在离体无菌条件下，发育成幼苗的技术，包括幼胚培养、成熟胚培养、胚珠培养、子房培养、胚乳培养等。

胚胎培养已有近百年的历史。1904 年的 Haning 最早成功地培养了萝卜和辣椒的胚，并萌发形成小苗。20 世纪 30 年代成功地把兰科植物的胚培养成小植株。40 年代在苹果、桃、柑橘、梨、葡萄、山楂、马铃薯、甘蓝与大白菜的种间杂种的胚胎培养、胚乳培养及子房与胚珠培养方面均取得了不同程度的进展。

胚胎培养的意义在于：

第一，打破休眠，如 Arrillaga 等（1992）用各种方法处理未经层积处理的白蜡完整种子，都不能明显提高种子的发芽率，但将种子浸泡 24h 后，取出胚进行离体的胚培养，胚萌发率高达 90% 以上。因此他们认为离体胚培养可以解除种子休眠。

第二,克服远缘杂种的不育性,获得稀有杂种。程桂琴等(2000)通过离体胚培养成功地获得了纤毛鹅冠草和 5 个四倍体小麦种(品种)的属间杂种植株及愈伤组织,有效地克服了纤毛鹅冠草和四倍体小麦杂种胚发育小的问题。

第三,获得单倍体和多倍体植株,如孙敬三等利用"小麦×玉米"杂交,获得了小麦单倍体。再如伊华林等以柑橘异源四倍体杂种为父本与单胚的二倍体柑橘类型杂交,通过幼胚获得了三倍体植株。

第四,使胚发育不全的植物获得后代,如 Musa balbisiana 是商品香蕉的 1 个野生亲缘物种,其种子在自然条件下不能萌发,然而通过离体胚的培养很容易产生幼苗。此外还可缩短育种年限等。

(一)离体胚培养

离体胚培养的一般流程如图 4-13 所示,先将子房消毒,剥离胚珠,再在解剖镜下剥离胚,接种到已经灭菌的合适培养基上,最后在适宜的环境中进行培养。

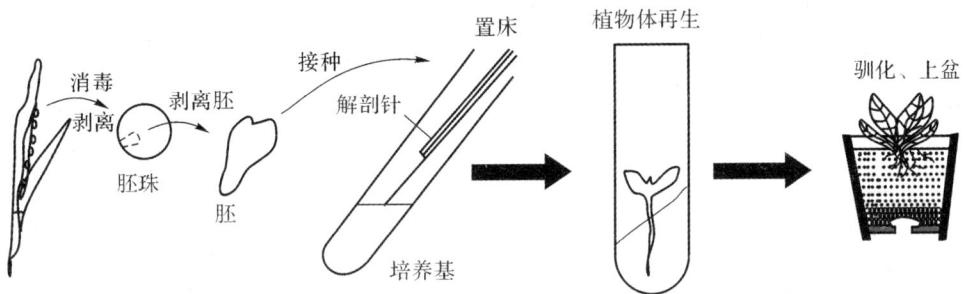

图 4-13　胚培养流程

离体胚培养包括胚胎发生过程中不同发育期的胚,一般可分为成熟胚和幼胚培养。

1. 成熟胚培养

成熟胚培养是指对子叶期后至发育完全的胚所进行的无菌培养。由于这种胚的各个部分发育基本上完成并且含有较多的养料(如肥厚的子叶),培养就较易成功,一般在基本培养基上就能正常生长成幼苗。常用的培养基有:White 培养基、Tukey 培养基或 MS 培养基。再加入无机盐、糖(1%~2%)和生长辅助物质(激素、AA、活性炭、维生素等)。

无菌操作与其他培养大同小异,即将成熟或未成熟种子浸泡在 70%~75%酒精 30~60s,用无菌水漂洗 3~4 次,剥离出胚并接种在适当的培养基上培养,最后在培养室中培养。

2. 幼胚(未成熟胚)培养

幼胚是指子叶期以前的幼小胚。心形期胚或更早期的胚(长度仅 0.1~0.2mm)由于形态结构及生理均未成熟,因此较成熟胚培养困难得多。由于幼胚培养在远缘杂交育种上有极大的利用价值,其研究应用越来越深入广泛。幼胚培养成功的有大麦、荠菜、甘蔗、甜菜、胡萝卜等。

幼胚培养成功的关键,是提供幼胚所必需的营养和环境条件。影响条件因子有培养基养分的种类与含量及可利用率、生物调节物质的种类与浓度及其比例、温度、光照强度与光照时间等(具体可参阅相关文献)。

(二)子房、胚珠和胚乳的培养

子房培养就是将花蕾消毒后,在无菌的环境中剥去花被,取出完整子房,接种到培养基中进行培养的过程,分为未授粉子房的培养与授粉子房的培养。对于前者,一般要求在开花前 1～5d 在大田摘取花蕾,回到实验室进行饱和肥皂粉液浸泡 5min,流水冲洗 5min,70%～75%酒精 30s,0.2%升汞消毒 10min,无菌水漂洗 6 次(第 1 次搅拌 30s,其他几次停留 3min),进入无菌接种,接种完毕后将其培养在 25℃、光照 1000lx 左右、每天光照时间 8～10h,即可成苗。对于后者,则可在授粉后采集子房,带回实验室,再在浓洗衣粉溶液中 3～5min,流水冲洗 5min,70%～75%酒精 10s,0.1%升汞消毒 10min,无菌水漂洗 6 次(第 1 次搅拌 30s,其他几次停留 3min),无菌接种,培养。具体如表 4-4 所示。

表 4-4　子房、胚珠和胚乳培养的对比(引自王振龙等,2007)

培养部位	意　义	类　型	外植体选取	取材时间	培养方法	培养基
子房	1.诱导单倍体植株;2.进行试管受精;3.获得杂种植株	1.受精子房培养;2.未受精子房培养	选取合适子房,表面消毒后直接接种	授粉后 1～3d 开花前 1～5d	形成胚状体、愈伤组织	N6,Nistch,附加 2,4-D、BA、IAA、B 族维生素、酵母提取物、水解酪蛋白等
胚珠	1.克服杂种胚败育;2.进行试管受精;3.用于单倍体育种	1.受精胚珠培养;2.未受精胚珠培养	选取合适子房,表面消毒后取出胚珠	球形胚	长大形成种子,继而形成幼苗	Nistch,White,附加 2,4-D、BA、IAA、椰子汁、酵母提取物、水解酪蛋白、氨基酸等
胚乳	1.获得三倍体植株;2.不同倍性胚乳植株	1.核型胚乳培养;2.细胞型胚乳培养	幼嫩果实表面消毒后取出种子,分离出胚乳	授粉后 4～8d	诱导形成愈伤组织,然后分化形成胚状体或器官	MS、White,附加 0.5～3mg·L^{-1} 的 BA 及少量 NAA、番茄汁、酵母提取物等

技能训练场

实验实训 4-1　离体根的培养

一、技能要求

1.能有效地对离体根进行处理;

2.掌握离体根的无菌操作流程;

3.初步掌握离体根的培养条件。

二、实验内容

1.外植体——离体根的处理;

2.离体根的接种;

3.清理现场,填写记录。

三、实验器材与试剂

(一)器材

具体包括：胡萝卜肉质根，灭过菌的培养基（MS ＋ IAA1.0mg · L^{-1} ＋ KT0.1mg·L^{-1}）、无菌水、超净工作台、无菌打孔器（ø5mm）、酒精灯、接种工具、刮皮刀、无菌瓶、烧杯(500ml)、无菌滤纸、培养皿、玻璃棒、火柴、记号笔、70％酒精棉球或接种工具灭菌器等。

(二)试剂

具体包括：95％酒精、0.7％次氯酸钠。

四、实训步骤

1.外植体选择与处理

取健壮无病的胡萝卜肉质根，在饱和洗衣粉溶液中浸泡 5min ，并刷洗干净，用刮皮刀削去外层组织 1～2mm 厚，横切成约 16mm 厚的切片，然后在超净工作台上将胡萝卜切片放入无菌瓶中，用 2％～3％次氯酸钠消毒 10min，无菌水漂洗 3 次：第一次约 30s，后每次 2～3min。将胡萝卜切片平放在无菌碟子（或培养皿）中，用无菌打孔器沿形成层环区域垂直钻取圆柱体若干片，然后用无菌玻棒轻轻将圆柱体从打孔器中推出，放入装有无菌水的培养皿中再漂洗 3 次，每次 1min。

2.接种

从培养皿中取出圆柱体，放在装有无菌滤纸的无菌培养皿中，用解剖刀切除圆柱体两端各 3mm 的组织，然后将余下部分切成 3 片（每片约 3mm 厚，小圆片直径 5～10mm），接种到预先配制的诱导愈伤组织培养基表面，每瓶接 3～5 片。

3.培养

置于 25℃恒温箱中暗培养。接种几天后，外植体表面开始变得粗糙，有许多光亮点出现（这是愈伤组织开始形成的症状），3～4 周后形成大量愈伤组织。将长大的愈伤组织切成小块转移到新鲜培养基上，如此反复进行继代培养。

4.再生植株

如果要使愈伤组织长成完整的植株，则需要切割愈伤组织，将其转接到分化培养基中进行培养即可。

五、注意事项

1.选择的外植体要求无病、健壮。

2.打孔器必须灭菌彻底。

3.用打孔器钻取前，手须消毒彻底，这样可减少污染和交叉污染。

六、训练与考核建议

第一，加强过程考核、动态考核和跟踪考核，做到定性与定量考核相结合。考核重点是外植体选择与处理方法、无菌操作的规范熟练程度、观察问题和分析解决问题能力等。考核形式灵活多样，并与考核内容相适应，从而充分发挥考核的杠杆作用。器官培养考核方案如表 4-5 所示。

表 4-5 器官培养考核方案

考核项目	考核标准	考核形式	满 分
实训态度	1.听从指挥,遵章守时,出勤率高(10分);2.实训积极主动、认真,责任心强(10分);3.积极思考,有全局观念,有团队意识和创新精神(5分);4.实训报告字迹工整,记录全面(5分)	跟踪观察批阅实训报告	30分
现场操作与管理	1.操作规范(10分);2.操作熟练,工作效率高(10分)	现场操作	20分
操作原理	能准确回答老师随机提的2个问题	口试	20分
培养与驯化效果	1.建立组培无性繁殖系(15分);2.出愈率、分化率高,污染率≤10%(5分);3.移栽成活率≥80%(10分)	现场调查	30分
		小 计	100

第二,由于器官培养周期较长,取材和移栽驯化又受到季节限制,建议实训项目既可是教师指定,又可以是生产性、科研性项目和学生毕业论文试验项目,学生也可以根据兴趣自主选择项目。项目方案经讨论、批准后执行。项目实施期间,做到第一课堂与第二课堂相结合,最大程度拓展实践教学的时、空间,达到强化技能训练的目的。

七、思考题

1.为何用打孔器钻取胡萝卜片的位置选择在形成层?

2.为何在接种前还要去除圆胡萝卜片的上下端各 3mm?

实验实训 4-2 离体茎和叶的培养

一、技能要求

1.通过查阅资料,能独立设计离体茎和叶的培养方案;

2.熟练完成离体茎和叶组培的操作流程;

3.能进行离体茎和叶的预处理和消毒处理;

4.培养的组培苗健壮,出愈率和分化率高,但污染率低。

二、实验内容

1.离体茎和叶的组织培养方案的设计;

2.离体茎的培养;

3.离体叶的培养。

三、实验器材与试剂

（一）器材

具体包括：月季或玫瑰枝条、菊花叶片；灭过菌的培养基（茎诱导培养基：MS＋BA 0.3～1.0mg·L^{-1}＋NAA0.05mg·L^{-1}；茎增殖培养基：MS＋BA1.0～2.0mg·L^{-1}＋NAA0.01～0.1mg·L^{-1}；茎壮苗培养基：MS＋BA 0.3～0.5 mg·L^{-1}＋NAA0.01～0.05mg·L^{-1}；茎生根培养基：MS＋NAA0.5 mg·L^{-1}）；叶诱导培养基：MS＋BA2.0mg·L^{-1}＋NAA0.2mg·L^{-1}，增殖培养基 MS＋BA10＋KT0.1＋NAA10。超净工作台、酒精灯、75％酒精棉球、500ml 烧杯、培养皿、记号笔、无菌瓶、接种工具、基质（珍珠岩、草炭、蛭石、腐殖土等）、育苗盘、塑料扦、无菌水、多菌灵等杀菌剂、塑料盆等。接种和移栽用品预先消毒。

（二）试剂

具体包括：95％酒精、0.1％～0.2％氯化汞、吐温-80 等。

（三）方法步骤

1.外植体选择与处理

具体包括：

①取健壮饱满而未萌发侧芽的当年生月季或玫瑰枝条→切取半木质化的中段，削去叶柄和皮刺，用自来水冲净，剪成带节小段，每段 1～3 芽→70％～75％酒精 30s，0.1％～0.2％升汞 8～10min→无菌水漂洗 5 次（第 1 次半分钟，后 4 次 1min/次）→无菌滤纸吸干表面水分。

②取菊花幼嫩的叶片若干→饱和洗衣粉溶液中 3min→流水冲洗 3min→70％酒精 10s →0.1％升汞 5min→无菌水漂洗 6 次（第 1 次 0.5min，后 5 次每次 1min）→无菌滤纸吸干表面水分。

2.接种

切去月季或玫瑰茎段两端受伤部位，接种到茎诱导培养基中。每瓶接种 1 个茎段。将菊花幼嫩叶片分割成约 0.5cm^2 的小块，接种到叶诱导培养基上。

3.初代培养

接种后培养瓶置于 21℃左右、1000～2000lx 光强、光照时间 12～14h·d^{-1} 的培养室内培养。1～3 周后，月季茎段从叶腋处长出 1cm 左右的腋芽，菊花叶片则从切口处长出愈伤组织并分化出不定芽。

4.继代培养

切下萌发的腋芽或不定芽，接种到增殖培养基中，侧芽继续伸长并萌发出新的侧枝，4～5 周后继续分切成单芽茎段进行增殖培养。

5.壮苗生根培养

当苗比较弱小时，可先接种在壮苗培养基培养半个月，待苗长得健壮后再进行生根培养。

当苗高 2cm 以上时，切下转接到生根培养基中培养。

6.驯化移栽

当试管苗长出 3～4 条根且根长 0.5～1.0cm 时，不开瓶在常温中炼苗 2～3d，再开瓶炼苗1～2d,然后及时移栽到育苗盘中。基质可选河沙、珍珠岩、腐殖土等,预先消毒。移植后覆膜保湿,2周后逐渐揭膜通风,1个月后移植到花盆。

四、注意事项

具体包括:

①月季或玫瑰外植体最好选择具未萌发饱满腋芽、半木质化的当年生枝条。

②菊花外植体取幼嫩叶片较好。

③腋芽和不定芽萌发后及时转接到增殖培养基。

④培养过程中跟踪观察,统计各项技术指标,及时分析并有效解决存在的问题,发现污染瓶及时清洗。

五、训练与考核

1.训练与考核重点是外植体的修剪、无菌操作与接种后的布局。

2.阅读学生的实验设计方案是否科学合理和可行。

3.其他考核见实验实训4-1表4-5。

六、思考题

1.为什么说叶培养时选择的外植体以幼嫩的叶片较老叶好?

2.为何选择饱满的叶芽作为外植体较瘦弱的好?

3.为何消毒外植体时选择的消毒剂种类与浓度及消毒时间对初代培养污染和成活率的控制是十分重要的?

4.菊花叶接种时叶背朝下好还是叶面朝下好? 为什么?

5.影响月季茎段培养的因素有哪些?

实验实训 4-3　花药和花粉培养

一、技能要求

1.通过查阅资料,能独立设计花药和花粉的培养方案;

2.能对花药和花粉有效地消毒处理;

3.独立完成花药和花粉组培的操作流程;

4.尽量提高出愈率和分化率,降低污染率。

二、实验内容

1.花药和花粉的组织培养方案的设计;

2.花药和花粉的培养。

三、实验器材与试剂

（一）器材

具体包括：花粉处于单核期的烟草和茄子花蕾；琼脂、蒸馏水、无菌水、超净工作台、灭菌锅、冰箱、生化培养箱、酸度计、电炉、光学显微镜、离心机、血球计数板、注射器、解剖针、剪刀、长镊子、滴管、烧杯（500ml、25ml）、培养皿、盖玻片、载玻片、移液管、滤纸、塑料袋、纱布、玻璃棒、蔗糖、脱脂棉等。

（二）试剂

具体包括：MS 母液、激素母液（2,4-D、NAA、ZT、KT、IAA）、蔗糖、5％次氯酸钠、0.5％醋酸洋红、70％酒精、$0.1mol \cdot L^{-1}$ NaOH、$0.1mol \cdot L^{-1}$ HCl。

四、方法步骤

（一）烟草花药培养

1. 培养基的配制与灭菌

①诱导培养基：Nitsch＋$0.5mg \cdot L^{-1}$；2,4-D＋$5g \cdot L^{-1}$；琼脂粉＋$30g \cdot L^{-1}$蔗糖。

②生根培养基：1/2MS＋$20g \cdot L^{-1}$蔗糖＋$5g \cdot L^{-1}$琼脂粉。

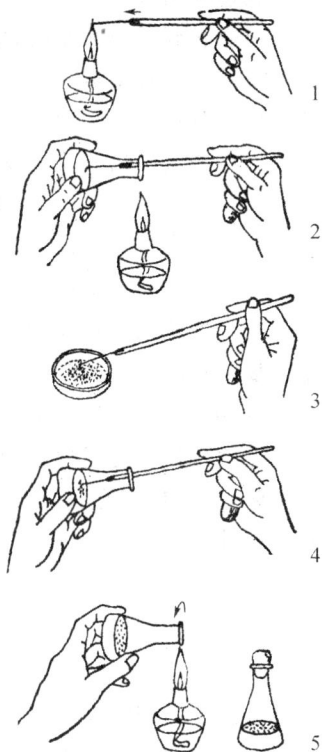

图 4-14　花药接种程序
（引自桂耀林等，1985）

2. 确定花粉发育时期

具体步骤包括：从野外随机摘取花冠长度为 21～23mm 的花蕾 3 个→醋酸洋红压片镜检→确定花粉发育时期（单核期还是双核期）。

3. 花蕾采集与预处理

具体步骤包括：摘取处于单核期的花冠长度为 21～23mm 的花蕾→7～8℃低温下约 12d。

4. 花蕾消毒

具体步骤包括：取上述预处理后的花蕾→0.2％升汞溶液消毒 10min→无菌水漂洗 6 次（第 1 次半分钟，后 5 次 1min/次）→进入无菌接种。

5. 无菌接种

具体步骤包括：在解剖镜（事先已经用 0.2％新洁尔灭溶液和酒精交替灭菌）下用镊子、解剖针剥开花被→用镊子轻轻取出雄蕊并将花药轻轻从花丝上摘下→水平地摆放在预处理培养基上。花药接种程序如图 4-14 所示。接种密度宜高，以发挥"群体效应"，有利于提高诱导率。

6. 培养

预处理培养在 25℃、黑暗环境中约 5d，然后转移至液体培养基（诱导培养基）中培养 2～3 周，可形成幼龄的花粉胚；4～5 周后花粉胚形成小植株，这时需采用光培养，连续光照。当小植株长到 3mm 左右时,用镊子小心取出,剥去花药组织,转入生根培养基,在光照 12h·d^{-1}、光照强度 5000lx 下即可诱导出根。

7. 染色体倍性鉴定

当植株长到适当大小时,取根尖用醋酸洋红染色观察,进行染色体倍性鉴定。

(二)茄子花粉培养

1. 培养基配制与灭菌

分别配制以下培养基并灭菌。预处理培养基:MS+5g·L^{-1}琼脂;诱导液体培养基:MS+2,4-D 0.1mg·L^{-1}+KT 1mg·L^{-1}+30g·L^{-1}蔗糖,常规灭菌或过滤除菌。

2. 花药的采集与消毒

从盛花期的茄子植株上选取花粉发育处于单核期的花蕾(单核期的标志是茄子花瓣长度与花蕾萼裂基部之差约为 0~2mm,不同品种间可能有所差异),先用 70%酒精浸泡 30s,再用 0.2%次氯酸钠溶液消毒 10min,然后用无菌水漂洗 5 次(第 1 次半分钟,后 4 次每次 1min),并用无菌滤纸吸干表面水分。

3. 无菌接种与变温预处理培养

具体流程包括:在超净工作台内去除花被→取出花药→接种于预处理培养基上,每个培养皿接种花药 2~4 个→4℃下低温预处理 3d→36℃下高温预处理 3d。

4. 花粉分离

采用了两种方法:一是挤压法,在无菌条件下,把预处理后的花药取出放在小烧杯中,加入少量清洗液,用注射器内桶(活塞)轻压花药,将小孢子挤出。为去除花药残渣,将此液经 200 目的不锈钢网过滤后,将小孢子悬浮液注入离心管中,在 1000rpm 的离心机上离心 3min 收集小孢子,将含有花药残渣的上清液弃去。再加入一定量的清洗液,重复 2~3 次,最后用液体培养基制成小孢子悬浮液,按 2ml 的量分装到 20ml 三角瓶或 3cm 直径的培养皿里,其密度按每瓶 5~7 个花药,大约在 4~7×10^5 个/ml。然后放到培养室中进行培养。另一种是自然散落法,把花药接种在液体培养基上,经过一段时间的培养,药室自然开裂,小孢子从花药里散落出来,把花药取出,制成小孢子悬浮液进行培养。

5. 诱导培养

将上述花粉转入新鲜的诱导培养基上继续进行暗培养。20d 后,可以得到大量的愈伤组织和胚状体。

6. 分化培养

将愈伤组织或胚状体转接于分化培养基上进行分化培养。先在 4℃条件下暗培养 5d,再转至光下培养,即可分化出不定芽。

五、注意事项

1. 材料表面消毒要彻底,一般可按常规消毒要求进行。

2. 严格花药变温预处理的温度和时间。

3. 采集花蕾前一定要做花粉发育时期检测,并且判断要准确。检测花粉发育时期时要注意充分剔除药壁、药隔等组织。

4. 分离花粉时挤压用力要适当且均匀,用力太轻达不到分离目的或分离的花粉数量少;用力过大,组织碎片增加,小孢子生活力下降。

5.明确判断花粉发育的各个时期的重要性,加强规范操作的训练。

六、训练与考核

1.能否独立准确判断处于单核期花粉的花蕾。

2.考核重点是操作的规范性和分析判断力。

3.具体考核方案如表 4-6 所示。

表 4-6　考核方案

考核项目	考　核　标　准	考核形式	满　　分
实训态度	实训报告字迹工整、认真(5 分);实验认真、积极思考(5 分);有协作和创新精神(5 分)。	批阅实训报告,随机观察	15 分
技能操作	操作程序正确(10 分);操作规范和准确、熟练(10 分);上下工序衔接紧凑;统计准确无误(10 分)。	现场操作随机考核	30 分
效果检查	花粉发育时期分析断定正确(10 分);花药和花粉培养进程正常(10 分),培养效果好(15 分)。	培养过程	35 分
实验原理	能准确回答老师的 2 个随机问题	口试	20
		小　　计	100

七、思考题

1.如何确定所采集的花蕾处于单核期?

2.何谓"群体效应"?"群体效应"在花粉组培技术有何作用?

3.从花药中分离花粉中如何控制挤压的力度?

4.为何要在接种前先对花药进行低温预处理?

5.何谓热激效应?

实验实训 4-4　子房和胚珠培养

一、技能要求

1.通过查阅资料,能独立设计子房与胚珠的培养方案;

2.能对子房与胚珠有效地消毒处理;

3.独立完成子房与胚珠组培的操作流程;

4.出愈率和分化率高,但污染率低。

二、实验内容

1.子房与胚珠的组织培养方案的设计;

2.子房的培养;

3.胚珠的培养。

三、实验器材与试剂

(一)器材

具体包括：番茄和葡萄；番茄培养基(诱导与分化培养基：Nitsch；生根培养基：MS＋IAA 2mg·L^{-1})；无核葡萄胚珠培养基(胚珠发育培养基：Nitsch＋IAA 2mg·L^{-1}＋GA0.4 mg·L^{-1}＋水解酪蛋白100 mg·L^{-1}＋蔗糖20g·L^{-1}＋活性炭2g·L^{-1}；分化培养基：1/2MS＋6-BA 0.5 mg·L^{-1}；生根培养基：1/2MS＋IBA0.2)；无菌水等。还有超净工作台、接种工具和移栽用具预先灭菌或消毒。酒精灯、无菌培养皿、记号笔、无菌瓶、接种工具、500ml烧杯、竹扦、营养土、河沙等。

(二)试剂

具体包括：75％酒精棉球、多菌灵、0.1％升汞、5％次氯酸钠。

四、方法步骤

(一)番茄子房的培养

1.外植体选择及处理

开花前3～5d,取生长健壮、无病虫害的番茄花蕾→流水冲洗0.5～1h后→在超净台上75％酒精浸泡30s→10％次氯酸钠浸泡5～6min→无菌水漂洗4次(第1次漂洗20s,后3次各漂洗1min)→无菌滤纸吸干水分。

2.接种

用接种工具剥去花被→切除花梗→取子房,竖直接种于诱导培养基上。

3.培养

子房接种后置于25～27℃、12～16h·d^{-1}的散射光下培养。经过1个月左右,在子房壁上长出愈伤组织,再培养一段时间分化出芽。当芽苗2cm以上时转移到生根培养基上生长,很快形成幼根。

4.驯化移栽

当根长1～2cm时,移到温室内不开瓶驯化3d。出瓶后栽植于营养土中覆膜保湿,4～5d后就可去膜定植。

(二)胚珠的培养

1.外植体选择及处理

葡萄落花后35d采回果穗,将果粒用清水冲洗数次→在超净工作台内用75％酒精消毒1min→3％次氯酸钠溶液消毒15min→用无菌水漂洗3～4次。

2.接种

将消毒后的果粒切开,取出胚珠,接种于内装15ml胚珠发育培养基上,培养120d。培养条件是：温度为(25±1)℃、每日光照为15h、光强为2000lx。统计胚发育率,将绿色胚珠作为发育胚统计。

3.转接

将上述培养后的胚珠从胚珠顶部切开(可大大提高胚的萌发率)→接种到分化培养基上,培养15d,就可看到葡萄幼苗,但这时还没有根。

4.生根培养

将上述葡萄幼苗,转接到生根培养基上,30d 后,可看到葡萄苗长出 4～5 条根、3～4 个节。

5.驯化移栽

将上述试管苗进行常规的驯化移栽,半个月后移到大田栽植,进行常规田间管理。葡萄发育正常,能正常开花结果。

五、注意事项

1.剥取子房时,镊子夹取子房时力度要小,不要损伤子房,子房要竖直插入培养基。

2.注意花蕾的采集时间,采取过早则子房发育不全,采取过晚则花被展开,给消毒增加困难。

3.葡萄苗开瓶炼苗时注入自来水,既可防止培养基污染,又可保持较高的湿度。先移入温室内草炭土为基质的瓦盆中,塑料膜覆盖保湿,逐渐揭膜;再移入大田。

六、训练与考核

考核重点是外植体的取材时期和剥离,其他见实验实训 4-1 表 4-5。

七、思考题

1.谈一谈你从花蕾中剥取子房的心得。

2.想一想无核葡萄胚珠培养形成后的苗是几倍体?

3.请你说说子房的组成。

4.由胚珠无菌培养的苗是单倍体植株吗? 为什么?

模块 5　常见植物组培的关键技术

向目标奋进!

知识目标

- 掌握外植体培养要素
- 能利用植物组培的基础知识分析植物组织培养过程中常见的异常现象
- 掌握百合及兰科花卉的组培方法的特点
- 掌握当地常见水果作物的组培方法的特点

技能目标

- 能够根据不同植物特点选择合适的外植体进行启动培养
- 熟练修整和处理外植体
- 能够分析和解决组培过程中出现的污染、褐化、玻璃化等异常现象
- 能够针对不同各类的植物科学设计培养方案并进行有效的组培工作

态度目标

- 牢牢树立自主创新意识,为我国植物组培以生产基地向研发基地转变贡献力量
- 学会尊重别人和尊重自己

单元Ⅰ　植物组培过程中的常见问题及解决措施

案例库

污染、褐化、玻璃化问题等（见彩页图 5-1 至图 5-4）

任务栏

了解植物组织培养技术关键和培养物在组培过程中常见技术问题，初步掌握问题培养物识别能力及应对办法。

想一想

你在植物物组培过程中遇到过哪些异常现象并如何进行分析和解决的？

演示操作区

结合 ppt 及图片展示，使学生有直观印象，以便进实验室时检出问题培养物。

理论学习

植物组织培养过程中，常见的技术问题主要有外植体污染、褐化、玻璃化及黄化等，容易给组培商品化生造成严重的经济损失，需要组培生产者认真对待并不断地优化组培体系，以避免不必要的损失，达到理想的组培生产效果。

一、组织培养中的污染及其控制

植物组织培养过程中的污染是指微生物进入培养体系，并迅速滋生危害培养物。污染可以发生在外植体上，更多的是使外植体周围的培养基甚至整个培养基被浸染，与培养物争夺营养，产生有害的物质，最终导致植物材料发生病害或死亡，造成组织培养的失败。据报道，在组培苗工厂化生产中，污染每增加 5%，成本将递增 10% 以上，当污染率达 30% 时，就会亏损。

造成污染最常见的微生物是细菌和真菌，有时也可以是酵母菌，以真菌的危害最大。细菌属单细胞生物，因此细菌的菌落有自己的特征，一般呈现湿润、光滑、黏稠、似鼻涕状。真菌广泛分布于地球表面，其菌落除颜色外其外观结构可归纳为丝绒状、毡状、絮状等等，就菌落大小来说，有的种扩展到整个培养皿，有的种则有一定的局限性。由于不同真菌的孢子颜色不同,真菌菌落也就呈现各种不同的颜色,许多真菌还能产生色素分泌到培养基中去,致使菌落的背面也带有颜色。

虽然微生物进入培养体系,防控难度大,但还是有规律可循。污染的途径主要是原始材料带菌、培养基或接种工具灭菌不彻底、无菌操作不规范及环境洁净度差。从操作程序上说,三个阶段都可以轻易地被微生物污染:前期准备阶段,包括培养基、器皿灭菌不彻底,外植体的选择不当与消毒不彻底;无菌操作阶段,包括无菌操作室灭菌和超净工作台洁净度达不到要求、操作不规范、操作工具的消毒不彻底等;培养阶段,培养环境不清洁和培养体系意外开放等。特别是在一些组织培养生产中,培养程序化,一旦发生重复性污染,往往是某个固定环节的失误造成的,通过观察污染的表观现象,可以快速寻找到导致污染的原因,这样可以大大节省人力和成本。

开卷有益

各种具体污染原因的经验分析:①若污染菌类是零星分散在培养基中,则多为操作动作缓慢导致开瓶时间太久、接种台物品杂乱或操作中心离人体太近等原因。②若菌类是从材料周围长起,则多是外植物体或接种用具灭菌不彻底引起,这种污染在培养1~3天内即表现出来;③若菌类从材料表面长起,而不是从培养基长起,且发生在5天以后,则多半是材料内生菌引起的;④若从培养基表面以下开始长菌,发生时间较早,且有从里向外的趋势,则是切口引起的污染,原因可能是外植体消毒后,未剪去两端切口或虽剪但接种器具带菌。因此将污染后的表观现象与引起污染的原因对应起来,就有利于快速找到污染的原因并采取针对性措施加以防治。

组织培养中的污染是可控可防的,除了要特别加强操作人员的培训,一切按操作规程办外,应十分重视两大环节:外植体的消毒和环境的洁净。

(一)外植体的消毒及其污染控制

1.外植体的处理和消毒

外植体污染是组织培养中众多污染途径中最难解决的一个。其具体方法是从选择消毒剂的种类、消毒剂浓度与消毒时间方面进行试验,得到一个最佳的消毒方案。

2.有内生菌的外植体的消毒

植物内生细菌是指那些在其生活史的一定阶段或全部阶段生活于健康植物的各种组织的细胞间隙或细胞内的真菌和细菌。由于材料内部(细胞内或细胞间)的内生细菌不能被一般的表面消毒方法所清除,随着材料带入培养过程,引起污染,被称为内生细菌污染或内源细菌污染。据报道,对于一种植物而言,从中分离到的内生真菌和内生细菌通常为数种至数十种,有的甚至多达数百种。在热带植物中,内生菌的这种多样性更为突出。生长在高温多雨的热带、亚热带植物和多年生木本植物容易表现为内生细菌污染。在某些植物初代培养或前几代的继代培养中存在的污染,但并不形成明显的菌落,而只在培养基内部形成"丝状物"、"晕状物",不易被肉眼察觉,随着继代培养次数的增加,菌量逐渐累积,才在培养基上显现出来。内生细菌引起的危害主要包括在早期导致培养失败,增殖效率的降低,培养物生长减缓,玻璃苗增加等;在后期导致试管苗移栽困难和死亡,有时污染也会引起培养物的遗传变异。

3.内生细菌污染的控制措施

(1)对母树的预处理

具体措施包括:改善植株栽培环境,尽可能利用温室或人工气候室生长的植株作接种的材料,以减少表面和内生细菌的污染;在采集外植体前对母树喷布杀菌剂或抗生素,如庆大霉素(gentamycin)、敌菌丹(captatol)或异菌脲(iprodione)等。

(2)对母枝或外植体的预处理

具体措施包括:促发新枝,即将田间采回的枝条在人工气候箱内培养促发新枝,用新抽的嫩枝作为外植体;也可黄化处理,在无菌条件下对采自田间的枝条进行暗培养,待抽出徒长的黄化枝条时取材;热击处理,如将美丽百合(lilium speciosum)的鳞茎外植体放入试管中进行43℃热击处理;用抗生素进行预培养,如对相思树的芽和茎段灭菌时,用皂液刷洗和乙醇杀菌后,转入 0.2%苯菌灵(benlnete)和 0.2%链霉素溶液中,在摇床上振荡过夜,再用80%乙醇和 0.1%升汞分别杀菌 1min 和 15min,可获得满意的消毒效果。

(3)改进消毒方法

具体措施包括:真空减压消毒,利用真空减压抽走植物组织中的空气使消毒剂更易侵入,从而增强杀菌效果;磁力搅拌、超声波振动处理,为减少在外植体表面形成的气泡,在浸泡时还可采用磁力搅拌和超声波振动的方法增强杀菌效果;多次消毒(消毒)法,用饱和香皂水(比普通洗衣皂碱性弱)对番木瓜侧芽浸泡 20~30min,再用 0.1%高锰酸钾溶液处理5min,接着进行消毒处理,然后用 0.7%次氯酸钠加 0.1%升汞消毒,最后用 500mg·L^{-1}先锋霉素或羧苄西林的无菌水洗,污染率降低 50%。

抗生素虽然在植物组培中应用对污染控制有很好的作用,但问题也较多:如不稳定,遇酸、碱或加热都易分解而失活;易产生抗药性,停用后污染率又显著上升;高浓度的抗生素会影响植物的生长。以上因素都会影响抗生素在植物组培中应用。

(二)组织培养中的环境污染及其控制

1.组织培养中的环境污染

据监测,组织培养环境中的污染主要是由真菌和细菌引起的:真菌主要是青霉、木霉、曲霉;细菌主要是球菌和芽孢杆菌。由于地域不同或组培室所处环境或位置的不同,其种类有所差异。组培环境空气中真菌数量月份间相差很大,6、7、10月空气中真菌数量较多,其他月份数量较少。瓶苗的污染率月份间相差很大,6、7、10月是组培苗污染高发月份,其他月份较低,组培苗污染情况与环境空气中的真菌数量存在正相关的关系。

2.组织培养中的环境污染的控制

接种室与培养室要定期消毒与净化,用高锰酸钾和甲醛每三月熏蒸 1 次(甲醛4~6ml/m^3,高锰酸钾 3~6g/m^3)。熏蒸可使环境中的真菌减少87%以上。接种前工作台开紫外灯30min 以上。培养室的相对湿度应控制在70%左右,每次接种前先用70%酒精在室内喷雾使空气中的细菌和真菌孢子沉降,接种前后都要用70%的酒精或者1:50 的新洁尔灭湿性消毒溶液擦洗超净工作台。接种后要及时打清洁,用2%的新洁尔灭溶液擦洗地面、墙壁和门窗。环境污染的控制是硬道理,措施虽普通但应极严格,必须制定相应的环境污染控制的规章制度,使环境污染的控制处于常态化之中。

3.继代培养中的污染控制

在继代培养中出现污染,一方面是由于继代转接操作不规范起的,另一方面由于初代培养使用的是营养相对简单的培养基,可能使污染不易表现出来,也可能是培养室灭菌工作不到位,被螨传播的真菌污染。最有可能的是内生菌,随着继代次数增加,菌量逐渐累积发展,在培养基上表现出来,因此,在继代培养基中加入抗生素或在继代培养基中撤销一些有机物如 VB_1、VB_6、烟酸等可降低污染率。

二、组培苗的褐化问题

(一)褐变的概念

褐变又称为褐化,是指培养材料向培养基释放褐色物质,致使培养基逐渐变褐,培养材料也随之变褐甚至死亡的现象。其机理是由于植物组织中的多酚氧化酶被激活,而使细胞内的酚类化合物聚合成暗黑色的大分子物质。培养材料褐化所产生的醌类物质当扩散到培养基后,会抑制其他酶的活性,导致代谢紊乱,从而影响离体材料的培养。

引起褐变的条件是:O_2、酶、底物,缺一不可。引起褐变的酶主要有:多酚氧化酶(PPO是主要的)、过氧化物酶(POD)、苯丙氨酸解氨酶等。引起褐变的酶的底物,主要是酚类化合物,可分成三类:第一类是苯基羧酸,包括邻羟基苯酚、儿茶酚、没食子酸、莽草酸等;第二类是苯丙烷衍生物,包括肉桂酸、香豆酸、咖啡酸、单宁、木质素等;第三类是黄烷衍生物,包括花青素、黄酮、芸香苷等。

(二)影响外植体褐变的因素

1.植物的种类及基因型

不同的植物、同种的不同类型、同种不同品种的植物发生褐变的程度,都具有很大的差别,这主要取决于植物体中含有的酚类物质多少以及酚氧化酶活性的强弱。就植物而言,木本植物中含有较多的酚类物质在培养过程中易发生褐变,如核桃富含单宁,极易褐变,果树植物的银杏、猕猴桃、苹果、梨、桃、板栗、无花果、葡萄、柿、香蕉、油橄榄、龙眼等多种热带果树褐变都很严重。豆科植物和芸薹属植物原生质体,培养中容易褐化也是一个普遍的问题。兰科植物在组培快繁过程中也极易发生褐变,较难成功。有研究表明,褐变的发生与酚氧化酶活性的强弱关系不明显,而与繁殖材料的总酚含量关系很大,说明褐变是一个极其复杂的过程。

2.外植体类型及生理状态

外植体的类型及其生理状态是褐变又一重要影响因素。从同种植物不同部位采集的外植体,其褐变的程度是不同的,这与植物体不同部位总酚含量和PPO的活性有关;同一外植体,不同的生理时期,其褐变的可能性及程度不同。翅果油树用幼嫩的茎段诱导愈伤组织的褐变率比老茎段的低。在对苹果不同品种进行茎尖培养时,发现冬春季取材褐变率低于其他季节。对金花梨和苍溪梨的茎尖和茎段组培褐变的周年变化规律的研究中,发现一年中金花梨外植体的 POD 和 PPO 活性最高期在 4 月,最低期在 1 月和 12 月;苍溪梨外植体两种氧化酶最高活性均在 4 月,最低活性出现时间与金花梨相似。一般而言,分化部位比分生部位接种后产生的酚类物质多,褐变严重。

3.外植体的大小及消毒时间

外植体的褐变程度受到外植体大小、消毒时间的影响。据报道,一些木本植物茎尖小于 0.5mm 时褐变严重,而当茎尖长度在 10～15mm 时褐变较轻。在卡德兰新茎的培养中也有类似的结果,新茎越大成活率越高。各种化学消毒剂对外植体的伤害也可能造成褐变,酒精对外植体的伤害大于升汞。

4. 光照及温度

一般情况,暗培养有利于减轻褐变,因为在酚类化合物合成和氧化过程中,需要许多酶的参与,而其中一部分酶系统的活性受到光的诱导。桉树在全黑暗的状态下培养,效果较好。特洛皮(一种澳洲落叶灌木)在遮阴情况下培养,褐变较轻。暗培养对黑松成熟胚诱导愈伤有促进作用。

低温不仅可以抑制褐变,同时会降低 PPO 的活性,从而减轻褐变。桑树茎段在黑暗低温的条件下褐变较轻,辣椒的花药在低温预处理之后易产生愈伤。温度对油菜外植体褐变影响显著,当培养温度高于 30℃ 时,外植体的褐化程度非常严重,而当培养温度为 25℃～26℃ 时,褐化率大大降低。

5. 培养基成分及类型

液体培养基可以有效地控制褐变,因为在液体培养基中,外植体产生的酚类物质可以较快地扩散,因此对外植体的伤害较轻。如在金钱松的继代培养中采用液体培养基可有效防止褐变。不同的基本培养基抑褐效果不同,如果基本培养基的无机盐浓度高,酚类物质就会大量外溢,导致外植体的褐变。如油茶在降低无机盐浓度的培养基上褐变率较低,华盖木的外植体在 1/2MS 的培养基上褐变率最低。

植物调节剂也是影响因素,据报道细胞分裂素促使褐变的发生,培养基中 BA 的浓度在 3～5mg·L^{-1} 时,促进了沾化冬枣外植体褐变。荔枝培养基添加 1mg·L^{-1} 6-BA＋0.5mg·L^{-1} 2,4-D 时,愈伤组织较硬、增殖缓慢、易褐变;培养基添加 1mg·L^{-1} 6-BA＋1mg·L^{-1} 2,4-D 时,愈伤组织浅黄疏松、增殖快。而提高生长素浓度(如将 2,4-D 提高到 1.0～2.5mg·L^{-1}),能有效促进细胞生长并缓解褐变。

培养基的 pH 值可能对酚类物质和酚氧化酶结合部位产生影响。在卡特兰中发现,培养基 pH 值为 4.0～5.0 时外植体的褐化多,pH 值为 5.5 时则少。水稻的培养过程中,pH 值对褐变的影响很大。较低的 pH 值可以减轻红豆杉的褐变。大白菜 pH 值为 6.5 时,可抑制褐变。水稻 pH 值为 4.5～5.0 时,生长状态良好,其表面呈黄白色;pH 值为 5.5～6.0 时,愈伤组织严重褐变。

6. 抗氧化剂和吸附剂

防止酚氧化的抗氧化剂有抗坏血酸(Vc)、半胱氨酸,此外还有芸香苷、酪氨酸、柠檬酸、巯基乙醇、卵清蛋白等。吸收酚类物质的吸收剂有聚乙烯吡咯烷酮(PVP)和活性炭(AC)等。有许多报道在培养基中加入抗氧化剂可以明显减少褐变发生,Vc 在 PPO 的作用下能将醌还原成酚。当将培养基中亚硫酸钠(Na$_2$S$_2$O$_3$)由 0.5g·L^{-1} 提到 5.0g·L^{-1} 时褐变率由为 73.8% 降为 8.9%;PVP、AC(活性炭)等吸收剂也可以减轻褐变的发生,在柿的组培中 PVP 效果最好。L-半胱氨酸、Na$_2$S$_2$O$_3$、Vc 的作用在苹果上最强,其中 L-半胱氨酸作用最为明显。在银杏的愈伤组织培养中发现植酸的效果最好,在柿的组织培养中 Vc、Na$_2$S$_2$O$_3$ 较好。对一些植物同时使用多种抗氧化剂和吸附剂可能达到较理想的效果,需要筛选。

7. 培养方式

外植体在培养基中的放置方式也会成为褐化的因素。如薯蓣在用茎段做外植体进行组培时,将茎段正向插入培养基中出现明显褐化,而将茎段倒插入则褐化完全消失,其原因尚不清。转瓶周期也是引起褐化的因素之一,接种初期勤转种是削弱褐化的有效办法;植入密度增大,褐化逐渐加重。

(三)防止褐变的措施

酶促褐化可以通过三种方法加以抑制:一是除去引起氧化的物质;二是捕捉或减少聚合反应的中间物;三是抑制有关的酶。通常采取以下措施防止褐化。

1.取材合适

在适当的时间,选择幼年植株取材;在植株的一定部位取材,使材料中的酚类物质含量较低等措施可减少褐化。如非洲菊的花蕾褐变较其他外植体轻,黑松可采用成熟的胚作为外植体,其褐变率较低。有些植物适宜在幼嫩期进行,有些植物需要采用半木质化的外植体,还有的需要休眠的芽。这需要在进行培养之前对培养对象进行预备试验。

2.母株和外植体的预处理

对植物母株进行遮光处理,可减少材料中酚类物质的含量。将核桃、巨桉、苹果外植体在5℃下进行低温预处理一段时间有助于减轻褐化。红豆杉采用45℃预处理对克服褐化有效,但组织的活力有较大损伤,从而影响愈伤组织的发生。为了使细胞的伤害降到最低,用于切割的解剖刀应尽可能尖锐,不过度灭菌解剖刀可减少褐化。切割外植体时在抗氧化剂或吸附剂中进行,或用这些药剂保存切下来的组织也可达到目的。预培养有助于避免酚类物质的毒害作用。在20年生的柠檬母本植株上采集茎芽,需先在液体培养基上培养3d,然后在半固体培养基上培养。如核桃外植体预先在只含有蔗糖的培养基中培养5~7d,板栗最初2~3d用一定浓度的咖啡碱或含有石灰的培养基使形成层的伤口的单宁沉淀有助于减轻褐化。

3.选择适宜的培养基和培养条件

筛选合适的培养基,在无机离子的浓度和种类上选择合适的培养基,油棕用改良的MS培养基,苹果用1/2MS的培养基可减轻褐化。在激素的浓度和组合上,调节pH值可减轻褐化。在初始培养时把植物的外植体置于不适合酚类合成的条件下,如在黑暗或弱光和温度稍低的条件下培养可抑制酚类的氧化。在卡特兰开始培养时,温度保持在15~20℃,培养基pH值调到5.5有助于减轻褐化。也可添加抗褐化剂与吸附剂,防止褐化。

4.外植体的连续转移

在初代培养前期,外植体每隔1~2d转移到新鲜的培养基上2~3次,在某些情况下可以缓解褐化,这段时间内外植体的伤口愈合,外渗停止。如兰花、黑莓山月桂树、无花果、核桃、瑞香、大花飞燕草、紫叶黄栌茎尖或腋芽培养中可使用这个方法。在番茄原生质体培养中不断添加新鲜的培养液以减轻褐化现象。但在红豆杉中,继代培养的新鲜培养液对外植体释放醌类物质有刺激作用,可能是与新鲜培养基中的氧气充足促进了PPO活性有关。

5.添加褐变抑制剂与吸附剂

抗坏血酸等和二氨基二硫代甲酸钠、2-巯基苯并噻唑、氯化钠等都是PPO的抑制剂。聚乙烯吡咯烷酮(PVP)是酚类物质的专一性吸附剂,活性炭是一种吸附性较强的无机吸附剂,能吸附各种微量物质和微小颗粒。

植物组织培养过程中褐变死亡,是一种较普遍存在的现象,也比较复杂,至今褐变的机理尚不确定,因此,需要进一步深入研究。

三、组培苗的玻璃化问题

植物组织培养时,经常会发现试管苗生长异常,其形态特征表现为组培苗的叶、嫩梢呈水晶透明或半透的水浸状;整株矮小肿胀、失绿;叶片皱缩成纵向卷曲、脆弱易碎。其解剖特征表现为细胞间隙大;导管和管胞木质化不完全;叶表缺少角质层蜡质;没有功能性气孔,气孔器的保卫细胞畸形,甚至堵塞孔道,不正常气孔器的比例达 90%,认为保卫细胞畸形是导致气孔功能异常的主要原因;不具有栅栏组织,仅有海绵组织;叶表有大量的排水孔。玻璃苗的生理功能也因其体内含水量高,干物质、叶绿素、蛋白质、纤维素和木质素含量低,角质层、栅栏组织等发育不全,导致光合能力和酶活性降低,分化能力降低,所以难以继续用作继代培养和扩大繁殖的材料;生根困难,移栽后也很难成活。Debergh 等将试管苗这种生长异常现象称为"玻璃化"(vitrification),也称过度水化现象。这是植物组织培养过程中所特有的一种生理失调或生理病变,在自然环境中的陆生植物未见有这种现象发生。植物玻璃化在组织培养中普遍存在,在草本与木本植物中均有发生,已报道出现玻璃化苗的植物已达 70 多种。

(一)玻璃苗的成因

玻璃化现象是植物组织培养中特有的现象。培养基成分和培养条件等各种内外因素都影响玻璃苗的发生,其中研究较多的是培养基水势、细胞分裂素、氮源和碳源的状况。

1. 材料差异

众多研究表明,培养材料的种类和外植体类型显著影响玻璃苗的发生。如瑞香基部茎段产生试管苗玻璃化率最低,茎尖的次之,中部茎段产生的玻璃苗百分率极高。瑞香茎尖外植体大小与玻璃化也有关,茎尖外植体越小,出现玻璃苗比率越大;但留兰香基部节段所形成的试管苗玻璃苗严重,中部茎段次之,茎尖最好;重瓣丝石竹中部茎段出现玻璃苗较多,基部茎段较少,茎尖没有。瑞香茎尖外植体大小与玻璃化相关,茎尖外植体越小,出现玻璃苗比率越大;用青花菜花蕾诱导所分化的不定芽有 74% 表现正常,而用子叶、上胚轴和花序柄诱导的不定芽全为玻璃化苗。然而,这些研究没有进行机理研究,因此这些结果只能说是一种现象。

2. 培养基水势和环境湿度的影响

试管苗出现玻璃化主要是由于培养体系的水分状况不适而导致的一种生理性病变。已经证实,液体培养比固体培养更容易产生试管苗玻璃化,提高培养器皿内空间相对湿度容易产生玻璃化。琼脂和蔗糖浓度与玻璃化成负相关,琼脂或蔗糖浓度越高,玻璃苗的比率越低。蔗糖作为植物组织培养中的碳源,对植物细胞的碳结构和渗透势都有很大的影响。在对山核桃研究中,当添加蔗糖质量浓度低于 $20.0g \cdot L^{-1}$ 时,出现大量的玻璃化苗,试管苗叶片畸形,呈半透明状,植株生长停滞。可能是因为过低的蔗糖质量浓度,会使培养基环境中的水势升高,植物组织吸水过多,叶片呈水渍状。同时植物生长环境中的含碳量降低,使植物的干物质积累量减少,细胞结构建成受到影响,从而引起玻璃化现象;琼脂已公认为是一种中性支撑物,许多研究表明琼脂含量低是形成玻璃化的重要影响因素之一,适当增加琼脂质量浓度($5.5 \sim 6.0g \cdot L^{-1}$),可降低培养基中的衬质势。

降低培养容器中的相对湿度,也可以降低玻璃苗的比例。如丝石竹玻璃苗叶片的水势约为正常苗的 1.9 倍,含水量为正常苗的 $2.09 \sim 2.21$ 倍。因此可以断定,试管苗玻璃化可能是培养基内水分状态不适应的一种生理变态。但有人在枣组培苗研究中发现琼脂浓度与组培苗玻璃化没有关系,这可能是不同组培植物对不同琼脂浓度反应的不同所致。所以,水分生理异常究竟是玻璃化发生的原因,还是伴随的结果,有待于进一步研究。

3.生长调节物质

已证明培养基中 BA 浓度越高或培养温度越高,玻璃苗比率越大。有研究认为 BA 是试管苗玻璃化的根源之一,一定的 BA 浓度诱导细胞分裂活性增强,加上衬质势高,新分裂的细胞膨胀、伸长,打乱了正常的生长发育过程,出现不平衡,产生玻璃苗。在瑞香茎尖培养时,当激素为 KT2.0mg・L^{-1}＋IBA0.1mg・L^{-1} 时玻璃苗百分率为 8.3%,当为BA2.0mg・L^{-1}＋NAA0.2mg・L^{-1} 时则为 37.5%,差异十分显著。玻璃化苗的一个重要特征是叶脉明显加长,而 GA$_3$ 也有类似效应,也许 GA$_3$ 促进了细胞过度伸长,从而导致玻璃化。许多研究表明,玻璃化被认为是一种非受伤胁迫条件下形态上的反应,乙烯促进了叶绿素分解及细胞的畸形发展,乙烯处理破坏了膜的结构,随着细胞壁解离,细胞内积累了大量纤维素及泡状物质。可见,乙烯对玻璃化的影响,与改变组织的生理生化及纤维结构有关。

4.其他因素的影响

pH 值的不适宜是引起玻璃苗的成因之一。pH 值 5.4～5.8 较适合香蕉组培苗的生长,玻璃化现象也较轻;有研究认为玻璃苗是培养瓶内气体与外界交换不畅造成的,密闭的封瓶口材料是导致玻璃化的原因之一;培养基中高的含 N 量,特别是高的氨态 N,也是导致玻璃化的因素;黑暗和弱光培养容易形成玻璃苗,而光照则可以显著降低玻璃苗百分率。

(二)防止和克服玻璃苗的措施

尽管关于玻璃化的成因及其生理机制到目前为止仍未得出一致的结论,但对某些植物的玻璃化已得到有效的控制。这些研究表明,控制试管苗玻璃化主要针对以上原因采取相应的措施。主要从培养的环境条件和生理生化方面入手,具体措施如下:

1.改善培养环境

①利用固体培养,增加琼脂浓度,降低培养基的衬质势,造成细胞吸水阻遏。如提高琼脂浓度,可降低玻璃化;适当提高培养基中蔗糖含量或加入渗透剂,降低培养基中的渗透势,减少植物材料可获得的水分,造成水分胁迫;降低培养容器内部环境的相对湿度。

②适当降低培养基中细胞分裂素和赤霉素的浓度。

③控制温度。适当低温处理,避免过高的培养温度;在昼夜变温交替的情况下比恒温效果好;增加自然光照。试验发现,玻璃苗放于自然光下几天后茎、叶变红,玻璃化逐渐消失,因自然光中的紫外线能促进试管苗成熟,加快木质化。改善培养容器的通风换气条件,如用棉塞或通气好的封口膜封口。

2.调控生理生化代谢

①增加培养基中 Ca、Mg、Mn、K、P、Fe、Cu、Mn 元素的含量,降低 N 和 Cl 元素比例,特别降低铵态氮浓度,提高硝态氮含量。

②青霉素 G 钾(2～6mg・L^{-1})能有效防治菊花试管苗的玻璃化,青霉素(40 万单位・L^{-1})可降低芥菜试管苗的玻璃化。培养基中加入间苯三酚或根皮苷。

③用 40℃ 热击处理瑞香愈伤组织培养物,可完全消除再生苗的玻璃化,且能够提高愈伤组织的芽分化频率,热击处理会降低内源细胞分裂素水平。

④一些添加物可有效地减轻或防治玻璃化,如添加马铃薯汁或活性炭降低了油菜玻璃苗频率,用 $10\sim15\mathrm{mg}\cdot\mathrm{L}^{-1}$ 的 CCC 或 $0.5\sim1.0\mathrm{mg}\cdot\mathrm{L}^{-1}$ 的 PP_{333} 减少了重瓣丝石竹试管苗玻璃化的发生;添加 $1.5\sim2.0\mathrm{g}\cdot\mathrm{L}^{-1}$ 的聚乙烯醇防治苹果砧木玻璃化;增加容器中乙烯含量克服香石竹玻璃化的发生。

尽管如此,不同植物在不同条件下,也许会得出不同的结论或相反的结果。更有效的玻璃化控制途径,有待于进一步研究。

四、组培苗的黄化问题

黄化是指在组培过程中由于培养基成分、环境、激素、碳水化合物等各种因素引起的幼苗整株失绿,全部或部分叶片黄化、斑驳。这一现象在植物组织培养中比较常见,特别在部分木本花卉中较为常见,引起黄化的主要原因是:培养基中 Fe 的含量不足;各矿质营养不均衡;培养环境通气不良,瓶内乙烯含量升高;激素配比不当;糖用量不足或长时间不转移致糖耗尽;pH 值变化过大;培养温度不适;光照不足等。解决的方法是,首先在配制母液和培养基的制作过程中,要检查仪器设备是否准确,还要认真细致地核对每项称量的每一个环节;及时转接培养物;使用透气的封口膜以改善瓶内通气状况;适当调节 pH 值、激素配比和无机盐浓度;配制培养基时切记不要忘记加糖;控制培养室内的温度;适当增加光照;另外,在培养基中添加抗生素类物质如青霉素、链霉素、头孢霉素等,有时也会出现幼苗黄化现象,应适当减少用量或停止使用。

五、组培苗的其他问题

组织培养过程中除了污染、褐化和玻璃化三大技术难题和黄化现象之外,还有变异、瘦弱或徒长等问题。这些问题产生的原因及预防措施如表 5-1 所示。另外,不同培养阶段的常见问题及预防措施分别列入表 5-2、表 5-3、表 5-4。

表 5-1　组织培养常见的其他问题及解决措施(引自王振龙,2007)

常见问题	产生原因	解决措施
材料死亡	外植体灭菌过度、材料污染、培养基不适宜或配制有问题、培养环境恶化	灭菌温度和时间适宜;注意环境和个人卫生;严格操作;选用合适培养基;改善培养环境,及时转移和分瓶;加强组培苗的过渡管理。
黄化	培养基中 Fe 含量不足;矿物营养不均衡;激素配比不当;糖用量不足,长期不转移;培养环境通气不良,瓶内乙烯量高;光照不足;培养温度不适	正确添加培养基的各种成分,调节培养基组成和 pH,降低培养温度、增加光照和透气性,减少或不用抗生素类物质
变异和畸形	激素浓度和选用的种类不当、环境恶化和不适	选不易发生变异的材料、尽量使用"芽生芽"的方式、降低 CTK 浓度、调整生长素与 CTK 的比例、改善环境条件
增殖率低下或过盛	与品种特性有关、与激素浓度和配比有关	进行一定范围的激素对比试验,根据长势确定配方,并及时调整;交替使用两种培养基;考虑品种的田间表现和特性,优化培养环境。

续表

常见问题	产生原因	解决措施
组培苗瘦弱或徒长	CTK 浓度过高、过多的不定芽未及时转移和分切、温度过高、通气不良、光照不足、培养基水分过多	适当增加培养基硬度;加速转瓶;降低接种量;提高光强,延长光照时间;减少 CTK 用量;选择透气性好的封口膜;降低环境温度。
移栽死亡率高	组培苗质量差、环境条件不适、管理不精细	培育高质量组培苗;及时出瓶,尽快移栽;改善环境条件;采取配套的管理措施,加强过渡苗的肥水管理和病虫害防治。
不生根或生根率低	种类和品种间的差异、激素种类和浓度、环境条件、繁殖苗的基部受伤	对难以生根品种,从激素种类和水平、环境条件综合调控;掌握移栽操作要领和质量要求;切割苗的基部时使用利刀,用力均匀,切口平整,损伤少。

表 5-2　初始培养阶段的常见问题及调控措施(引自王振龙,2007)

常见问题	产生原因	调控措施
培养物长期培养几乎无反应	基本培养基不适宜、生长素不当或用量不足、温度不适宜	更换基本培养基或调整培养基成分,尤其是调整盐离子浓度,增加生长素用量,试用 2,4-D,调整培养温度。
培养物呈水渍状、变色、坏死、茎断面附近干枯	表面杀菌剂过量,消毒时间过长,外植体选用不当(部位或时期)	调换其他杀菌剂或降低浓度,缩短消毒时间,试用其他部位,生长初期取材
愈伤组织过于致密、平滑或突起,粗厚,生长缓慢	细胞分裂素用量过多,糖浓度过高,生长素过量	减少细胞分裂素用量,调整细胞分裂素与生长素比例,降低糖浓度
愈伤组织生长过旺、疏松,后期水浸状	激素过量,温度偏高,无机盐含量不当	减少激素用量,适当降低培养温度,调整无机盐(尤其是铵盐)含量,适当提高琼脂用量增加培养基硬度
侧芽不萌发,皮层过于膨大,皮孔长出愈伤组织	枝条过嫩,生长素、细胞分裂素用量过多	减少激素用量,采用较老化枝条

表 5-3　继代培养阶段的常见问题及调控措施(引自王振龙,2007)

常见问题	产生原因	调控措施
苗分化数量少、速度慢、分枝少、个别苗生长细高	细胞分裂素用量不足,温度偏高,光照不足	增加细胞分裂素用量,适当降低温度,改善光照,改单芽继代为团块(丛芽)继代
苗分化过多,生长慢,有畸形苗,节间极短,苗丛密集,微型化	细胞分裂素用量过多,温度不适宜	减少或停用细胞分裂素一段时间,调节温度
分化率低,畸形,培养时间长时苗再次愈伤组织化	生长素用量偏高,温度偏高	减少生长素用量,适当降温
叶增厚变脆	生长素用量偏高,或兼有细胞分裂素用量偏高	适当减少激素用量,避免叶片接触培养基
幼苗淡绿,部分失绿	无机盐含量不足,pH 值不适宜,铁、锰、镁等缺少或比例失调,光照、温度不适	针对营养元素亏缺情况调整培养基,调好 pH 值,调控温度、光照

常见问题	产生原因	调控措施
幼苗生长无力、发黄、落叶、有黄叶、死苗夹于丛生芽苗中	瓶内气体状况恶化,pH 值变化过大,久不转接导致糖已耗尽,营养元素亏缺失调,温度不适,激素配比不当	及时转接、降低接种密度,调整激素配比和营养元素浓度,改善瓶内气体状况,控制温度
再生苗的叶缘、叶面偶有不定芽的分化	细胞分裂素用量偏高,或表明该种植物不适于该种再生方式	适当减少细胞分裂素用量,或分阶段地利用这一再生方式
丛生苗过于细弱,不适于生根或移栽	细胞分裂素浓度过高或赤霉素使用不当,温度过高,光照短,光强不足,久不转移,生长空间窄	减少细胞分裂素用量,不用赤霉素,延长光照时间,增强光照,及时转接,降低接种密度,更换封瓶纸的种类

表 5-4 生根阶段的常见问题及调控措施(引自王振龙,2007)

常见问题	产生原因	调控措施
培养物久不生根,基部切口没有适宜的愈伤组织	生长素种类、用量不适宜;生根部位通气不良;生根程序不当;pH 值不适,无机盐浓度及配比不当	改进培养程序,选用适宜的生长素或增加生长素用量,适当降低无机盐浓度,改用滤纸桥液体培养生根等
愈伤组织生长过快、过大,根茎部肿胀或畸形,几条根并联或愈合	生长素种类不适,用量过高,或伴有细胞分裂素用量过高,生根诱导培养程序不对	调换生长素种类或几种生长素配合使用,降低使用浓度,附加 VB2 或 PG 等减少愈伤组织,改变生根培养程序等

单元 Ⅱ 百合及兰科花卉的组织培养

案例库

文心兰侧芽与花梗(见彩页图 5-6 左 2 与左 3),石斛原球茎(见彩页图 5-5 右),春石斛侧芽(见彩页图 5-6 左 1),建兰新芽(见彩页图 5-5 左)

任务栏

学习花卉的组培快繁技术,尤其要学习我国独有的花卉组培快繁技术,着力创新。

演示操作区

结合 ppt 及图片展示,使学生对百合及兰科花卉的组织培养技术有直观印象。

理论学习

一、百合花卉的组织培养

百合为百合科百合属,约有 100 多种,是世界名花,也是我国的传统花卉,它是一种食用、药用、观赏兼用的多年生草本植物。但百合种球病毒感染严重影响了百合生产,已发现导致百合种球退化的病毒及其类似病原达 12 种之多,其中危害最为严重的有百合潜隐病毒、郁金香碎色病毒及黄瓜花叶病毒,通过组培脱毒是解决问题的主要途径。百合脱毒组培技术流程具体如下。

1.外植体的消毒

将新鲜东方百合种球鳞茎 $4^{\circ}C$ 冷藏处理一个月后,去除百合种球的外表鳞片,先用自来水冲洗 30min,再用 70％的酒精浸泡 30s,无菌水冲洗 2 遍,后用已消过毒的滤纸将种球表面的水分吸干,再投入已消毒的瓶中,用 0.1％升汞水浸泡 7min,并不间断摇荡瓶子,以确保外植体得到全面彻底的消毒,然后用无菌水冲洗 5 遍。在显微镜下,剥除内鳞片,观察球形生长点,迅速切取约 0.2mm 茎尖,快速接种到已打开瓶口的培养基中。

2.培养基配制

基本培养基:MS,pH:5.8,琼脂:7％,蔗糖:$30g \cdot L^{-1}$。

芽诱导培养基:MS+$2.0mg \cdot L^{-1}$ 6-BA+$0.1mg \cdot L^{-1}$ NAA。

增殖培养基:MS+$1.0mg \cdot L^{-1}$ 6-BA+$0.2mg \cdot L^{-1}$ NAA。

生根培养基:1/2MS+$0.4mg \cdot L^{-1}$ NAA+1~4％AC(活性炭)。

3.培养条件

光照 2000~3000lx,$12h \cdot d^{-1}$。

4.驯化与移栽

先将健壮的生根苗在自然温度下开瓶驯化,然后移栽假值。容器:塑料营养钵,每钵假植 150 株左右。基质:腐殖土：锯末(体积)＝1：1,假植在塑料大棚中进行,前 4d 覆盖一层遮阴50％的遮阳网,以后渐渐掀开。水分管理根据苗的酌情掌握喷雾时间、喷雾次数。7d用 1/2MS 溶液喷雾一次补充营养。

百合的组培技术比较成熟,脱毒方法主要有茎尖培养、热处理结合茎尖培养、花药培养等,均可获得较好效果。

二、兰科花卉的组织培养

(一)蝴蝶兰的组织培养

蝴蝶兰(phalaenopsis)为兰科蝴蝶兰属植物,它是一种热带气生兰,俗称"洋兰"。蝴蝶兰花型似蝴蝶,形态美妙、色彩丰富、花期长,在热带兰中素有"兰花皇后"之美称。蝴蝶兰种类丰富、分布广,东起菲律宾、新几内亚,南达澳大利亚北部、西苏门答腊,北到我国台湾、云南、四川西部均有原种(野生的蝴蝶兰)存在,约有 50 多种。蝴蝶兰的组培快繁从离体器官诱导产生类原球茎(种子萌发时先是胚的膨大,种皮破裂,一定时间后发育成肉眼可见浅黄色的原胚呈球状,称为原球茎,由其他外植体诱导产生的称类原球茎)开始,通过类原球茎的增殖培养,得到大量组培幼苗。类原球茎是一类呈珠粒状的幼嫩器官,在兰科植物中多以这种器官发育、增殖和分化。蝴蝶兰的组培快繁有胚培养、叶片培养和腋芽培养,再以丛生芽的方式增殖快繁,可以有效地保持母本的优良性状,变异率最低。蝴蝶兰组培技术流程具体如下:

1. 材料消毒与接种

取已过盛花期带休眠芽的花梗作为外植体材料,切下其带芽茎段,长约 2～3cm,用自来水清洗干净,在饱和漂白粉上清液中浸泡 15min,浸泡时不断搅动,浸泡后的茎段用流水冲洗干净,置于超净工作台上,先用 75% 的酒精消毒 30s,无菌水清洗 1 次,再用 0.1% 的升汞浸泡 10min,经无菌水冲洗数次,将带芽茎段接种到诱导培养基上。

2. 培养基的配制

花梗腋芽诱导培养基:$1/2MS+BA2.5mg \cdot L^{-1}+NAA0.2mg \cdot L^{-1}$。

增殖培养基:$1/2MS+BA3.5mg \cdot L^{-1}+KT1.0mg \cdot L^{-1}+NAA0.5mg \cdot L^{-1}+$ 椰乳 10%。

生根培养基:$1/2MS+BA1.5mg \cdot L^{-1}+NAA0.3mg \cdot L^{-1}+80g \cdot L^{-1}$ 香蕉泥。

以上培养基 pH 均为 5.5,培养环境每天光照 12h,光强 1600lx,温度 25 ± 2℃。

3. 培养效果

①诱导培养效果。蝴蝶兰花梗接种到芽诱导培养基上,生长 1 周后在花梗的基部有褐色物质产生,腋芽开始萌动,1 月后腋芽可以长到 1.5cm 高,出芽率可达 50%。

②增殖培养效果。将长出的芽选取约 1.5cm 的苗,取出后切去基部褐化部分,转接到增殖培养基中,40d 后,增殖倍数可达到 3 倍以上。

③生根培养效果。将高约 3cm 以上的苗接种到生根培养基中 50d 后,全部生根,平均生根 3.5 条,根长约 2.5cm。

4. 壮苗培养与驯化移栽

壮苗所需的生根组培苗壮苗培养基:$1/2MS+$ 蔗糖 $10g \cdot L^{-1}+$ 琼脂粉 $3.5g \cdot L^{-1}+$ 活性炭 $1.5g \cdot L^{-1}$,pH5.4,温度(25 ± 2)℃,光照强度 2000lx,光照时间 $14h \cdot d^{-1}$。培养 15d 后成壮苗。

驯化:室内开瓶炼苗 3d+室外炼苗 3d。移栽基质:最适合的栽培基质为水苔,椰糠也是良好的移栽基质。

5. 组培过程中褐化问题及解决

蝴蝶兰和其他兰科植物一样,在组培快繁生产中存在着易褐化死亡的问题,因此如何克服褐变成了组培快繁生产成功与否的关键,活性炭 $2g \cdot L^{-1}$ 或 PVP $1g \cdot L^{-1}$ 效果显著;适时切除培养物的褐化部分并及时更换新鲜培养基,能有效抑制外植体褐变死亡;培养基中加入 10% 椰子水,也能促进原球茎的生长,减少原球茎增殖过程中的褐变;蝴蝶兰的群体效应很明显,单芽容易褐化死亡,且增殖较慢,因此,刚诱导出的芽或原球茎不能过早切割转移,在继代阶段接种时,应尽量避免切成单芽,增殖时切块也不宜过小,否则容易褐化死亡;添加香蕉汁对蝴蝶兰原球茎形成及幼苗生长具有明显的促进作用。

蝴蝶兰快繁,由于蝴蝶兰品种差异及外植体来源不同对最适培养基的选择、细胞分裂素/生长素组合、添加物选择、蔗糖浓度等因素都应根据实际情况进行试验、筛选及优化。

（二）中国兰的组织培养

中国兰花又称国兰，按花期可大致分为：春兰（C. gogeringii）、建兰（C. ensifololiunm）、寒兰（C. kanran）、墨兰（C. sinense）等，其味幽香，花色淡雅，具有很高的观赏价值。国兰组培再生植株程序是：从外植体/种子开始诱导形成原球茎、类原球茎和根状茎，大量增殖后分化出小植株、生根壮苗培养、驯化和培育成苗。在国兰组培中，受技术、母体数量等因素制约，外植体种类相对较少，使用较多并较易获成功的是顶芽和腋芽，一般认为顶芽优于腋芽。但对稀有名贵的国兰品种而言，使用顶芽等于损失了苗，代价太大。春兰、墨兰、建兰等均可用苞叶未展开的新芽的茎尖诱导出大量的类原球茎，类原球茎发育成根状茎后，进一步长成幼苗；茎尖及侧芽带 1～2 个叶原基的茎圆锥成活率高，中间部位侧芽成活率较高，从长 1～2cm、苞叶未展开的新芽上切取茎尖则成功率更高，过小的外植体不但活力弱，而且分裂增殖的部位少，过大的外植体，诱导困难容易褐化死亡。兰花种子非常细小，每粒种子长约 1～2mm，直径 0.1～0.2mm，且种子内的胚多半不成熟或发育不完全，种皮致密、透性差或种皮中含有抑制物，难以在自然条件下萌发，但通过种子试管内共生萌发或非共生萌发可获得新的小植株。大部分的兰花种子可通过无菌萌发的方式进行萌发，其中附生或半附生兰和气生兰及杂交后代的种子萌发较易，而地生兰种子的萌发较难。

中国兰组织培养因品种和阶段不同对培养基要求、蔗糖浓度、植物生长物质组合、培养方式与条件都是不同的，需要经过筛选和优化。另外，如国兰的试管苗移栽后生长缓慢和开花迟的问题、天然提取物在组培中的作用和兰花共生菌根及其应用都仍需要进一步研究。

1. 建兰的组织培养

用永福素品种为材料。取 3～7cm 长、生长健壮、叶片尚未展开的新生芽，用自来水冲洗干净。用 70%酒精浸泡 15s，再用无菌水冲洗 2 遍，然后用 0.1%升汞灭菌 10min，最后用无菌水冲洗 4～5 次，在无菌条件下剥取茎尖组织和侧芽（腋芽）作为组培外植体。

诱导原球茎培养基选用改良的 MS（大量元素、微量元素减半）＋NAA6mg・L^{-1}＋10%椰子汁，pH5.4，茎尖及侧芽外植体在诱导原球茎的培养基中，温度 25±3℃，暗培养 120d，可诱导出原球茎。用较大外植体，适当降低培养的温度，进行暗培养可以减轻褐化。

原球茎增殖培养基选用 MS＋NAA1～2mg・L^{-1}＋10%椰子汁＋0.1%活性炭，pH5.4，原球茎转到增殖培养基，温度 25±3℃，光照强度 1000lx，12h・d^{-1} 的条件下进行培养。30d 后增殖了 6 倍，长出根状茎，每茎分枝数达 8 个。

根状茎分化出芽和生根培养基选用 1/2MS＋BA2mg・L^{-1}＋NAA0.2mg・L^{-1}＋10%香蕉泥，pH5.4，根状茎转入根状茎分化培养基，约 30d 后，根状茎顶端开始分化形成芽，再经过 20d 左右，芽基部分化出根，形成完整的植株。出苗较快、整齐，植株根系健壮。根状茎的分割不可太小，培养群体不宜太少，否则根状茎生长不良，甚至死亡。

试管苗的移栽。兰花试管苗适应外界条件的能力较差，移栽养护技术难度较大。小植株形成后再经过 30～45d 的培养，当试管苗长 6～8cm 有 3 片真叶时，进行 7d 的室温炼苗。移栽前，将黏附在根系上的培养基洗净（注意不可伤根），用 0.2%甲基托布津溶液浸泡 15min，然后移栽栽培基质中，保持温度 15～25℃、空气相对湿度 80%左右的条件下进行养护，并定期施用营养液。

2.中国春兰原球茎的诱导和增殖

中国春兰是中国兰花大家族中品种最丰富多彩的一个种,也是繁殖最困难的品种之一,一般繁殖系数很低,最多 1 年 2～3 倍,而那些名贵品种繁殖系数更低些。随着国兰野生资源日益稀缺,加快国兰的繁殖速度,更好地保护国兰品种资源,是我国兰花科学研究的重要任务。

(1)材料消毒与接种

中国春兰(Cymbidium goeringi Rchb. f.)品种,取芽或种荚。先用洗洁精泡洗 30min,自来水冲洗干净,然后在超净台上用 75% 酒擦洗外表,再在 1% 升汞中浸洗约 5～6min,用无菌水反复冲洗 3～4 次,搁干。切去茎芽外包被,解剖种荚,取芽尖或种子接种于原球茎诱导培养基。

(2)培养基配制

诱导培养基:1/2MS+0.7% 琼脂糖+30g 蔗糖+0.01% 活性炭,pH 值为 5.4～5.6。

增殖培养基有 A,B 两种。A 号:1/2MS+0.25mg·L^{-1} BA+0.01mg·L^{-1} NAA+0.7% 琼脂糖+30g·L^{-1} 蔗糖+0.1% 活性炭,pH 值为 5.2～5.4;B 号:1/2MS+0.25 mg·L^{-1} BA +0.10mg·L^{-1} NAA+30g·L^{-1} 蔗糖+0.1% 活性炭,pH 值为 5.2～5.4。

(3)培养效果

原球茎的诱导:茎尖接入诱导培养基后,4～6 个月诱导出芝麻大小浅绿色原球茎。

原球茎的增殖:原球茎转接到增殖培养基 A 号,培养 1～2 个月原球茎长至米粒大小,转接到增殖培养基 B 号,交替培养 2～3 次,原球茎增殖速度加快,形成由许多原球茎组成的指状大小原球茎团,原球茎增多可切割成数小块,置于全震荡培养箱内培养,温度控制在24～26℃,转速调至 80～100rpm。约 15～20d,几乎每个原球茎上可长出 3～4 个白色籽麻粒大小原球茎,约 30～40d,原球茎多的可增加到十余个,大的长至米粒大小,这样分割继代培养多次,原球茎增殖系数可大大提高。

3. 大花蕙兰(Cymbidium hybridium)的组织培养

(1)材料消毒与接种

取大花蕙兰大花品种嫩芽。将母株放在温室内盆栽培养,于 2～5 月陆续从母株上取8cm 左右的新芽,剥去最外几层叶片,取芽的上半段,然后在超净工作台上,先在 70% 的酒精中处理 6s,立即投入 10% 的次氯酸钠溶液中 10min,稍加摇动,取出后用无菌水冲洗,剥去外层 2～3 片叶片,再放入 5% 的次氯酸钠溶液中 5min,取出后用无菌水冲洗,剥至最后 1片叶,再放入 1% 的次氯酸钠溶液中 1min,取出后无菌水冲洗数次。以上次氯酸钠溶液中均加入吐温 20。在无菌条件下剥出约 5mm 长的茎尖,以生长点为中心,用解剖刀把茎尖切成 4 个小方块,分别接入已经准备好的培养基上。

(2)培养基配制

原球茎诱导培养基:MS+0.5mg·L^{-1} BA+1.0mg·L^{-1} KT+2g·L^{-1} 活性炭(active carbon,AC)。

原球茎增殖培养基:MS+0.5mg·L^{-1} BA+0.8mg·L^{-1} 2,4-D+2g·L^{-1} AC。

幼苗分化及生根养基:MS+KT1mg·L^{-1}+NAA0.5mg·L^{-1}+2g·L^{-1} AC。

(3)培养条件

培养基 pH5.4～5.8,琼脂粉 0.6%～0.8%,培养室温度 22～25℃,相对湿度 40%,光

照 12h·d⁻¹,光照强度为 2000lx。

（4）培养效果

原球茎诱导:把茎尖切成的小块,接入圆球茎诱导培养基,25～35d 后可出现圆球茎。

原球茎增殖:将诱导形成的较大圆球茎块切割成直径 3～8mm 左右的小块,接种在圆球茎增殖培养基上,1 个月后可统计增殖量。

幼苗分化及生根:将较大原球茎块切割成直径 3～8mm 的小块,接种在原球茎分化及生根培养基上。45d 后分化幼苗、生根。

（5）壮苗、驯化与移栽

壮苗:1/2MS,7％琼脂,pH5.4～5.6,光照 2000lx 下 5～6 周后植株长出粗壮的根系。

驯化:将瓶苗放置在 23cm×30cm×8cm 四周镂空的塑料框中,从培养室移至常温室内放置 2d 后,去瓶盖炼苗 3～7 d,洗净瓶苗根部的培养基,用 1000 倍甲基托布津或多菌灵浸泡组培苗根部,放置于通风阴凉处晾干水分至根系发白变软,即可用于移栽。

移栽:基质采用水苔(或谷麦壳 2:河沙 1:珍珠岩 1(体积))是大花蕙兰组培苗移栽的理想基质;白天平均温度在 20℃以上,夜间温度在 15℃左右,相对湿度控制在 80％以上。晴天上午 10:00 至下午 5:00 作 70％的遮阴处理,大花蕙兰刚出瓶的植株很小、十分脆弱,放置处要求光照弱,种后用喷雾器将苗株与植材喷洒到湿润为止。每天向叶片喷水数次,保持湿润,切忌过干或过湿。10d 后才逐渐增加给水量。良好的浇水管理措施,可大大提高瓶苗移栽成活率。瓶苗移栽 20d 以后新根长出,可逐渐增加光照强度。每周进行 1 次根外追肥,可用"花宝 1 号"或"通用肥"2000 倍液喷洒。

通常情况下,在原球茎增殖的继代培养中,20～25d 继代 1 次较为合适,此时产生的原球茎未充分成熟,增殖率较高,颜色为鲜绿色;原球茎切割块的大小以直径 0.5cm,每瓶可接种 30 多个培养块为适宜,过小易死亡,降低增殖率;在培养基中加入 2g·L⁻¹活性炭可以有效地降低褐变率;分化及生根培养时原球茎切割的块越大分化得越早,幼苗长得越壮。同一培养基中培养的时间越长分化率越高,分化和生根可以同步进行。

单元Ⅲ　水果作物的组织培养

案例库

香蕉吸芽取种(见彩页图 5-7),香蕉组培视频(见网站)

任务栏

1.掌握草莓微茎尖培养的大致过程,了解鉴定草莓无毒病苗的方法;

2.初步了解葡萄、苹果、香蕉的组织培养过程。

演示操作区

结合 ppt 及图片展示,使学生对草莓、葡萄、香蕉、苹果的组织培养技术有直观印象。

理论学习

一、草莓的组织培养

草莓是蔷薇科草莓属宿根性多年生常绿草本植物,是世界性水果。但是草莓生产长期以来都依靠传统的分株繁殖法生产种苗,病毒病成为草莓生产的瓶颈。通过茎尖脱毒,用试管苗进行繁殖,是解决草莓生产中这一问题的途径。草莓组培技术流程以"丰香"草莓为例。

(一)外植体选择与处理

1.外植体的选择与处理

自田间选取健壮草莓母株上生长充实而小叶尚未展开的葡匐茎顶端约 3～4cm 长的顶芽,用自来水冲洗 2～3h 后,在超净台上进行灭菌处理。先用小镊子将葡匐茎的外部大叶摘除,再用 70%酒精处理 30s,用饱和漂白精液浸泡 15min,然后用无菌水冲洗 3～5 遍。

2.茎尖的剥取与无菌接种

在双筒解剖镜下由外向内逐层剥去幼叶,直至半球体的顶端分生组织充分暴露出来,切取茎尖接种于诱导培养基上(pH 值为 5.6)。培养基的配方有两种:①增殖培养基:MS+BA0.2～0.5mg·L^{-1};②生根培养基:草莓是比较容易在培养基上生根,1/2MS 就可达到最好的生根效果,35d 后,生根率达 100%,长 4.0～5.0cm。

3.培养

培养条件:光照 2000lx,12～14h·d^{-1},温度 25±2℃。

4.试管苗的驯化

将高于 3cm 的生长健壮的试管苗生根培养 20d 后,将生根试管苗瓶口打开,培养室内放置 2～3d 取出后洗净其根部的培养基,移栽到炼苗基质上,温度保持在 15～25℃,相对湿度 85%～90%,适当遮阴,后期逐渐通风,增加光照,常规炼苗管理。

移栽于蛭石上的成活率最好,40d 后,达到 98%;珍珠岩其次,为 91%;最低的是蛭石+珍珠岩+草炭混合基质,只有 63%。就生长状况而言,驯化成活的幼苗在蛭石+珍珠岩+草炭混合基质上的株高最高,平均为 3.62cm,总根长以草炭最好,达 2.36cm,而发根数以蛭石最多,平均有 5.4 条/株。

二、葡萄的组织培养

以"香妃"葡萄为例,介绍葡萄组培关键技术,具体流程如下。

> **想一想**
>
> 1.组织培养对水果业的发展意义何在?
>
> 2.你可以独立完成草莓的脱毒组培任务吗?
>
> 3.柑橘组织培养当前的主要方向是什么?

1.外植体选择与处理

新梢长 2～3cm 时剪取茎尖和带芽茎段,在流水中冲洗 2～3h 后,用 70%酒精浸泡 30s,再用 0.1%升汞处理 7～8min,然后用无菌水冲洗 3～4 次,每次间隔 5min 左右,以洗净残留的升汞。在无菌条件下将材料接种到培养基中。

2.培养基制备

诱导培养基:MS＋1.0mg・L^{-1} BA

继代增殖和生根培养基:1/2MS＋0.2mg・L^{-1} IBA

上述培养基初代培养基中蔗糖为 3%,继代培养基中为 2%(以白砂糖替代蔗糖),pH5.8。

3.培养效果

诱导培养:接种 1 周左右即有芽萌发,40d 后萌芽增加 3 倍左右,芽均长可达 5cm 左右。

继代增殖和生根:诱导出的芽接入继代增殖和生根培养基,1 个月后增殖 5 倍左右,平均生根率 94%左右,平均根长可达 3.5cm。

4.培养条件

温度 22～25℃,光强 2000lx,光照 12h・d^{-1}。

5.试管苗的驯化

瓶苗根长 3～5cm 时进行炼苗移栽。将组培瓶移至温室,不揭瓶盖,1 周后打开瓶口,3d 后用清水洗去根部培养基,将苗移栽至用 0.1%高锰酸钾消过毒的蛭石中,放入温室,搭遮阴篷,少浇水,天晴遮阴,棚内相对湿度 85%左右,每 10 天左右浇 1 次营养液,并逐渐揭棚,增加光照和通风。1 个月后,当苗长出新根时,移栽至草炭:沙:土＝1:1:2(体积)的花盆内。室外气候适宜时进行大田移栽,移栽成活率达 70%以上。

三、香蕉的组织培养

1.外植体材料选择与处理

选果梳整齐、果实大小均匀、产量高、无病虫害症状的健康母株的吸芽(注:吸芽苗是从地下球茎上萌发、生长成苗的各类苗的总称,可以分为:褛衣芽,秋后春前发生的吸芽,是传统无性繁殖春植最好的种苗;红笋,春暖后露出地面的吸芽,因其色泽嫩红而得名,是 3 月至 5 月定植的常用种苗;隔山飞,收获后植株球茎上长出的吸芽;大叶芽,收获后的隔年旧球茎上抽出的吸芽,通常不宜用作种苗)。挖取吸芽时,宜稍靠近母株,在早春与秋季干旱季节采芽。从蕉园采取的吸芽用自来水冲洗干净,用不锈钢解剖刀切去吸芽的根和顶端,剥去外层,切成高 3cm 左右的圆柱体(见彩页图 5-7)。在超净工作台上,用 75%的酒精消毒 2min,再用 0.1%的高汞消毒 15～20min。消毒液应浸没圆柱体,并经常翻动圆柱体,以便充分灭菌。消毒后,立即用无菌水漂洗 5 次,冲净消毒液。

2.各组培阶段处理

初代培养:用解剖刀剥除外层叶鞘,留 3～4cm 的基座,将基座十字形切成 4 块,每块带有 1～2 个芽原基,接入诱导培养基中进行初代培养,基本培养基 MS＋糖 30g・L^{-1}＋琼脂 6.0g・L^{-1},pH 调至 5.8。最佳诱导培养基:MS＋6-BA4.0mg・L^{-1}＋NAA0.2mg・L^{-1}＋糖 30g・L^{-1}＋琼脂 6.0g・L^{-1}。

继代培养:在继代繁殖中,为减弱顶端优势,促进基盘腋芽生长,转接时将丛生苗的大部分假茎叶切除,并将基部切成含有 2～4 个芽的芽丛转接到继代培养基中,继代培养基配方:MS＋6-BA4.0mg・L^{-1}＋NAA0.1mg・L^{-1},温度 25℃～28℃,光照 1000～2000lx,12h・d^{-1},30d 后增殖 4～7 倍。

壮苗生根培养:壮苗培养基为 MS,经过 30～40 天的壮苗培养,然后转入生根培养基中,即 MS＋NAA0.1mg・L^{-1}＋糖 25.0g・L^{-1}＋琼脂 6.0g・L^{-1},培养 20～30d 即可转入室外炼苗。

3.室外炼苗

炼苗采用拱形薄膜大棚,大棚四周覆盖防虫网,里层为薄膜,外层为遮阳网,基质用肥土即可。种植前应先将基质淋透水,将苗根平展移栽、压实,浇足定根水。假植苗对水分要求较高,种植后 10d 内每天浇水一次。之后采用干湿交替控制基质水分,高温、干燥时应开门通风、喷水降温、增湿。假植苗生长后期要适当控制水分。假植苗生长前期苗势较弱,对肥料要求不高,应薄肥勤施、叶面追肥,如喷施 0.2％磷酸二氢钾等,同时注意防病治虫,每隔 10～15d 喷施氧化乐果 1000 倍液或百菌清 1000 倍液一次。小苗长至 5～7 片新叶、假茎高 20cm 时,即可出圃定植。出圃前掀开薄膜和遮阳网炼苗 15～20d,有利于大田种植成活。

香蕉材料褐变是香蕉组培中的一大障碍。用 10～20mg・L^{-1} 的 Vc 浸泡吸芽茎尖 10～15min 效果明显。另外,培养基中添加 0.5～2.0mg・L^{-1} 活性炭亦有效但用量不能超过 2.5mg・L^{-1},否则外植体的出苗率的下降。选择处于旺盛生长的外植体,接种后 1～4 周内在黑暗或光照强度 150lx 左右条件下培养,或采取连续转移的办法,可以减轻酚类物质的毒害作用,生产上主要采取这一方法来减轻褐变。

四、苹果的组织培养

苹果的组织培养是采用无菌培养技术,将来自优良植物的茎尖、腋芽、叶片、鳞片、块根和球茎等器官以及它们的组织切片进行离体培养,使之在短期内获得大量遗传性一致的个体的方法。由于离体技术处理严格,所以很容易脱除一些细菌病原及病毒,是复壮品种的有效措施。已成功脱除的病毒和病害有苹果褪绿叶斑病毒、花叶病病毒、轮纹病等。苹果矮化砧、抗寒砧的组织培养也已成功。苹果脱毒组培技术流程具体如下。

1.外植体材料选择与处理

早春,将上年芽接或切接的盆栽长富 2 号苹果苗移入温室,待新梢长出 3～5 片新叶时,放入热处理箱中,37℃恒温热处理 30d 或 32℃与 37℃每 8h 变换一次,变温热处理 60d。脱毒率可达 80％以上。热处理结束后,从盆栽苗嫩梢上采集生长旺盛、长约 2～3cm 顶梢,流水冲洗 10min,去掉小叶。70％乙醇浸泡 30s,蒸馏水冲洗后放入 0.1％ HgCl$_2$ 中消毒 10min,无菌水冲洗 3～5 次,解剖镜下迅速剥取 1.0mm 的茎尖进行分离培养,接种于起始培养基上。

2.培养基制备

（1）芽诱导

适宜苹果芽诱导培养基为:MS＋6-BA 1.0mg・L^{-1}＋NAA0.1mg・L^{-1}。诱导的芽生长正常可发育成新梢。

（2）继代培养

选择诱导的芽丛切割成单芽茎段,转接于设计的继代培养基上。适宜的苹果继代培养基为：MS＋6-BA 1.0mg·L^{-1}＋NAA 0.05mg·L^{-1}＋白糖 4%＋琼脂 0.36mg·L^{-1}。培养条件：光照强度 2000～2500lx，光照时间 14～16h·d^{-1}，适宜温度为 25℃±2.0℃。40d后增殖 6.1 倍。

（3）生根培养

选择生长正常的继代培养苗，剪成单芽茎段，插入生根培养基中，苹果适宜的生根培养基为：1/2MS＋IAA 1.5mg·L^{-1}＋白糖 25%＋琼脂 0.36%。培养 30d 后，平均 4～6 条根/苗，长达 0.5～1.0cm。根白且粗，多直接生于茎基部。

3.培养条件

温度 26～30℃，光照强度 1500～2000lx，10h·d^{-1}。

4.炼苗、移栽

强光闭瓶锻炼生根苗 20～25d，不定根长至 1cm 时，将培养瓶移至自然强光下，不去封口膜继续培养 20d 左右，使试管苗幼茎更加充实健壮。光太强时可遮阴，控制温度在 35℃以下。闭瓶锻炼后开瓶锻炼，除去封口膜，继续锻炼 2～5d，使试管苗适应低湿环境。然后从瓶内取出经过锻炼生根的试管苗，洗去根部的培养基，移栽于营养钵中（基质为田园土：腐熟发黑锯末：河沙＝1：2：1 混合配制），于温度 25℃的塑料大棚中培育。将营养钵小苗放在塑料大棚内加盖有薄膜的小拱棚内，早晚各洒水 1 次，1～3d 保持相对湿度在 85%以上，基质水分不宜过多。1 周后开始逐渐揭膜通风，直至完全除去薄膜。过渡移栽约 30d，地上部分生长到 10cm 左右时可移至大田。

技能训练场

实验实训 5-1　组培过程中异常培养物识别及其处理技术

一、实训目标

正确认识组培中出现的污染、褐化、玻璃化三大突出问题和培养过程中培养物的不良现象，并初步掌握解决途径。

二、实训内容

测定环境污染源、外植体污染、人为操作污染。

三、实验器材与试剂

具体包括：MS 培养基、培养皿、显微镜、高压灭菌锅、超净工作台等。

四、实验内容与步骤

实验内容与步骤具体如下：

①测定环境污染源。用盛有经灭菌 MS 培养基的培养皿,敞开,放在准备室(洗涤、配置、灭菌)、隔离室(经消毒)、接种室(经消毒)、培养室(经消毒)中心位置,1h 后收回,在超净工作台内盖皿,放入 25℃ 培养箱内培养 2d,计数菌种和菌数。要设空白对照,结果写出报告。

②外植体污染测定。取柑新梢 0.5～0.8cm 长茎段,自来水冲洗干净,在超净工作台内接入 MS 培养基,4 个/瓶,送培养室培养,温度 $25\pm2℃$,光照 2000lx,12h·d^{-1},3d 观察并计数菌种和菌数,5～7d 再观察并计数菌种和菌数。要设空白对照,结果写出报告。

③操作者戴帽、戴口罩、穿隔离衣(经消毒),双手 75% 酒精消毒,操作规范;另一操作者相反没戴帽、口罩、没穿隔离衣,操作随意,自来水冲洗干净,常规 75% 酒精和 0.1% $HgCl_2$ 表面消毒,重复上述②的操作,结果写出报告。

实验实训 5-2　文心兰的组织培养

文心兰(Oncidium,Onc.),别名跳舞兰、金蝶兰,兰科,文心兰属。复茎附生兰或地生兰。文心兰为多年生草本,根状茎粗壮,叶卵圆至长圆形,革质,常有深红棕色斑纹。花茎粗壮,圆锥花序,小花黄色,有棕红色斑纹。本属植物全世界原生种多达 750 种以上,而商业上用的千姿百态的商品种多是杂交种。文心兰是一种极美丽而又极具观赏价值的兰花,是世界上重要的兰花切花品种之一,适合于家庭居室和办公室瓶插,也是加工花束、小花篮的高档用花材料,现世界各地均有栽培。常见栽培品种有"甜香"(Swee Fragrance),花红色,具白色唇瓣;"沃尔卡诺女王"(Volcano Queen),花黄色;"特色"(Characteristics),花大,黄色,花期有 1～2 个月;"永久 1 号"(Ever-Lasting No.1),花淡黄色,具褐红色条斑;"永久 2号"(Ever-Lasting No.2),花红色,唇瓣白色。

一、实训目标

文心兰组培快繁,通过实训掌握兰科花卉组培快繁的程序,提高组培能力。

二、实训内容

(1)外植体的选择和消毒灭菌处理;
(2)培养基的配制、选择和和培养条件;
(3)对从外植体诱导→原球茎增殖→分化成苗→驯化移栽全过程的结果观察记录;
(4)多种外植体再生植株的途径。

三、实验器材与试剂

具体包括:
①组培室通用器材,超净工作台或接种箱,高压灭菌锅。
②试剂及添加物:配置 MS 用各种试剂,75% 酒精,5% 次氯酸钠,6-BA,NAA,椰乳汁(椰汁→纱布过滤→滤液煮沸 10min→滤纸过滤→滤液冰冻保存),香蕉汁,水苔藓。

四、实验内容与步骤

1. 材料与方法

选取健壮新生芽（苗）作为供试外植体，先用自来水冲洗 30min，再用肥皂水浸泡 20min。用自来水冲洗干净后，置于超净工作台，用 75% 酒精消毒 15s，再用 5% 次氯酸钠溶液浸泡 15min 后，用无菌水冲洗 4 次，用无菌吸水纸吸干水分后，剥取茎尖生长点作为诱导类原球茎的外植体。

MS 为基本培养基，附加蔗糖 20g·L^{-1}，琼脂 7g·L^{-1}，pH5.4～5.8，培养条件为温度 25±2℃，光照强度 2000lx，光照时间为 12h·d^{-1}。

2. 培养基

类原球茎诱导培养基：MS + 6-BA2.0mg·L^{-1} + NAA0.2mg·L^{-1} + 椰乳汁 150g·L^{-1}。

增殖和芽的分化培养基：MS+6-BA1.0mg·L^{-1}+NAA0.5mg·L^{-1}。

壮苗生根培养基：1/2MS+NAA1.0mg·L^{-1}+黄瓜汁 120g·L^{-1}+活性炭 2g·L^{-1}+蔗糖20g·L^{-1}，pH5.8。光强 2500lx，温度 25±2℃，光照 14h·d^{-1}。

移栽基质：水苔。

3. 结果观察记录

(1) 原球茎诱导

将茎尖接入原球茎诱导培养基，30d 后每芽计算平均诱导原球茎数量和诱导率。

(2) 原球茎增殖和芽的分化

将诱导出的原球茎接入原球茎增殖和芽的分化培养基，30d 后，分别计算原球茎增率和芽分化率。

(3) 壮苗生根

无根苗长到 2～3cm 时，分株接入壮苗生根培养基，60d 后，计算生根率和平均根金数/株及株高。

(4) 移栽

前先将瓶苗置于室温炼苗 7～10d，然后打开瓶盖继续炼苗 2～3d，洗净根部，用 0.1% 高锰酸钾溶液浸泡 3min，定植在已消毒的水苔。空气湿度 80%，60d 后，计算成活率。

实验实训 5-3　猕猴桃的组织培养

一、实训目标

通过学习掌握猕猴桃的组织培养技术，提高木本植物组培快繁技术能力。

二、实训内容

猕猴桃的组织培养技术。

三、实验器材与试剂

具体包括:通用组织实验室及仪器、设备、试剂,超净工作台,高压灭菌锅等。

四、实验内容与步骤

(一)材料与方法

1.材料

初春选刚萌发的长 2～3cm 带有腋芽的猕猴桃蔓生茎段。

2.方法

茎段去叶,用自来水冲洗,在无菌室中用 75% 酒精进行表面消毒,再用 0.1% 氯化汞消毒 8～10min,用无菌水冲洗 5～6 次,然后剥取 3～5mm 茎尖接种于已消毒好的 MS＋ZT1.0mg・L^{-1}＋NAA1.0mg・L^{-1} 培养基上诱导,连续转接 2～3 次,在分化培养基上生长 30d,不定芽长至 2cm 左右时,再转接在增殖培养基上。增殖培养基分别为:

①MS＋ZT1.0mg・L^{-1}＋NAA0.8mg・L^{-1};

②MS＋BA3.0mg・L^{-1}＋NAA0.2mg・L^{-1};

③MS＋ZT0.5mg・L^{-1}＋BA0.5＋NAA0.8mg・L^{-1};

④MS＋BA6.0mg・L^{-1}＋NAA0.4mg・L^{-1}。

当绿芽在增殖培养基上长至 3～4cm 时,转接到生根培养基上,进行生根培养。生根培养基分别为:

①1/2MS＋IBA0.2mg・L^{-1};

②1/2MS＋IBA0.4mg・L^{-1};

③1/2MS＋IBA0.6mg・L^{-1};

④1/2MS＋IBA0.8mg・L^{-1};

⑤1/2MS＋IBA1.0mg・L^{-1}。

上述培养基均加 5.4g・L^{-1} 琼脂粉,诱导培养基加糖 30g・L^{-1},增殖培养基加糖 35g・L^{-1},生根培养基加糖 23g・L^{-1},pH5.7～5.8,温度 25±2℃,光照 12h・d^{-1},湿度 70% 以上,光照强度 1500～2000lx。诱导培养 40d,继代培养 30d。将经过驯化锻炼的生根试管苗,移栽到装有基质的营养钵中,基质为土、沙子、珍珠岩,其比例为 2:1:1。移栽时,将苗从三角瓶中用镊子取出,不伤根,洗净根上的培养基,以免移栽后,产生杂菌,影响移栽成活率。移栽后的前 10d 是病害大发生期,应精细管理。移栽后前 3d 光照强度控制在 5000～10000lx,温度控制在 20～25℃,空气湿度 80% 以上,此时较高的湿度和较低的温度有利于缓苗,温度过高、光照过强时要用遮阳网遮阳。苗移栽后前 10d 每天喷施 1000 倍多菌灵。10d 后光照强度可控制在 10000～25000lx,每 5d 喷施 1 次杀菌药,多菌灵和 1000 倍甲基托布津交替使用。20d 后的管理同常规苗,主要是壮苗,1 个月后苗高 10cm 左右,此时可移栽大田。

(二)观察分析

1.诱导率。观察猕猴桃茎尖接入诱导培养基后,记录几天后开始萌动,长到 2cm 时用了几天,诱导率多少(诱导率(%)＝萌芽的数量/接种数×100%);

2.最适增殖培养基是哪种,计算增殖倍数;

3.最适生根培养基是哪种,计算平均每苗根数和长度,计算生根率(生根率(%)=生根的苗数/接种苗数×100%)。

(三)讨论

对培养过程中出现的各种问题进行讨论。

记事本

思考与练习

一、名词解释

玻璃化现象、褐变、黄化现象、消毒

二、填充题

1.大多数植物组织培养的适宜温度范围是_____℃,培养基的 pH 值范围是_____。

2.组织培养中有三大不易解决的问题,它们分别是_____、_____、_____。

三、选择题

1.同一植株下列_____部位病毒的含量最低。

A.叶片细胞 　　　B.茎尖生长点细胞 　　C.茎节细胞 　　　　D.根尖生长点细胞

2.下列不属于细胞分裂素类的植物激素是_____。

A. 6-BA   B. NAA   C. ZT   D. KT

四、简答题

1.请设计一个在一年半之内生产万株蝴蝶兰无菌苗的方案。

2.请文字表述草莓的外植体选取、诱导、继代快繁、生根培养及其驯化移栽过程。

五、论述题

1.请论述植物组培过程中常见的技术问题有哪些,如何克服。

2.请论述我国植物组培的发展轨迹、特点和方向。

模块 6　植物脱毒技术

知识目标

- 理解无病毒苗培育的意义
- 学习掌握目前植物主要脱毒手段技术原理及应用
- 重点学习掌握植物微芽嫁接脱毒原理及其操作程序
- 学习掌握脱毒植物材料的主要鉴定方法及应用
- 了解脱毒植物材料的主要保存及繁殖途径

技能目标

- 能正确使用体视显微镜进行植物微茎尖剥离
- 初步具备植物微芽嫁接脱毒操作技术能力
- 能正确选用一种或几种脱毒方法组合进行脱毒处理

态度目标

- 培养严谨细致的工作作风
- 培养坚忍不拔的科研精神

　　植物病毒是一种具有侵染性的体积极小的生物类群。它主要由 RNA 或 DNA 组成髓心加蛋白质外壳构成。病毒侵入植物体内，通过改变细胞的代谢途径，使植物正常的生理机能受到干扰和破坏，造成种性退化（产量降低，品质劣化）、抗性降低，出现变色、畸形、坏死甚至植株死亡。多数栽培植物长期大田种植，特别是无性繁殖的植物，随着全球种质资源交换范围的扩大及植物赖以生存的生态环境的改变，很容易受到一种或多种病毒的侵染。据不完全统计，现在全世界已发现植物病毒有近 700 种，植物病毒已严重影响到果树、蔬菜、花卉、林木等农林作物可持续健康发展，其危害程度仅次于真菌病害。被病毒侵染的植物一旦染毒终身带毒，目前尚无特效药物能够治愈。而通过脱毒培育无病毒苗，可使作物恢复原有种性，生长健壮整齐，抗逆性增强，品质和产量明显提高。脱毒培育无病毒苗是目前能控制、缓减植物病毒病的有效途径。学习掌握植物脱毒技术对于加速无病毒苗木繁育、脱毒良种的推广应用及农业的健康稳定发展具有重要意义。

单元 Ⅰ　常见的植物脱毒方法

案例库

柑橘茎尖显微嫁接培养(见彩页图 6-1);剥离茎尖过程的视频(见网站),植物克隆:名贵花卉组培脱毒快繁(见网站)

任务栏

1. 理解植物无病毒苗培育的意义所在,能简述植物无病毒苗的基本概念。

2. 能列举植物常用脱毒方法,并简单说明各脱毒手段的基本理论依据。

3. 比较、理解热处理脱毒中热水浸渍和热风(热空气)处理两种热处理方法间的异同点。

4. 掌握并能简单论述植物茎尖培养和茎尖微芽嫁接脱毒基本操作流程。

5. 实践植物热处理脱毒与微茎尖显微剥离技术操作。

想一想

1. 搞茎尖组培时外植体取材及消毒处理中宜注意哪些操作细节?

2. 影响茎尖培养脱毒成活的主要因子有哪些?

3. 植物茎尖微芽嫁接脱毒成活主要影响因子?

4. 不同的脱毒手段各自适用于何种类型的植物材料?

演示操作区

1. 植物茎尖显微剥离——教师先播放视频或演示,后学生操作,再讨论交流茎尖显微剥离心得体会。

2. 植物种胚无菌播种——教师先播放视频或演示,接着学生操作,接种后 3 天开始再隔日观察比较不同的播种方式种胚出苗情况,学会根据不同的植物种类选择合适的播种方式以满足不同的试验需要。

理论学习

植物无病毒苗是指不含有该种植物主要危害病毒的苗木,也称"特定无病苗"。多数植物可通过热处理、茎尖培养、茎尖微芽嫁接等脱毒处理成功脱除植物体内主要病毒,有效恢复植物原有种性,培育获取无病毒苗木。现简单介绍目前常用的主要几种植物脱毒方法。

一、热处理脱毒方法

(一)热处理脱毒原理

病毒和寄主植物细胞对高温的忍耐程度不同,选择一个适当高于一般正常生长的温度范围(35~55℃)及处理时间,使寄主植物体内病毒运行速度减慢或失活,病毒浓度明显降低,而寄主植物组织细胞自身仍存活并能继续较快地分裂、生长,其生长点及附近组织细胞脱除病毒,达到脱毒目的。

热处理又称高温处理或热疗法,主要有热水浸渍处理和热风(热空气)处理两种。后者比前者不易损伤植物材料,是目前较为常用的热处理脱毒方法。

(二)方法

1.热水浸渍处理

剪取待脱毒材料放入50℃左右温汤中浸渍数分钟至数小时,使离体材料体内病毒失活。值得注意的是,在热水浸渍处理过程中,材料处理温度不宜超过55℃,多数植物材料在此温度下极易被烫坏死。一般情况下,该法多用于处理休眠芽及离体材料。

2.热风(热空气)处理

将生长的植物材料移入温室或人工培养箱,使其在35~40℃温度范围内生长数天至数月不等,取其高温处理开始后新长出枝条上的茎尖嫁接在无毒砧木上,培育获取无病毒苗。该处理方法的适应范围比热水浸渍处理广,亦可用于生长活跃的幼嫩植物材料。

温馨提示

热处理初期温度宜从低向高逐渐升至设定温度,使处理植物材料有个适应过程。

热处理结合变温处理有助于脱除病毒的同时减缓对处理材料的物理损伤。

不同植物种类、器官、生长阶段的待脱毒材料热处理所需温度范围及高温处理时间不尽相同。

二、茎尖培养脱毒方法

(一)茎尖培养脱毒的原理

1.病毒在植物体内的分布

病毒在感病植株体内分布并不均匀,病毒的数量随植株部位及年龄而异,越靠近植物顶端分生区域病毒浓度越低,离顶端越远的区域病毒浓度越高,植株顶端约0.1~0.5mm范围生长区域组织几乎不含或含病毒极少。利用植物的茎尖或根尖离体培养,可有效获取无病毒再生材料。

2.茎尖脱毒的理论依据

通常植物分生区域组织细胞尚未形成维管束,病毒只能通过胞间连丝传递,赶不上细胞不断分裂和活跃的生长速度,因此在分生组织中病毒移动及复制受阻。与此同时,分裂活跃的分生组织中内源生长素含量高,也在一定程度上抑制了病毒的扩繁。因此,植物顶端分生组织无病毒或病毒浓度极低,几乎检测不出。

(二)茎尖脱毒培养基本操作流程

1.外植体取样与消毒

进行茎尖组织培养时,第一步是要获取表面不带菌的接种外植体。一般情况下,先盆栽准备几株采样母本植株。采样前 1~2 周,对选定的目标植株喷洒 1~2 次多菌灵等植物杀菌剂。选在晴天剪取预处理目标植株的顶芽梢段 3~5cm 带回实验室,去梢上大叶片,自来水流水冲洗 20~50min,留 2~3cm 长枝梢转入已灭菌好的锥形瓶中用 70%~75% 药用酒精处理 10~30s,无菌水冲洗 2~3 次,再用 2%~8% 次氯酸钠或 5%~7% 的漂白粉溶液消毒处理 10~15min,无菌水冲洗 3~4 次。较嫩的或茎尖包被较紧实的外植体,消毒处理可相对轻些,较老熟的或茎尖包被较松散的外植体,表面消毒处理浓度及时间相对浓些和长些。这些消毒方法,还需在工作中灵活运用,对不易消毒干净的外植体,可再增加一种合适浓度的其他种类的消毒剂如 0.05%~0.1% 升汞或 0.1%~2% 新洁尔灭等进行表面消毒,消毒效果会更好。

2.茎尖剥离与接种培养

消毒处理完毕后,将外植体放置于灭过菌的培养皿或牛皮纸上,借助连续变倍体视显微镜,在超净工作台上用解剖刀快速切取含 2~3 个叶原基的茎尖分生材料接种于分化诱导培养基,如图 6-1 所示。由于在低温和短日照下,茎尖有可能进入休眠,所以接种后材料通常置于 25+2℃ 温度条件、1500~4000lx 光照度、12~16h·d⁻¹ 光照条件下培养,以保证茎尖外植体在较理想的人为控制环境中快速生长。茎尖离体诱导培养往往需要数月才能成功,其间要求不断地更换新鲜培养基,不断地根据外植体生长情况调整培养基激素种类及浓度等配方成分。一般情况下,茎尖培养可通过两种诱导分化途径获取再生小植株:一种是外植体直接诱导分化出芽和根,成为完整的再生植株;另一种途径是外植体先分化产生愈伤组织,再通过培养基的调整诱导分化产生芽和根。相对而言后者比前者所需的时间更长些,而且技术难度也更高些。另外,值得注意的是,部分植物的茎尖外植体可诱导出植株芽体,但生根诱导却十分困难,此时,可考虑结合试管嫁接技术获取完整小植株。

取待脱毒植物顶芽做外植体	切取含 2 个叶原基的植物茎尖	试管内茎尖组织培养
1	2	3

图 6-1　植物茎尖培养脱毒过程

(三)影响茎尖脱毒成活效果的关键因子

1.内在影响因子

(1)植物种类

不同的植物或者相同植物不同品种的茎尖,因其内在的遗传背景不同,在相同的培养条件下,其茎尖的生长分化情况不尽相同,需要针对不同的植物茎尖,试验选择各自适宜的培养条件。

（2）外植体的生理状态

外植体的选择直接决定着茎尖自身的营养状况及生理状态。外植体取样时,宜在萌动初期或生长较活跃的枝梢上采集饱满健壮、内在营养状况好的芽,有利于外植体茎尖接种后脱毒成活。

2.外源主要影响因子

（1）茎尖大小

茎尖取材大小与脱毒成活效果密切相关。一般情况下,茎尖取材大,茎尖离体培养时外植体容易成活,带叶原基的茎尖离体培养生长快且成苗率高。但茎尖过大,外植体虽易于成活,却不易脱除病毒。与此同时,在切取茎尖时也不是越小越好,太小不利于成活。不同植物材料脱毒适宜的茎尖大小不同,但茎尖剥取时的原则是一致的:茎尖外植体宜小到足以脱除病毒,大到足以生长发育形成完整的再生小植株。

（2）茎尖剥离状况

表面消毒好的外植体在无菌操作台上借助连续变倍显微镜剥离茎尖时的速度快慢及机械损伤程度直接关系到接种后培养是否成活。切割时生长点受伤程度过大或切取时间过长,均容易造成外植体离体培养时茎尖褐化死亡。

（3）培养基及培养条件

基本培养基:茎尖培养最常用的培养基是 MS 培养基,MS 培养基适于多种植物的茎尖培养。除 MS 培养基外,White、B5、MT 等基本培养基也较常用。

激素条件:适当添加一定浓度的细胞分裂素及生长素。通常,细胞分裂素/生长素浓度比例≥10 时,有利于外植体朝着长芽的生理方向生长发育;不添加植物生长调节剂或仅添加生长素类植物激素,有利于外植体朝着生根的生理方向生长发育。

碳源:蔗糖或葡萄糖,以蔗糖多用,添加浓度大多在 2%～4%之间。

常用培养条件:茎尖培养多采用半固体或固体培养基,在 25＋2℃、1500～4000lx 光照强度、12～16h・d^{-1}光照条件下的无菌室内培养。

三、茎尖微芽嫁接脱毒方法

茎尖微芽嫁接技术（Shoot-tipmicrografting）,指在无菌条件下,借助体视显微镜切取待脱毒植物茎尖（通常带 1～3 个叶原基）,嫁接到无菌培养的实生砧木苗上,愈合产生脱毒完整小植株的一种植物脱毒技术。这是植物组织培养技术与嫁接技术相结合的一种脱毒技术,多用在茎尖培养生根难的木本植物中。20 世纪 70 年代中期提出并试验应用,目前该技术在柑橘、桃、苹果等多种木本植物中获得成功应用。

（一）茎尖微芽嫁接脱毒技术依据

病毒在感病植株体内分布不均匀,越靠近植物顶端分生区域病毒浓度越低,离顶端越远的区域病毒浓度越高,植株顶端点约 0.1～1.0mm 范围生长区域组织几乎不含或极少含病毒;另外,种子一般不带病毒,由此形成的实生苗也不带病毒。切取待脱毒植物茎尖离体培养可获得无毒材料,但多年生木本植物中有不少植物茎尖培养材料生根诱导十分困难,难以获得完整的再生小植株,而茎尖微芽（显微）嫁接技术可以克服其茎尖培养难获完整脱毒植物的不足。

（二）茎尖微芽嫁接基本操作程序（以柑橘为例）

1. 无菌砧木培养

植物病毒不易通过种子传播感染，由种子生长而来的实生苗自身不带毒，茎尖微芽嫁接在能获取脱毒植物材料的同时，可有效避开部分植物茎尖脱毒材料难生根的生产实际问题。

柑橘微芽嫁接前需要准备柑橘无菌实生砧木苗，通常情况下，我们多选择枳壳或枳橙用作柑橘的嫁接实生砧木。从鲜果中取得的鲜种子（因种皮外往往带有较多果胶物质，用解剖刀去种皮时易滑落）用清水洗净后先在室内晾 1～2 天，然后在超净工作台上去外种皮，而后用 5%～10% 的次氯酸钠溶液浸泡处理 10～15min 或用 0.05%～0.1% 的升汞溶液浸泡处理 5～8min，再用无菌水冲洗 3～5 次（若用升汞溶液浸泡处理的，宜增加无菌水冲洗次数），最后去内种皮将种胚接种在 MS 或 MT 固体培养基中，每瓶 3～4 颗，于 26～27℃ 温度条件进行暗培养，2 周左右种子可萌发成茎粗 1.5～2mm 的无菌实生苗。

2. 接穗准备与茎尖嫁接

柑橘嫩梢抽发期，采 2～3cm 长的嫩梢，用湿纱布或保鲜袋包裹带回试验室，去梢上较大的叶片，流水冲洗 30min 左右，用 5%～8% 的次氯酸钠溶液浸泡 5～10min，无菌水冲洗 3～5次，置于超净工作台上备用。与此同时，取出事先已暗培养 2 周左右的柑橘无菌实生砧木苗，去子叶和上胚轴顶端，并将砧木苗根系控制在 5cm 以内，然后在茎上端离顶部约 2mm 处横切一刀，深达形成层，再从茎顶部往下竖切一刀或两刀，挑去切下部分，形成"L"形或倒"T"形。而后再借助连续变倍体视显微镜切取含 2～3 个叶原基的柑橘茎尖，小心置于"L"形或倒"T"形砧木苗切口，使之尽可能多地与切面形成层部分接触，有条件的，可在嫁接口外再包裹微芽嫁接专用嫁接膜，具体操作如图 6-2 所示。

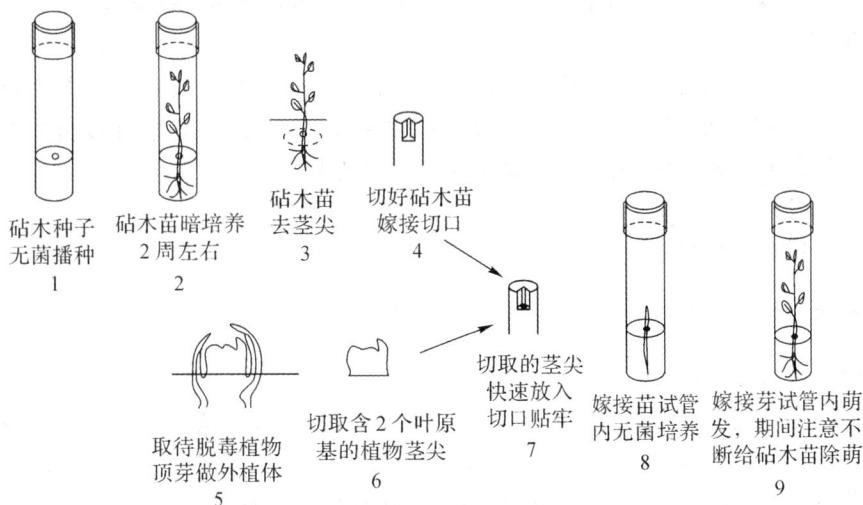

砧木种子　砧木苗暗培养　砧木苗　切好砧木苗
无菌播种　2 周左右　去茎尖　嫁接切口
　1　　　2　　　3　　　4

取待脱毒植物　切取含 2 个叶原　切取的茎尖　嫁接苗试管　嫁接芽试管内萌
顶芽做外植体　基的植物茎尖　快速放入　内无菌培养　发，期间注意不
　5　　　6　切口贴牢　8　断给砧木苗除萌
　　　　　7　　　　　9

图 6-2　植物茎尖微芽嫁接脱毒

3. 嫁接苗培养

嫁接好的柑橘组培苗宜快速转入含较低激素浓度的 MS 或 MT 固体培养基中，每瓶

1～2株,置于 26～27℃温度、1500～4000lx 光强、12～14h·d^{-1}光照条件下培养。嫁接后超过 10 天仍存活无污染的嫁接苗,可重点观察,此后嫁接苗砧木会不断地产生新的萌蘖,需要不断地去除之,以免影响嫁接口芽的愈合生长及芽萌发。正常情况下,嫁接苗在组培室内培养5～8周,才可长成带 5～6 片小叶的完整的小植株。茎尖微芽嫁接成活的组培苗,仍需抽样检毒,检测无毒后,可扩繁增殖。

(三)影响茎尖微芽嫁接脱毒成活的主要因子

1.采穗外植体生理状态与接穗消毒处理程度

(1)外植体生理状态

刚处于萌芽状态的外植体,剥离接种后越易成活,反之,剥离处于休眠状态芽的茎尖接种,反应速度较慢,时间长了就会褐化死亡。

(2)接穗消毒处理程度

接穗外植体表面消毒程度直接关系到接种成活,过轻则易导致嫁接植株污染而影响成活,过重则易使嫁接茎尖褐化死亡,直接导致嫁接失败。通常需要根据不同的植物种类进行多次外植体消毒处理比较试验,才能筛选出较理想的接穗消毒处理方案。常用的消毒处理剂有 70%～75%的酒精、2%～8%次氯酸钠或 5%～7%的漂白粉溶液。处理时间可参照外植体取样与消毒内容。

2.茎尖大小与脱毒效果

参照茎尖脱毒中茎尖大小对脱毒效果的影响。

3.茎尖剥离状况

参照茎尖脱毒中茎尖剥离对脱毒成活的影响。

4.砧木种子质量及无菌砧木苗苗龄、茎粗

砧木种子宜从健康无病虫的果实中选择饱满的正常种子。砧木种子离体暗培养萌发苗茎粗达 2mm 左右即可用作茎尖微芽嫁接砧木苗。如柑橘中枳壳或枳橙种子在 26～27℃温度条件下暗培养 14d 左右时,茎粗达 1.5～2mm 左右,可用于茎尖微芽嫁接。

5.微芽嫁接方式

目前微芽嫁接方式有"L"形、倒"T"形、"△"形、"⊥"压法、"⊥"形改良法等多种嫁接方式,其中"L"形、倒"T"形、"△"形嫁接法较常用。选择合适的嫁接方式,使嫁接口茎尖与砧木切面形成层部分紧密接触,有助于提高微芽嫁接成活率。

6.培养基及培养条件

参照茎尖脱毒中培养基及培养条件。

四、其他脱毒方法

(一)愈伤组织培养脱毒

通过植物器官或组织离体培养脱分化诱导获取愈伤组织,再诱导愈伤组织再分化产生新个体,来获得无病毒苗的方法,即愈伤组织培养脱毒法。其脱毒的主要理论依据为:愈伤组织细胞分裂增殖速度快,而病毒复制速度较慢,赶不上细胞的繁殖。

由于愈伤组织脱毒容易造成植株遗传不稳定,再分化产生的新个体中可能会出现变异植株。与此同时,部分植物的愈伤组织再分化产生新个体十分困难。所以,愈伤组织脱毒法很少单独使用。

(二)珠心胚培养脱毒

不少柑橘类植物种子存在多胚现象,多胚种子内往往只含有一个是受过精的有性胚(合子胚),其余的均为无性胚即通常所说的珠心胚。植物病毒通常是通过维管束的韧皮细胞传播的,而珠心胚与维管束系统无直接联系,由其离体培养诱导产生的新植株一般不带病毒,通过分离培养珠心胚可获得无病毒苗。珠心胚培养获得的无毒苗可基本保持母本原有的优良种性,但仍存在一定的不足,珠心培养苗不易度越童期,开花结果相对较迟。

(三)化学处理脱毒

化学处理脱毒,即通过抗病毒剂化学处理,来获取植物无毒材料的一种脱毒方法。其脱毒理论依据为:植物材料通过抗病毒剂处理,体内的病毒复制及转移被抑制,新生的植物材料很可能不带病毒,再结合病毒检测,繁殖脱毒材料,可获取无病毒苗。目前常用的抗病毒剂主要有:

1. 氮唑核苷

氮唑核苷的学名全称为:1,2,4-三唑-3 酰胺-1-β-D-呋喃核苷,商品名叫抗病毒醚(ribavirin)或病毒唑(virazole),是人工合成的核苷类抗病毒剂,它对 DNA 或的 RNA 植物病毒具有广谱抑制作用。

2. DHT

DHT 的化学名全称为:全氢化-1,3,5-三嗪-2,4-二酮,能有效抑制植物体内病毒复制和移动。

(四)低温脱毒

植物低温脱毒又叫低温疗法、冷疗法,它是基于植物超低温保存中对细胞的选择性破坏原理,结合植物组织培养技术获取脱毒植物材料的一种脱毒方法。其脱毒理论依据为:含病毒植物细胞的液泡较大,胞液中含有的水分也较多,在超低温处理过程中易被形成的冰晶破坏致死;而增殖速度较快的分生组织细胞液泡小,含水分相对少,胞质较浓,抗冻性相对强,不易被冻死。超低温离体保存处理后的植株材料离体培养诱导再生的新植株理论上不含病毒。

植物茎尖分生组织细胞分化程度较小,在超低温离体保存后的组培诱导分化过程中较易保持取样母本的遗传种性,植物茎尖材料低温疗法脱除病毒技术手段较受关注。但与此同时,该项技术研究应用发展历史还较短,脱毒成功的植物案例还很少,许多问题如具体植物材料适用的低温处理方式、处理后材料解冻处理方案、材料组培诱导再生技术流程以及低温引起的遗传和表观遗传现象等等,均有待于深入研究和探索。植物茎尖材料低温疗法更多的还是应用于植物材料保存。

除上述几种脱毒技术外,还有花药培养脱毒、热处理结合茎尖培养、热处理结合茎尖微芽嫁接、抗病毒基因工程等多种脱毒技术被研究应用。植物脱毒技术的使用常常是多种脱毒技术结合使用,才会取得更有效的脱毒效果。

单元 II　植物无病毒苗的鉴定

案例库

柑橘黄龙病病株典型症状(见彩页图 6-2),病毒侵染过程视频(见网站)

任务栏

1.能列举目前植物病毒检测中常用的主要鉴定方法。

2.简单叙述指示植物鉴定法概念,并能说明此鉴定方法对指示植物的基本要求。

3.列举三种以上常用的草本指示植物类别及种类。

4.能简单叙述指示植物鉴定方法中汁液摩擦接种法的基本操作流程。

5.实践并初步掌握木本指示植物鉴定法中双重芽接法的基本技术流程。

6.实践体会酶联免疫吸附法鉴定植物病毒基本操作流程,能简单叙述酶联免疫吸附测定法基本概念。

7.简单列举目前植物病毒鉴定中常用的分子生物学检测方法。

8.能简单叙述多聚酶链式反应植物病毒鉴定法概念。

想一想

1.指示植物鉴定法若按选用的鉴别寄主不同,可分成哪两种方法?

2.木本指示植物鉴定法中主要嫁接方式有几种?

3.双重芽接法与双重切接法有何异同?

4.抗血清鉴定法的主要理论依据是什么?

5.酶联免疫吸附测定法中哪三种试剂必不可少?

演示操作区

1.双重芽接法与双重切接法之间的区别——先教师演示或画相应的示意图,后学生讨论交流两种嫁接法之间的区别。

2.酶联免疫测定中双抗体夹心法(DAS-ELISA)基本操作流程——教师演示或画相应的示意图介绍具体操作步骤及关键注意事项。

理论学习

经脱毒技术处理获得的新植株,必须经过严格的隔离保存和病毒检测,有的植物病毒脱毒处理后不能一次完全检测出来的,甚至需要经过一段时间的隔离培养后再重复检测几次,确认是不带病毒的,才可作为无病毒植物原种进行保存和进一步扩繁成无病毒苗木,进入生产应用。植物病毒鉴定的方法有多种,常见的有以下几种。

一、直接观测法

直接观测法即直接观察待测植株生长状态是否异常,茎叶上有无特定病毒引起的可见症状,从而可判断病毒是否存在。

(一)指示植物鉴定法

多数植物病毒有其一定的寄主范围,将一些对病毒反应敏感,感病症状明显的寄主植物作为指示植物(鉴别寄主),通过接种鉴别寄主来检验待测植物体内特定植物病毒存在与否,这种病毒鉴定方法被称为指示植物鉴定法,其常用的接种方法有汁液摩擦接种和嫁接传染两种。由于植物病毒的寄主范围不同,所以实践中宜根据不同的待测病毒选择适合的指示植物,与此同时,通常还要求所选择的指示植物不但一年四季都容易栽植,并且能在较长的时期内保持对病毒的专一敏感性和可接种性。

指示植物鉴定法按选用的鉴别寄主是草本植物还是木本植物可分为草本指示植物鉴定法和木本指示植物鉴定法。

(二)草本指示植物鉴定

草本指示植物种类较多,常用的有茄科(如心叶烟、克利夫兰烟等)、豆科(如菜豆等)、藜科(如昆诺藜、苋色藜等)、苋科(如千日红等)、葫芦科(如黄瓜等)类植物等。

1.汁液摩擦接种法

汁液摩擦接种法是草本指示植物鉴定中较常用的一种检测手段。其基本操作程序简单介绍如下:

温馨提示

汁液摩擦接种鉴定中常用的接种提取缓冲液为 $0.02 \sim 0.1 \text{mol} \cdot \text{L}^{-1}$、pH 为 $7.2 \sim 7.8$ 的磷酸缓冲液。

当待测样品为木本植物时,提取缓冲液应在用前加入一定浓度的抗氧化剂(常见的有 $0.02 \text{ mol} \cdot \text{L}^{-1}$ 巯基乙醇、2.5% 烟碱等),以降低多酚及单宁类物质氧化对病毒的钝化作用。

接种时,从被鉴定植物上取一定量的组织材料,如叶片、花瓣、根或枝皮等(实践中多取用叶片),置于研钵中,加入 2~5 倍的提取缓冲液,在低温条件下研磨,磨碎后用纱布滤去渣滓,在汁液中加入少量 500~600 目的金刚砂作为指示植物叶片的摩擦剂,再用干净的纱布或棉球、刷子等蘸取汁液在指示植物叶面上轻轻涂抹,摩擦 2~3 次进行接种,接种完毕后用清水冲洗指示植物叶面。为确保接种质量,接种宜在有防虫网隔离的温室中进行,接种后的指示植物宜放置在保温 20～28℃ 温度条件、半遮阴的环境下培养管理及观察。通常在接种后的数天或几周,我们可以根据指示植物的症状表现作出初步判断。

2.小叶嫁接接种法

一些草本植物病毒,其采用汁液摩擦接种法进行指示鉴定比较困难时,常采用小叶嫁接法进行接种鉴定,如草莓病毒鉴定常用小叶嫁接接种法(见图 6-3)。该法以去植株顶部小叶的指示植物作砧木,被鉴定植物小叶作接穗,采用劈接法嫁接培养指示植物,观察判断待测植株是否带毒。

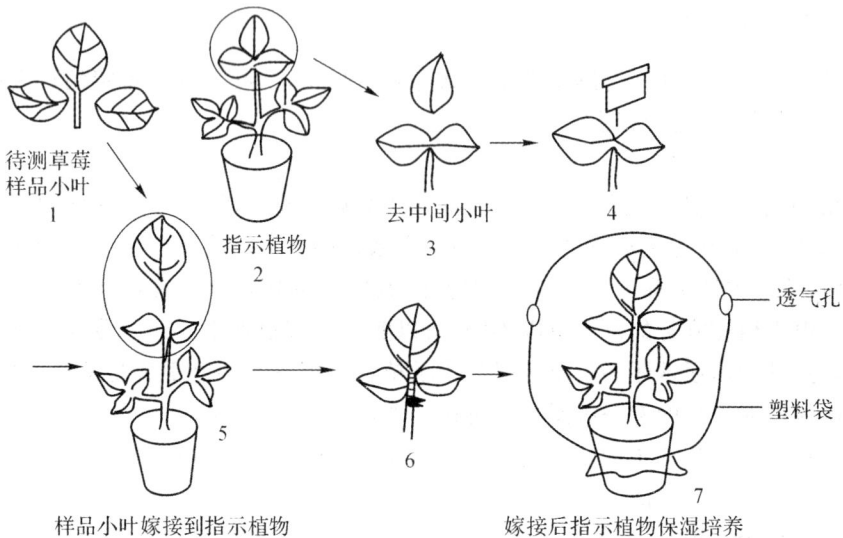

图 6-3　草莓病毒指示植物小叶嫁接鉴定(熊庆娥,2000)

(三)木本指示植物鉴定

多年生果树和林木植物病毒一般均可通过自然寄主嫁接进行传染,当自然寄主侵染植物病毒后不能表现出显著的病状特征时,我们可另选择对该病毒较敏感的木本指示植物进行嫁接鉴定。目前,生产研究中常用的果树指示植物种类较多,现以柑橘、苹果、梨、葡萄及核果类果树为例,简单介绍其主要常用指示植物和对应的病原种类(包括病毒、类病毒、细菌等病原体),具体如表 6-1 所示。

表 6-1　果树植物病毒鉴定常用主要木本指示植物(王国平等,2005)

树　　种	鉴定的主要病原种类	木本指示植物
柑橘	黄龙病(又称青鼻子果病)	甜橙、宽皮柑橘
	柑橘速退病毒	墨西哥来檬、酸橙、葡萄柚、甜橙
	柑橘裂皮类病毒	兰普来檬、香橼、Etrog 枸橼
	柑橘碎叶病毒	卡里佐枳橙、特洛亚枳橙、厚皮来檬、菲律宾柠檬
	温州蜜柑矮缩病毒	香橼、得威特枳橙、温州蜜柑

树　种	鉴定的主要病原种类	木本指示植物
苹果	苹果褪绿叶斑病毒、鳞皮病毒、矮缩病毒	大果海棠
	苹果茎沟病毒、茎痘病毒	弗吉尼亚小苹果、君柚
	反卷病毒	弗吉尼亚小苹果
	苹果茎沟病毒、茎痘病毒	司派
	苹果褪绿叶斑病毒	苏俄苹果（R12740－7A）
梨	梨脉黄病毒、衰退病、树皮坏死病	杂种温勃
	梨环纹花叶病毒、脉黄病毒、裂皮病、树皮坏死病	哈代
	梨粗皮病、疱状溃疡病	威廉姆斯
核果类	桃坏死锈斑驳病毒、樱桃小果病毒	萨姆
	樱桃扭叶病毒	钛尔顿
	桃绿环斑驳病毒、杏绿环斑驳病毒、樱桃绿环斑驳病毒	青肤樱
	李美洲线纹斑病毒	樱桃李
葡萄	葡萄卷叶病毒	Baco22A 或品丽珠
	葡萄茎痘病	Kober5BB 或沙地葡萄

木本指示植物鉴定一般采用嫁接法进行检验。常用的嫁接方式主要有以下几种：

1.指示植物直接嫁接法

该法要求先培育木本指示植物，然后直接在指示植物基部嫁接待检植株的芽片。

2.双重芽接法

通常病毒不能通过种子进行传播，多年生木本植物可用其实生苗作嫁接砧木。先在实生苗基部嫁接 1～2 个待测植株的芽片，再在嫁接上方 1～2cm 处嫁接指示植物的芽片，嫁接成活后对指示植物进行观察辨毒，这种嫁接法就是双重芽接法（见图 6-4 左）。该法一般在 8 月中下旬进行，次年春天苗木发芽前除去砧木萌蘖，苗木发芽后给待测植株芽枝摘心，促进指示植物接芽生长，至 5 月，可定期观察指示植物的病状反应。

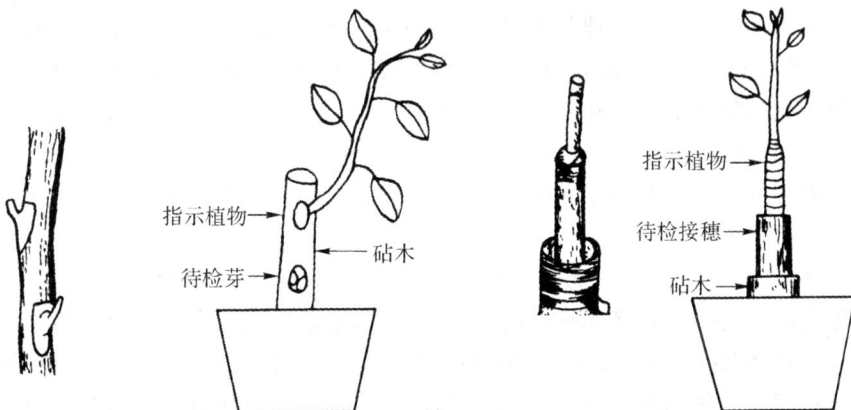

图 6-4　左图为双重芽接法鉴定，右图为双重切接法鉴定（王国平，2005）

3.双重切接法

双重切接法多在春季进行,一般的操作方法是:剪取带2个芽的指示植物及待测植株接穗,同时劈接在实生砧木上,且指示植物接穗嫁接在待测植株接穗上部(见图6-4右),接后再在植株外部套塑料袋保湿保温,有利于接口愈合成活。

二、电镜检测法

通常情况下人的眼睛难以观察到小于0.1mm的微粒,借助普通光学显微镜也只能看到小至200nm的微粒,对于更小的病毒颗粒,只有借助更高端的电子显微镜才能观察分辨。目前的电子显微镜其观察分辨能力已可小至0.5nm量级。通过电子显微镜不但可以直接判断病毒存在与否,而且还可以观察到病毒颗粒的大小、形状和结构,初步判断出存在病毒的种类。这是一种较为先进的病毒检测手段,但与此同时,由于电子射线穿透力较低,被观察的待测植物样品要求很薄,超薄植物切片的制作过程难度高,电子显微镜设备价格也很昂贵,电镜检测法在脱毒苗实际生产鉴定中较难得到推广。

三、酶联免疫吸附测定法

病毒与许多大分子物质(如蛋白质)一样,是一种较好的抗原,让其注射到动物体后会产生特异性抗体,抗体存在于血清之中,故称抗血清。不同病毒产生的抗血清有各自的特异性。抗血清鉴定法的主要理论依据是:抗原能与其对应的抗体发生特异性反应,产生抗原－抗体复合物,通过复合物沉淀反应作出病毒鉴定。常用的抗血清法主要有酶联免疫吸附测定法(enzyme-linked immuno-sorbent assay,ELISA)、免疫电镜技术检测法(immuno-electron microscopy,IEM)、直接组织免疫杂交分析检测法(direct tissue blot immunoassay,DTBIA),其中的酶联免疫吸附测定法是新近发展起来的,是目前应用较多的一种血清学检测技术。

酶联免疫吸附测定法把抗原与抗体的特异性免疫反应与酶的高效催化作用有机结合起来,通过酶的放大作用提高抗血清鉴定的灵敏度,其测定的对象可以是抗原也可以是抗体。该法采用抗原与抗体的特异性反应将待测物与酶连接,然后再通过酶与底物产生的颜色反应作出定性或定量判断。酶联免疫吸附测定法中三种试剂必不可少:①固相的抗原或抗体(免疫吸附剂);②酶标记的抗原或抗体(酶标物);③酶作用的底物(显色剂)。植物病毒酶联免疫吸附测定法基本原理是通过酶与抗体结合,制成酶标抗体,将病毒抗原吸附在固相支持物(通常采用以聚苯乙烯为原料的多孔微量板)表面,通过抗体与吸附的抗原特异性结合和酶催化底物水解生成有色产物,观察(借助光学显微镜、电子显微镜观察或肉眼观察)颜色反应差异或用酶标仪测定一定浓度波长下的吸光值判断是否含有病毒。目前,用于植物病毒检测的酶联免疫测定方法较多,常用的主要有双抗体夹心法和和A蛋白酶联免疫吸附法。

(一)双抗体夹心法(double antibody sandwich ELISA,DAS-ELISA)

双抗体夹心法是一种直接酶联免疫测定法,此法通常适用于大分子抗原检测。该法先用病毒特异性抗体(IgG)包被微板孔,形成固相抗体;然后加入待测样品粗提物(抗原),使包被的抗体捕捉样品中的病毒粒子,形成固相抗体－抗原复合物;接着再加入酶标抗体,生成抗体－待测抗原－酶标抗体复合物;最后加入酶底物溶液进行酶催化反应,室温避光放置一定时间后,根据发生的颜色反应程度进行待测抗原的定性或定量分析判断。

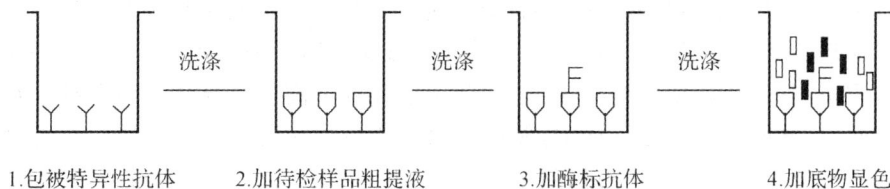

1.包被特异性抗体　　2.加待检样品粗提液　　3.加酶标抗体　　4.加底物显色

图 6-5　双抗体夹心酶联免疫测定法流程

（二）A 蛋白酶联免疫吸附法（protein A sandwich ELISA,PAS-ELISA）

A 蛋白酶联免疫吸附法是一种间接酶联免疫测定法,此法常用于抗体的检测。该法先用 A 蛋白包被微板孔,然后加入病毒抗体,接着加入待测样品粗提物,经第二层抗体与病毒结合,再加入酶标 A 蛋白,最后加入底物进行酶催化反应,室温避光放置一定时间后,根据发生的颜色反应程度判断结果。

温馨提示

酶联免疫吸附测定法根据所采用的酶标抗体不同,可分为直接法和间接法。直接法所用的酶标抗体为病毒特异抗体,通常需要针对不同的抗体进行分别标记;间接法所用的酶标抗体为通用的市售抗体,一般无需对每一抗体进行标记。

四、分子生物学鉴定

目前,分子生物学在植物病毒检测中得到了深入研究和应用,其中核酸电泳分析技术、多聚酶链式反应技术、核酸分子杂交技术等分子生物学检测技术发展较快。

（一）核酸电泳分析技术

核酸电流分析技术在植物类病毒检测中应用较多,植物类病毒多为环状的 RNA 病毒,内部碱基高度互补。在自然情况下呈棒状或三叶草状二级结构,电泳时迁移速度相对较快,但在变性条件下其二级结构遭到破坏,电泳时迁移减慢,能与其他小分子物质分开,表现出类病毒的特有电泳条带。待测样品 RNA 粗提液经过提纯、电泳、染色步骤后,在凝胶上显示出类病毒组特异性谱带。通过观察有无类病毒条带判断结果。

（二）多聚酶链式反应技术

多聚酶链式反应（polymerase chain reaction,PCR）技术是在寡核苷酸引物和 DNA 聚合酶作用下模拟自然 DNA 复制的一种体外快速扩增特定基因或 DNA 序列的一种分子生物技术,该技术在近十年中发展十分迅速。病毒根据其基因组核酸类型的不同可分为 DNA 病毒和 RNA 病毒。对于 DNA 病毒,提取待测植物样品总核酸后可直接进行 PCR 技术扩增;但对基因组为 RNA 的病毒和类病毒,必须先在反转录酶的作用下反转录合成病毒互补 DNA（cDNA）,然后再进行 PCR 扩增。后者通常又被称为反转录 PCR 检测技术。植物病毒多为 RNA 病毒,所以在植物病毒检测实践中反转录 PCR 检测技术多用。该技术与 ELISA 相比,无需制备抗体,检测所需病毒量也较少,同量具有灵敏、快速、特异性强等优点,是目前较精确和有前途的病毒检测方法。

(三)核酸分子杂交技术

核酸分子杂交技术其基本原理是:两条互补核酸单链的碱基可相互配对形成双链。两条不同来源的核酸单链在一定的条件下(适宜的温度及离子强度等)可通过碱基互补原则配对产生双链,此过程被称为核酸杂交,此杂交过程具有高度特异性。根据碱基互补配对原理,先对一已知核酸片段进行标记,然后利用已知核酸片段检测待检样品是否含与该片段互补的核酸来判断是否含毒的检测手段,被称为核酸分子杂交技术,其中带标记已知核酸片段通常被称为核酸探针。

单元Ⅲ　植物无病毒苗的保存与繁育

案例库

草莓脱毒材料组培离体扩繁(见彩页图6-3),柑橘脱毒材料组培离体扩繁(见彩页图6-4),柑橘脱毒材料自动间歇弥雾扦插扩繁(见彩页图6-5)

任务栏

1.能列举目前植物无病毒原种材料离体保存的主要使用方法。

2.简述植物脱毒材料离体保存方法,按保存的温度不同可分为哪几类。

3.比较快速冷冻法、慢速冷冻法和逐级冷冻法之间的异同。

4.简述植物材料超低温保存的理论依据。

5.按顺序列举植物材料超低温保存过程中一般需经历的七个阶段。

6.简述植物材料超低温保存材料选择时应注意的重要环节。

7.简述目前植物脱毒材料的常用主要扩繁方法。

8.简述植物材料组培快繁的基本概念,并说明其在植物脱毒材料离体保存中的适用对象。

演示操作区

1.草莓(或其他草本植物)组培离体扩繁——教师先示范、讲解草莓丛芽增殖接种时的具体操作步骤及注意细节,然后带学生进入无菌接种室进行分组操作实践,接种完成时将学生的组培接种材料对号存放。25天后安排学生观察记录各自组培瓶苗的生长情况,并交流讨论草莓增殖接种时应注意的关键操作技术。

2.柑橘(或其他木本植物)组培离体快繁——教师先示范、讲解柑橘丛芽增殖接种时的具体操作步骤及注意细节,然后带学生进入无菌接种室进行分组操作实践,接种完成时将学生的组培接种材料对号存放。45 天后安排学生观察记录各自组培瓶苗的生长情况,并交流讨论柑橘增殖接种时应注意的关键操作技术。

理论学习

一、植物无病毒材料的保存

脱毒获得的植物材料,经反复鉴定确系无病毒材料,可作为无病毒原种材料进行扩繁。但植物无病毒材料并不是具有额外的抗病特异性,如果它们的后续培养不当仍有可能被重新感染病毒,成为带毒材料。所以通常将脱毒获得的植物无病毒原种材料,进行隔离保存和繁育。

(一)隔离栽培保存

通常,较大的无病毒苗可直接种植在 300 目以上网纱的防虫温室内,以防止蚜虫、叶蝉等病虫传媒的进入。栽培用的土壤也应进行消毒,周围的生长环境也要整洁、通风、透光,栽植期间及时做好农、肥、水管理工作,并适时喷施农药预防病虫害的发生,以保证无毒苗在与病毒充分隔离的条件下生长繁殖。

(二)离体保存

较小的无病毒材料,可利用植物组织培养技术进行材料的保存或扩繁,这就是通常讲的离体保存技术。离体保存方法,按保存的温度不同,可分为常温保存、低温保存和超低温保存,其中,低温保存和超低温保存为常用。

1.低温保存(缓慢生长保存)

将无病毒原种材料的器官或幼小植株接种到培养基上,通过降低培养温度等环境条件,使培养物在低温条件下生长降低到最低限度,又不至于死亡,达到长期保持的目的,这种保存方式被称为低温保存,又叫缓慢生长保存法、最小生长法。该方法只需半年或一年更换一次培养基,是中长期保存无病毒材料及其他优良种质的一种简单、有效且安全的手段。

不同植物物种、品种对培养温度的反应差异较大,低温保存无病毒材料时,要根据各自物种品种的生物学特性设置不同的保存温度。一般情况下,温带植物多在 0~4℃温度条件保存较好,热带植物多在 15~20℃温度条件保存较好。

2.超低温保存(冷冻保存)

超低温保存的理论依据是:在超低温条件下,植物保存材料组织细胞结冰速度很快,没来得及形成冰晶而迅速转化成玻璃化状态,有效避免了细胞内结冰所导致植物组织细胞的死亡。超低温保存是通常利用液态氮 LN(−196℃)离体保存植物种质材料,是长期保存植物无病毒材料及优良种质的一种有效手段。植物材料进行超低温保存时,一般要经过材料的选择、材料的预培养、冷冻保护、冷冻、保存、解冻、再培养等七个阶段。

(1)材料选择

用于超低温保存的植物脱毒材料的细胞形态、生理状况极显著影响着超低温离体保存的成败。一般情况下,保存时宜选择无病毒、细胞小、胞质浓、无液泡、抗冻性强的分生组织细胞材料,如茎尖生长点、组培过程中新产生的不定芽生长点、愈伤组织等具有旺盛分生能力的分生性组织细胞。胞质相对较稀、高度液泡化的细胞超低温时容易产生胞内冰晶而损伤细胞组织结构,导致死亡。

另外,超低温保存前要能大致确定冷冻材料的体积,一般冷冻材料的体积宜控制在0.2~10ml范围内。如果材料体积过大,不利于均匀冷冻和后期的解冻处理;体积过小,又难保证再培养时材料有足够的再生活力。

（2）材料预培养

在预培养的培养基中加入脯氨酸、甘露醇、山梨醇等渗透剂,可减少材料细胞内自由水的含量,提高保存材料的抗冻性。

（3）冷冻保护

材料冷冻前添加冷冻保护剂处理,有助于材料在冰冻前期细胞进行保护性脱水,降低冰点和水的饱和点,进一步阻止冰晶的形成,减少冷冻伤害。常用冷冻保护剂有二甲亚砜DMSO（5~8%）、甘油、脯氨酸（10%）、聚乙二醇6000（10%）、各种可溶性糖等,其中二甲亚砜DMSO最常用。

方法:取出预培养材料适当干燥处理,转入盛有液体培养基的无菌培养皿,然后在0℃条件下逐渐加入冷冻保护剂（30~60min内添加冷冻保护剂量至原有材料组织体积的3倍左右）,使保护剂逐步渗透到材料中。

（4）冷冻

加冷冻液,加好后保持10min,吸去冷冻液,将材料转入事先装有1ml左右冷冻液的无菌小冻存瓶中。然后选择不同的冷冻方法进行冷冻。

①快速冷冻法。将0℃或是预处理过的材料直接投入液氮中,使材料所含的水分还没来得及形成冰晶就已迅速转化成玻璃化状态。此法只对部分植物有效,常适用于高度脱水的无病毒材料。

②慢速冷冻法。需要借助程序降温器,使保存材料以0.1~4℃·min^{-1}降温速度降到-100℃后再转入液氮。此法常适用于悬浮培养的植物细胞和愈伤组织。

③逐级冷冻法。先以每分钟下降5~6℃·min^{-1}的降温速度,使材料冷却到-50~-30℃,在此温度下预冻一段时间（通常为30min左右）后,再转入液氮中迅速降温。此法常适用于植物茎尖材料的离体保存。

（5）保存

在离体保存过程中,应注意液氮量的变化,不断地及时补充液氮,避免保存温度上升到-130℃以上,才能确保保存材料能长期离体保存。

（6）解冻

通常的解冻方法是将保存材料从-196℃的液氮中取出后,投入37~40℃温水中,轻轻振动使之快速解冻（解冻速度达500~750℃·min^{-1}时,解冻较为理想）,使材料迅速通过冰晶温度生长区（-60~-40℃）,避免温度缓慢上升过程中材料组织细胞内结冰而受伤害。

另外,值得注意的是,如果离体保存材料的冷冻管是特殊塑料制成的,解冻所用的温水温度可稍高些,可达60℃左右;如果离体保存材料的冷冻管是玻璃管,解冻的水温则应相对低些。

（7）再培养

解冻的离体保存材料体内残留的部分冷冻保护剂，对细胞的恢复生长有一定毒害作用，所以在材料再培养前有必要清洗去除。常用再培养液体配方逐步添加到解冻的冷冻液中冲洗材料，使材料中的冷冻保护剂浓度明显下降，最后将材料转入新鲜的固体培养基中进行诱导再培养，使材料逐渐恢复生长。

二、植物脱毒材料的繁育

脱毒成功的植物材料的扩繁主要采用无性繁殖方法，常见的主要有嫁接、扦插、压条、匍匐茎繁殖、微型块茎（根）繁殖和组培快繁等。

（一）嫁接繁殖

此繁殖方法，多用于木本植物无病毒材料。通常，在防虫网室内，从无毒母本园植株上采集无毒接穗，嫁接到事先培育好的无毒实生砧木上，进行无性嫁接（秋季采用芽接法，春季采用枝接法）扩繁。嫁接时，嫁接苗的栽培营养土要求事先消毒好备用。嫁接完成后要做好接穗品种、嫁接日期、砧木品种等相关记载。补接时，要求接穗或接芽采自原嫁接采穗母株。

（二）扦插繁殖

从无病毒母株上剪取一到几个含饱满芽的枝梢，借助防虫网及农膜等辅助栽培设施进行基质扦插生根，对较难生根的植物插枝，扦插前还需要用生根液对插枝进行生根预处理。按插枝的木质化程度不同可分硬枝扦插和绿枝扦插两种，硬枝扦插所采用的插条木质化程度较高，绿枝扦插通常采用半木质化带芽枝梢。

（三）压条繁殖

选无病毒母本株上的1~2年生的枝梢，部分埋入土壤中或包裹于能促进生根的基质中，保持母本原有的营养供给，使埋入部分的枝梢节芽处长出新根及新梢，再从母本株分株成独立的小苗，这种无性扩繁方式就是通常所说的压条繁殖。刻伤、环剥、扭枝、激素处理等技术措施可促成压条生根扩繁。

（四）匍匐茎繁殖

部分植物的匍匐茎生长旺盛，匍匐茎上的芽节上易产生不定根，通过切割，即可成为独立的小苗，如草莓、红薯等。这些植物的脱毒材料扩繁可采用匍匐茎分株繁殖。

（五）微型块茎（根）繁殖

部分植物其变态营养器官如块茎（根），在温、湿、气适宜的环境条件下可通过切分带芽体的小块茎（根）作为营养种块进行无性繁殖，获得完整的再生小植株，如马铃薯、山药、生姜等。

（六）组培快繁

组培快繁是利用合适的继代、壮苗、生根培养基，人为地将温度、光照时间、光照强度等生长环境条件调控在适宜范围，使试管内脱毒材料进行扩繁的过程。它是目前较有发展前景的一种快速繁育手段，适用于无菌脱毒原种植物材料的短期快速增殖。

技能训练场

实验实训 6-1   热处理脱毒与微茎尖剥离技术

一、实训目标

1. 了解植物热处理脱毒和茎尖培养脱毒基本操作流程;
2. 掌握植物脱毒的微茎尖剥离技术;
3. 明白植物微茎尖培养脱毒结合热处理可获得更好的脱毒效果。

二、实训内容

1. 马铃薯微茎尖剥离操作;
2. 马铃薯茎尖培养组培材料热处理。

三、实验器材与试剂

具体包括:超净工作台、光照培养箱、连续变倍体视显微镜、酒精灯、解剖刀(最好再自制一把更薄刀片的解剖刀)、解剖针、镊子、灭过菌的牛皮纸及接种盘、盛有 95% 酒精的 500ml 广口瓶、催好芽的马铃薯(芽长 2cm 左右)、接种培养基(MS + 6-BA 0.3~0.5mg·L^{-1}+GA0.3~2.0mg·L^{-1}+2%蔗糖,pH5.8)、75%酒精棉等。

四、实验内容与步骤

1. 茎尖培养及热处理脱毒基本原理介绍

病毒在感病植株体内分布不均匀,靠近植物顶端分生区病毒浓度低,远离顶端分生区病毒浓度高。茎尖分生组织处于分化的初级阶段,尚未形成维管束,病毒在分生组织中移动和复制受阻,顶端约 0.1~0.5mm 范围生长区域组织细胞几乎不含或含病毒极少,利用植物的茎尖离体培养,可有效获取无病毒再生材料。

病毒和寄主植物细胞对高温的忍耐程度不同,选择合适的温度处理范围(35~40℃)及处理时间,使寄主植物体内病毒钝化或失活,病毒浓度明显降低,从而达到脱毒的目的。

2. 外植体消毒

将解剖针、镊子、解剖刀等装入盛有 95% 酒精的广口瓶中,准备好接种盘和接种培养基,打开超净工作台紫外灯和风机,20min 后关紫外灯。

开机的同时,在清洗间,切取马铃薯上新抽发芽,洗洁精清洗后流水冲洗 20~30min。带入接种房,在超净工作台上转入已灭过菌的三角锥形瓶中,用 75% 酒精处理 10~20s,无菌水冲洗 3 次,然后用 3%~5% 次氯酸钠溶液密封处理 8~15min,再用无菌水冲洗 3~4 次,备用。

3.茎尖无菌剥离

借助连续变倍体视显微镜,在已灭菌的牛皮纸上快速剥离外植体嫩芽幼叶,切取含 2 个叶原基(约 0.3mm)的马铃薯茎尖分生组织,接种于备用培养基接种培养基(MS＋6-BA0.3～0.5mg·L^{-1}＋GA0.3～2.0mg·L^{-1}＋2％蔗糖,pH5.8),进行离体培养。

4.茎尖离体培养

在 25±1℃温度、2000～3000lx 光强、12～14h·d^{-1} 光照条件下离体培养。

5.培养材料热处理

待茎尖外植体长至 1cm 长时,转入光照培养箱,设置 12～14h·d^{-1} 光照、36±1℃温度处理 6～8 周,可进一步降低马铃薯茎尖培养材料体内的病毒,达到脱毒目的。

有兴趣的同学,可对热处理培养材料再进行茎尖分生组织培养和马铃薯卷叶病毒脱毒检测。

实验实训 6-2　指示植物法鉴定脱毒材料的技术

一、实训目标

1.了解指示植物鉴定法的基本操作流程;

2.掌握指示植物嫁接法鉴定木本植物脱毒效果的技术。

二、实训内容

学习操作柑橘黄龙病指示植物脱毒鉴定(双重芽接法)技术流程。

三、实验器材与试剂

具体包括:黄龙病木本指示植物椪柑、枳壳或枳橙嫁接用砧木种子、柑橘待检脱毒材料、嫁接刀、整枝剪、嫁接膜、剪刀、75％酒精棉、防虫网室、花盆、栽培基质与肥料、各种杀虫剂和杀菌剂等。

四、实验内容与步骤

(一)嫁接用砧木苗与待检脱毒材料准备

1.砧木苗准备

在防虫网室内,提前播种枳壳或枳橙嫁接用砧木种子,当砧木苗茎粗达 0.5cm 左右时,可作嫁接用。未用完的砧木苗可继续在防虫网室内培养,供下一届学生试验用。

2.待检脱毒材料准备

提前进行温州蜜柑试管内茎尖显微嫁接材料及嫁接成活材料室外(防虫网室内)炼苗准备,培养尽可能多的温州蜜柑脱毒待检材料。未用完的温州蜜柑脱毒待检材料可继续在防虫网室内培养,供下一届学生试验用。

（二）嫁接

1.嫁接前准备

嫁接前,将嫁接刀、整枝剪等嫁接用具用 75%酒精棉擦拭消毒。分别采集温州蜜柑脱毒待检材料及指示植物椪柑接穗保湿待用。

2.嫁接

先在砧木苗离地 5cm 左右基部嫁接 1～2 个待测脱毒柑橘材料接芽,再在嫁接上方 1～2cm 处嫁接指示植物椪柑的接芽。同一母株待测接穗材料嫁接 5 盆。芽接一般在 9 月至 10 月进行,接后 3 周左右检查接芽成活情况,如果未成活,可补接一次。

3.接后管理

嫁接后的植株仍在防虫网室内,按常规栽培方式养护。次年春天,在嫁接苗发芽前,在指示植物接芽上方 1cm 左右处剪除砧木主干,嫁接苗新枝抽发后注意给待测植株芽枝摘心,促进指示植物接芽生长。

4.指示植物发病情况调查

4 至 5 月,定期观察指示植物的病状反应。如发现有明显病症,则说明待测材料脱毒效果不佳,需再次脱毒。

五、注意事项

1.削接芽时,要求动作迅速,同时尽量使嫁接切面保持平滑,有助于接口愈合成活。
2.嫁接用砧木苗与待检脱毒材料一般情况下需提前 6～12 个月做准备。

实验实训 6-3　酶联免疫法鉴定植物病毒

一、实训目标

学习酶联免疫吸附法鉴定植物脱毒材料的基本技术流程,要求操作规范、准确。

二、实训内容

具体操作柑橘衰退病酶联免疫测定(ELISA)基本技术流程。

三、实验器材与试剂

具体包括:待测柑橘样品嫩叶、实生试管苗叶片、柑橘衰退病病毒(CTV)的 ELISA 检测试剂盒(内含酶联免疫反应板、柑橘衰退病病毒(CTV)阳性对照、抗体、酶标抗体、洗涤缓冲液 PBST、包被缓冲液、酶标抗体稀释缓冲液、底物溶液、底物缓冲液等)、反应终止液($2mol \cdot L^{-1}$ H_2SO_4)、95%酒精、蒸馏水、酶联免疫检测仪、离心机、冰箱、研钵、解剖刀、手术剪、移液管等。

四、实验内容与步骤

1. 样品处理

取待测柑橘样品嫩叶 0.5～1g，加 PBST 缓冲液 1～2ml，研磨，低速离心（4000 r·min^{-1}，离心 5min），取上清液，即待检样品溶液备用。柑橘实生试管苗无病叶作阴性对照。

2. 包板

用酶标缓冲液将抗体稀释至蛋白含量为 1～100ug·ml^{-1} 的抗体稀释液，在酶联免疫反应板反应孔中每孔加入 100μl 的抗体稀释液。37℃条件下孵育 2～4h 或 4℃条件下保湿过夜。

3. 洗板

倒出反应板中液体，用洗涤缓冲液 PBST 冲洗反应板 4 次，每次 3～5min。

4. 加样

在反应孔中每孔加入已稀释的待检样品溶液 200μl，于 34℃条件下孵育 2～4h 或 4℃条件下保湿过夜。同时做下空白、阴性及阳性孔对照。并可根据需要设置几个重复。

5. 洗板

倒出反应板中液体，用洗涤缓冲液 PBST 冲洗反应板 4 次，每次 3～5min。

6. 加酶标抗体

每反应孔加入用抗体缓冲液稀释好的碱性磷酸酯酶标抗体 200μl，37℃条件下保湿孵育 2～4h。

7. 洗板

倒出反应板中液体，用洗涤缓冲液 PBST 冲洗反应板 4 次，每次 3～5min。

8. 加底物溶液

每反应孔加入 200μl 底物溶液，37℃条件下保湿遮光显色 0.5～1h。

9. 加反应终止液

显色达到要求后，于各反应孔中加入 2mol·L^{-1} 的 H_2SO_4 溶液 0.05ml，使反应终止。

10. 酶联检测

反应终止后，于 20min 内，在酶联免疫检测仪 405nm 波长处以空白对照孔调零后测定各孔的光吸收值（OD$_{405}$），并计算待检样品吸光值/阴性对照的吸光值比值，倘若比值计算结果≥2，则视为阳性，即待检柑橘样品带病毒，反之则认为材料无毒。

有兴趣的同学，还可借白色背景，直接用肉眼观察反应孔颜色，根据颜色变化差异判断结果：通常阴性反应为无色或颜色极浅；反应孔内颜色越深，阳性程度越强。

五、注意事项

1. 柑橘衰退病病毒（CTV）的抗血清或柑橘衰退病病毒（CTV）的 ELISA 检测试剂盒可市购）。

2. 测定时严格按照酶联免疫吸附测定流程操作的同时，可多做几个重复，以提高结果的准确性。

记事本

思考与练习

一、名词解释

植物无病毒苗、茎尖微芽嫁接技术、植物低温脱毒、指示植物、双抗体夹心法、多聚酶链式反应技术

二、填充题

1.通过茎尖微芽嫁接脱毒时,通常以带_____个叶原基的茎尖作外植体较合适。

2.通过抗病毒剂化学处理,可获取植物无毒材料。目前常用的抗病毒剂主要有_____、_____等。

3.对基因组为 RNA 的植物病毒和类病毒,必须先在反转录酶的作用下反转录合成_____,然后再进行 PCR 扩增。该技术通常又被称为_____技术。

4.分子生物学鉴定脱毒苗的主要方法有_____、_____等。

5.离体保存方法,按保存的温度不同,可分为_____、_____和_____。

6.植物材料进行超低温保存时,一般要经过_____、_____、_____、_____、_____、_____、_____等七个阶段。

三、选择题

1.多聚酶链式反应技术的英文简称为_____。

A. RT－PCR　　　　B. PCR　　　　　　C. ELISA　　　　　D. PAS－ELISA

2.酶联免疫吸附测定法中三种试剂必不可少_____。

A.固相的抗原或抗体(免疫吸附剂)　　　B.酶标记的抗原或抗体(酶标物)

C.酶作用的底物(显色剂)　　　　　　　D.酶标抗体

3.酶联免疫吸附法鉴定植物病毒实验操作过程中,需要使用洗涤缓冲液,洗涤缓冲液的英文简称是_____。

A. PBST　　　　　B. PST　　　　　　　C. BST　　　　　　D. PAST

4.对基因组为_____的病毒和类病毒,必须先在反转录酶的作用下反转录合成病毒互补 DNA,然后再进行 PCR 扩增。

A. cDNA　　　　　B. DNA　　　　　　C. RNA　　　　　　D. cRNA

四、简答题

1.简述植物茎尖微芽嫁接技术脱毒主要程序。

2.简述柑橘衰退病酶联免疫鉴定(ELISA)基本操作步骤。

3.简述目前植物无病毒原种离体保存主要使用方法。

4.简述目前植物脱毒材料的常用主要扩繁方法。

五、论述题

1.植物病毒常用的脱毒方法主要有哪些? 各自的脱毒理论依据是什么?

2.目前鉴定脱毒苗的方法有哪些? 并说明各自的理论依据是什么?

模块 7 试管苗的驯化与移栽

知识目标

- 能解释组培苗的生态环境与温室环境的差异以及组培苗的特点
- 能叙述组培苗的驯化移栽操作流程
- 能理解移栽后的组培苗的科学管理方法

技能目标

- 能对生根试管苗实施正确的驯化和移栽
- 能对移栽后的组培苗进行严格科学管理

态度目标

- 培养认真、细致、耐心的工作作风
- 学会在寂寞中思考和工作

　　植物组织培养是一项技术性和实践性强、无菌条件要求高的工作。掌握基本操作技术,是做好组织培养工作的基本要求。因此,我们在组织培养的学习和实践中应不断提升操作水平,掌握技术要领和相关理论知识,这样才能更好地按照工作程序的要求,高质量开展组织培养的试验研究和苗木生产。

单元 I　试管苗的驯化

资料库

大棚等栽培设施(见彩页图 7-1),试管苗驯化移栽的常用基质(见彩页图 7-2),试管苗栽培管理的常用缓释肥(见彩页图 7-3),试管苗的驯化与移栽(见彩页图 7-4);试管苗移栽过程的视频(见网站)

任务栏

1.在 10 分钟内完成文字组织并叙述出试管苗与野生苗的形态结构和生理活性的区别。

2.在 10 分钟内完成文字组织并叙述出试管苗环境与野生苗所在环境的区别。

3.在 5 分钟内说出驯化的原则。

4.请你在 10 分钟内画出驯化移栽的基本流程图。

想一想

试管苗移栽前为什么要先进行驯化?

演示操作区

1.播放基质混配与灭菌的消毒过程视频;

2.播放试管苗移栽前的清理和清洗过程视频;

3.驯化移栽过程的视频。

理论学习

试管苗驯化移栽是植物组织培养的重要环节,这个环节做不好,就会前功尽弃。生产实践中应根据试管苗与自然苗、试管苗的生存环境(以下简称"生境")与自然环境的差异,人为创设从试管苗生境逐渐向室外环境转化的过渡条件,以确保试管苗的移栽成活率。

一、试管苗的特点

(一)试管苗与野生苗生境的差异

试管苗与实生苗生境的差异如表 7-1 所示。

表 7-1　试管苗与野生苗生境的比较

生　境	光　照	温　度	相对湿度	养　分	气　体	菌　态
试管苗	弱,易调控	适宜且恒定	高	丰富	光下 CO_2 低,有害气体量高	无菌
野生苗	强,波动大	波动性大	较低,波动大	较贫瘠	各种气体成分较恒定	有菌

（二）试管苗与野生苗在形态结构及功能上的差异

试管苗与野生苗在形态结构及功能上的差异如表 7-2 所示。

表 7-2　试管苗与野生苗形态结构与功能上的差异

苗的类型	叶片及其功能	根系及其功能
试管苗	角质层薄,水孔多,气孔的生理活性差,保水能力差;此外,叶绿体的光合性能也差	根系不发达,吸水能力差
野生苗	角质层较厚,水孔少,气孔的生理活性强;叶绿体的光合性能好	根系发达,吸水能力强

二、试管苗驯化移栽的流程

试管苗驯化移栽的流程如图 7-1 所示。

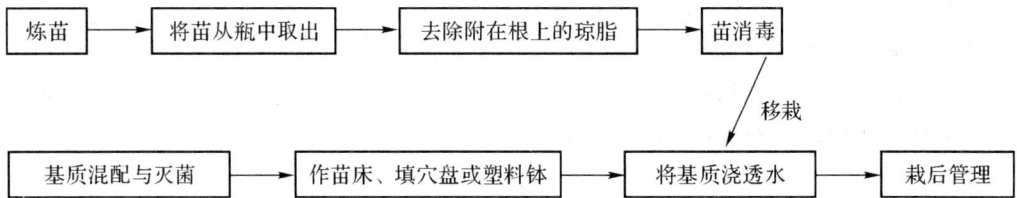

图 7-1　试管苗的驯化移栽

三、试管苗的驯化

（一）驯化的目的

如果试管苗直接移栽到室外,由于生存环境发生了剧烈的变化,绝大多数试管苗会因为难以适应而死亡。驯化的目的是人为创设一种由试管苗生境逐渐向自然环境过渡的条件,促进试管苗在形态、结构、生理方面向正常苗转化,使之更能适应外界环境,从而提高试管苗移栽的成活率。

（二）驯化的原则

根据试管苗的特点及其生境与田间环境的差异,驯化原则应从营养、光、温、气、湿及有无杂菌等环境要素考虑。驯化前期应创设与试管苗原来生境相似的条件,后期则创设与自然环境相似的条件,以利试管苗在形态结构及生理功能方面顺利发生向适应外界环境的转化,从而有效提高移栽成活率。

单元 Ⅱ　试管苗的移栽与管理

资料库

试管苗移栽过程的视频(见网站)

一、试管苗的移栽

(一)移栽时期

移栽时期最好选择该种植物的自然出苗季节,这样容易成活,又能保证及时开花,如菊花宜在春末夏初移栽,不但移栽成活率高,且能当年开花。水仙试管苗(小鳞茎)的移栽最好选择在秋季,这样可提高水仙移栽的成活率,又能保证水仙的苗壮成长。

(二)移栽设施

栽培容器可用 6～10cm 的软塑料钵,也可用育苗盘。前者占地大,耗用大量基质,但幼苗不用再移,后者需要二次移苗,但省空间、省基质。此外,苗床也可作为试管苗移栽的场所。移栽后的栽培容器最好放在温室中培养。

(三)移栽基质

适合于栽种试管苗的基质要具备透气性、保湿性和保肥的特点,且容易灭菌处理,一般可选用珍珠岩、蛭石、砂子等。为了增加黏着力和一定的肥力可配合草炭土或腐殖土。配制混合基质时需按比例搭配,一般珍珠岩、蛭石、草炭土或腐殖的土比例为 1:1:0.5。也可用砂子:草炭土或腐殖土为 1:1 来搭配。此外,要根据不同植物的栽培习性来进行配制,这样才能获得满意的栽培效果。但应注意不同种类植物的组培苗对移栽基质的适应和要求是不同的,因此,基质配方也需要事先筛选和优化。

二、移栽后的试管苗的管理

(一)试管苗驯化移栽成活率低的原因

1.内因

试管苗驯化移栽成活率低的内因主要有植物种类与试管苗的质量。不同种类的植物,移栽成活率不同,如菊花、熏衣草试管苗对移栽的条件要求不高,容易成活;而仙客来试管苗对移栽的条件较苛刻,稍不小心,就会引起大量死亡。此外,试管苗细长、黄化、根系发育不良,移栽时极易死亡。而试管苗叶片浓绿、茎粗壮、根系发达及长势好则容易成活。

2.外因

试管苗驯化移栽成活率低的外因主要有环境条件、管理措施及管理人员的责任心。如基质湿度过大引起烂根或水分不足使小苗萎蔫;温度过高加上高湿则极易引起烂苗和烂根,温度过低则使组培苗根系生长缓慢,形成僵苗,同时低温也会直接造成幼苗死亡。此外,光照过强易引起苗过度失水而死亡等。

有些管理人员技术水平低、责任心不强、管理粗放,也容易降低试管苗移栽的成活率。

(二)提高试管苗驯化移栽成活率的措施

提高试管苗驯化移栽成活率的措施包括:

①有针对性地调整培养基配方,改善培养条件,努力提高组培苗质量。

②及时出瓶驯化,避免组培苗老化。操作过程应极力避免损伤试管苗的根和叶。无根或根系不发达的小苗要在基部蘸取生根粉或生长素溶液,以尽快促进生根。

③改善过渡培养的环境条件,有条件的单位可采用自控温室,并配合喷灌,能极大提高移栽成活率。

④选择恰当的种植介质,要求疏松、保水和保肥,易灭菌。

⑤对栽培基质进行灭菌或喷洒杀菌剂溶液,可防止滋生大量杂菌扼杀试管苗。

⑥保持试管苗的水分供需平衡。因为试管苗的茎叶保水能力差,加上根系吸水的能力差,所以需要提高环境中的相对湿度,使小苗保持挺拔姿态,以保证各种生命活动正常进行。

⑦适当采取遮阴措施,可降低蒸腾失水,也可避免强日照对叶片的灼伤。

⑧加强肥水管理和病虫害防治。

综上所述,组培苗的驯化移栽要非常认真负责,注意保持水分平衡,选择适宜的介质,控制适宜的光、温、气、湿等条件,随时观察天气变化和小苗生长状况作出适当的调整。此外,防止大量杂菌的滋生,及时对病虫害进行防治。总之,应采取灵活而有效的管理措施,提高移栽试管苗的成功率。

记事本

技能训练场

实验实训 7-1 试管苗的驯化与移栽

一、技能要求

1.能叙述试管苗与野生苗之间在形态和生理上的区别以及它们的生态环境之间的差异;

2.能利用上述理论和查阅相关资料写出驯化与移栽方案;

3.能正确洗涤试管苗;

4.能独立完成苗床或营养钵的准备;

5.能独立完成试管苗的栽植;

6.能精心护理栽植后的试管苗,保证成活率在90%以上。

二、实验内容

1.试管苗的洗涤;

2.准备移植苗床或营养钵;

3.试管苗的栽植;

4.栽植后的管理。

三、实验器材与试剂

(一)器材

具体包括:育苗盘、塑料盆、周转筐、薄膜、镊子、基质(田园土、蛭石、陶粒、草炭和珍珠岩等)、黑色塑料、喷雾器、橡胶手套、塑料扦等。

(二)试剂

具体包括:已生根的健壮试管苗;500~800 倍多菌灵溶液、1%高锰酸钾溶液。

四、实训步骤

(一)炼苗

当试管苗的根为嫩白色,一般具有 2~3 条根,根长 1~2cm 时,将生根试管苗的培养瓶转移至温室或塑料大棚内 50%~70%的遮阳网下进行锻炼。先不开口炼苗 2~3 d,然后开口炼苗 1~2d。当试管苗茎叶颜色加深,根系颜色由白色或黄白色变为黄褐色并延长、伴有新根生出时表示炼苗成功。

为了延长炼苗时间而又不至于遭受严重污染,培养瓶开口后可向瓶内注入少量水,使培养基表面与空气隔离开。

(二)基质混配与灭菌

根据试管苗种类来选择驯化基质,按体积比(如田园土∶珍珠岩∶蛭石∶草炭＝1∶1∶1∶1)在水泥地面混拌均匀。基质灭菌方法有:①化学药剂灭菌。用喷壶向混配的基质喷洒 0.1%～0.2%高锰酸钾水溶液或 0.2%～0.4%倍多菌灵水溶液,要求喷洒全面、彻底,喷后用薄膜覆盖,堆闷 20～30min。②蒸汽灭菌。将混配后的基质用耐高压聚丙烯塑料袋装好,在高压灭菌锅中 125℃下灭菌 15min 后冷却备用。

(三)作苗床或准备穴盘、塑料钵

在温室或塑料大棚内准备好苗床或穴盘、塑料钵等。采用常规方法制作苗床。如果采用穴盘或塑料钵可用 5%高锰酸钾水溶液浸泡后刷洗,然后用清水冲洗干净。

(四)基质装填、浇水

采用苗床移苗时,先在苗床内铺上塑料布,然后填入消毒过的基质;采用穴盘移苗时,将基质填至穴盘上,然后用木刮板刮平;采用塑料钵移苗时,则将基质装至距钵口 0.5～1.0cm 处。无论采用何种移苗法,都要在基质装填后浇透水。

(五)试管苗移栽

1.试管苗出瓶

用镊子小心地将试管苗从培养瓶中取出,放在盛有 20～25℃的温水中,轻轻洗净附着在根上的培养基,并对过长的根适当修剪,再放入温水中清洗 1 次。

2.试管苗消毒

将去除培养基的试管苗放入 500～800 倍多菌灵水溶液中浸泡 5～10min 后,准备移栽。

3.试管苗移栽

(1)苗床移栽

根据试管苗的大小用竹扦划出深 1～3cm 的小沟,深度以叶片不接触基质和根茎过渡区与基质面相平为宜,然后放入试管苗,舒展根系。边栽边覆盖基质,成行栽植,而后轻轻镇压,喷水,以细雾状喷水,以基质表面不积水为度。株距以苗不能相互接触为准,行距是株距的 2～3 倍。

(2)穴盘或塑料钵移栽

在穴盘的孔穴或塑料钵的基质中心位置用竹扦打孔,孔深及孔大小根据试管苗根系发达程度来定。然后手持试管苗,轻轻放入孔穴内,并舒展根系,覆土而后轻轻镇压。

(3)移栽后的处理

待试管苗全部移栽完成后,再用 MS 无机盐营养液稀释 5～10 倍喷洒植株。

4.栽后管理

由于不同种类的试管苗,其形态、生理、适应环境的能力等均不相同,所以驯化及栽后管理要有针对性。一般栽后初期(1～2 周内),应遮光并保持高湿(90%～100%);后期逐渐降低湿度(70%～80%),增加光强,加强通风。根据实训条件,增湿可选择安装移动喷灌车间歇喷雾或搭塑料拱棚保湿方法。温度一般保持在 20～25℃左右,中午温度高时用遮阳网遮光。

五、注意事项

1.试管苗出瓶与移栽时要轻拿轻放,勿伤幼苗。

2.试管苗移栽后喷水要冲洗掉黏附在叶片上的基质。

3.试管苗驯化移栽要精心管理,并综合考虑各种生态因子的动态变化及相互作用,环境调控及时到位。

六、思考题

1.为何移栽前要将瓶苗盖子打开并摆放在大棚内几天?

2.为何移栽前要将瓶苗上的琼脂清洗干净?

3.为何要对混配的基质进行灭菌处理?

4.为何在瓶苗的根系移植到基质穴内后,还需要镇压一下?

5.对试管苗移栽后的管理有何要求?

记事本

思考与练习

1. 试管苗与实生苗在形态、结构和生理活性方面有何区别？
2. 试管苗与实生苗在生态环境方面有何区别？
3. 在试管苗的驯化过程中我们应掌握什么原则？
4. 驯化试管苗的目的是什么？
5. 如何提高试管苗移栽的成活率？

模块 8　植物组织培养工厂化生产

知识目标

- 充分理解植物组织培养工厂化生产的含义和它在现代农业中的地位
- 初步掌握组织培养工厂的规划设计
- 了解市场调查的意义
- 了解组培新方法

技能目标

- 市场调查方法
- 组培企业的成本核算

态度目标

- 树立组织培养工厂生产是高度市场化行为的观点
- 学海无涯学无止境,努力创新不避艰险不断前进

植物组织培养工厂化生产已是现代农业生产的重要技术手段。植物组织培养工厂化生产通常是指在人为控制植物最佳生长环境条件下,通过标准化植物组培扩繁技术,使建立的初代培养产物再生分化成苗。植物组织培养工厂化生产在技术层面上是以现代农业科学技术的集成与创新为支撑的新兴产业,在经济层面上是高度商品化的生产,而商品化生产的核心是追求效益和对经济发展作出贡献,同时体现社会责任和社会价值。

目前,植物组织培养技术主要应用于各种经济价值较高的名、特、优、珍稀植物,主要有园林观赏树木、草本花卉、果树、农林植物、药用经济植物及工业原料用植物等。植物组培自 1960 年法国的摩瑞尔(Morel)建立的兰花组培苗工厂以来,到 20 世纪 80 年代组培业(微繁工业)被认为是能够带来全球利益的产业。欧洲许多发达国家纷纷建立植物组培(微繁)公司,进行工厂化生产,例如洋兰、香石竹、丝石竹、扶郎花、月季、杜鹃、百合、大花萱草、安祖花、唐菖蒲、玉簪、蕨类、六出花等 30 余种,都是经济价值较高的观赏植物。其中荷兰、美国、以色列等国家花卉组培业,巴西的香蕉、甘蔗组培业,澳大利亚的桉树组培苗生产,意大利的果树组培苗生产都处世界先进水平。日本、印度、印尼、马来西亚、泰国、新加坡以及中

国台湾等亚洲国家和地区,组培苗商业化生产发展极快,特别是高档兰花、火鹤芋、玫瑰、香石竹以及各种观赏叶植物的组培苗,成为这些国家和地区花卉的主要产品。据报道,全球有1000多家组培公司,其中美国仅兰花组培公司就有100多家,新加坡、泰国兰花组培苗已成为出口的拳头产品。目前世界上已有130个科、1500种以上植物成功地采用组织培养技术生产再生植株。

我国植物组织培养研究和发展与国际基本同步,正在走符合国情有特色自主创新的道路。首先,我国植物组培快繁紧密联系生产实际,以解决农业生产中的重大突出问题为首要任务。20世纪80年代以来,我国以关乎国计民生和农业增产农民增收的经济作物马铃薯、甘蔗等作为组培的攻关目标,从而带动了我国植物组织培养的发展,这是符合我国国情的正确方向。其次,科研、推广、开发和产业化的紧密结合。我国植物组培快繁从开始就十分注重科研与推广及产业化的结合,专家走出实验室,与广大一线的农技推广工作者相结合,形成了大协作局面,从而极大地促进了我国植物组培快繁业的快速发展。最后,发挥自身优势,重视知识产权。中药、草药是我国独特的有传统历史并且关乎民生的一类植物,是组培研发的重点方向之一;近年来,组培的研发给予环境保护类植物较高的关注,尤其那些治沙耐旱植物。我国是花卉、观赏植物种质资源最丰富的国家,科学家们正在研发具有独特的花卉品种,重点关注具有较高观赏价值的新、奇、珍品种。这些植物具备花、果、叶、茎、根、色彩、形状、气味等有特色和受喜爱的特征,以满足人们的喜好,如兰科的建兰、秋兰、开唇兰(野生金线莲)、西藏虎头兰、昌宁兰、大花惠兰、白花贝母兰等,还有世界公认原产我国的一些珍贵名花,如野牡丹、牡丹、乐昌含笑、月季、杜鹃花、菊花、梅花等都已获得再生植株并走上产业化。坚持走我国特色的自主创新道路,才可能实现由加工生产基地向研发基地的转变。经过近40年努力,有100多种的植物达到了规模生产,在技术水平上与国际接近,特别是花卉组培苗生产,已与国际商业性生产接轨,为我国农业技术的创新、农业经济增长方式的创新以及农业可持续发展作出了富有成效的积极探索。

单元 Ⅰ   生产计划的制定与实施

资料库

组培工厂外景(见彩页图8-1),单层充气膜连栋温室(见彩页图8-2),双层充气膜温室(见彩页图8-3);已规划设计好的植物组培室的绘制视频(见网站)

一、生产计划的制定原则

生产计划应是市场经济、市场竞争的背景下编制的,一般通过四步完成:第一,要客观地调查研究,全面收集、分项分析、研究编制生产计划所需的资源信息和生产信息(实际的商业情报分析)。第二,拟定优化计划方案、统筹安排。优选和确定产量指标、质量指标、产品品种的合理搭配、产品出货进度的合理安排。第三,做好生产计划的平衡工作。主要是生产指标与生产能力(对组培企业而言重要的是知识能力和技术能力)的平衡,测算主要生产设备和生产面积对生产任务的保证程度,保证生产任务与劳动力、物资供应、能源、生产知识及技术储备之间的平衡,保证生产指标与资金、成本、利润等指标之间的平衡。第四,应通过必要的调整和评审,以确保生产计划的顺利执行。

同时,生产计划的编制要注意全局性、先进性、效益性、平衡性、群众性、应变性。如产品的产出时间和数量,应首先保证已有订货合同的要求;在安排产品的顺序上,要分清轻重缓急,如先安排重点客户订货、出口产品等的任务,再安排其他的一般性任务;多品种生产的要做到产品品种的合理搭配,尽量减少同一周期的生产品种重合交叉,同时又能使各组培车间在各周期的设备和人力的负荷比较均衡;新品种试验任务应在另设研究实验室进行,不要在生产线内同步重合;注意生产原材料供应时间和数量与产品出厂进度计划的安排协调一致;注意跨周期计划之间的衔接,当周期要考虑为下周期的产品生产做好准备。

一个优化的生产计划必须具备以下三个要素:首先是,有利于充分利用销售机会,满足市场需求;其次是,有利于充分利用盈利机会,实现生产成本最低化;最后是,有利于充分利用生产资源,最大限度地减少生产资源的闲置和浪费。显然,生产计划一方面是为满足客户要求的三要素"交期、品质、成本"而计划;另一方面又是为使企业获得适当利益而对生产的三要素"材料、人员、设备设施"精确配备、分配及使用的准确计划。

生产计划的内容:①生产什么东西——产品名称品种;②生产多少——数量,例如客户订单需要 1 万株非洲菊,实际生产时应考虑到污染褐、玻璃化、黄化及移栽成活率等问题,要预测总损耗率,才能保证 1 万株的交货量。③科学安排组培生产线。要根据组培生产线特性,细化生产的各道工序或阶段(车间)的衔接流畅。④什么时候生产完成。假如订单的交期要求在某月的某日,就应按快繁的周期预测在某日之前完成,以确保客户能在期限内收货。生产计划是物料需求计划的依据,是产能需求计划的依据,是其他相关计划的制订依据。

二、生产计划的安排

生产计划的安排,其实质就是保证满足生产计划规定的销售规划和生产规划的需求(需求什么、需求多少和什么时候需求),同时与所使用的资源取得一致。它着眼于销售什么和能够生产什么,生产计划安排要跟着计划走,这就是组培生产线生产计划安排的依据。

一般而言,组培企业的产品生产在同一周期中相对比较单一,并且不会像许多制造业那样有众多的外协单位或零配件,生产计划的安排可以如表 8-1 所示。

表 8-1　生产计划安排表

生产品种	数量	生产周期 (起止日期)	人力安排	化试及材料	设备条件	交货期限 (年、月、日)

执行人:　　　　　　　　　　　　　　　审核批准:

生产计划安排表说明：

①生产计划的安排的依据是企业的生产计划；

②生产周期是指从采样开始至协定的合格苗质量标准出苗的期限（要预估天数）；

③人力安排要精打细算，从一台超净工作台每班（8h）的接种数量来推算总产量所需人力；

④化试及材料，应从培养基所需总量计算（要列出清单）；

⑤设备条件应列出从取样开始所有的器材和设备（要列出清单）；

⑥交货期限应早于出货（出售）订单的协定日期。

三、生产计划前的市场调查

生产计划的编制要真正做到以市场为导向并不容易，要认识到企业的一切计划与市场必定要紧密衔接，市场究竟状态如何、需求什么必须正确了解，才能在市场竞争中占优势。应避免决策者主观臆断、盲目追热，要紧盯市场发展的主流。组培企业一般在一定的时间跨度内有固定的客户，他们对市场的反应是极端敏感的，因此客户的信息反馈可以作为重要的市场分析资源，但不能作为企业唯一的信息资源，市场的发展趋势一定要进行第一手资料的调查，以确定企业的定位、商业机会和市场细分，乃至给下游客户提供建设性研发意见。以花卉为例评述如下。

（一）我国花卉及绿化园艺产业发展现状及趋势

自 20 世纪 80 年代初以来，中国的花卉业经历了前所未有的快速发展，栽培面积稳步增长。1999 年面积达 9.1×10^4 hm²，居世界第一位，产值 115 亿元，出口值 1 亿美元，进入新世纪后增长了 1.5 倍，进出口贸易都有较大增长。20 世纪 90 年代以后，我国鲜切花、消费和生产形成三大消费区和三大生产区。鲜切花三大消费区是以北京为主的华北地区、以上海为主的华东地区和以广州为主的华南地区，约占全国的 80%。鲜切花三大生产区是云南、广东和上海，约占全国的 80%。花卉出口的地区主要有广东、上海、云南、福建、浙江，其中广东的出口量最大，其次是云南。在全国鲜切花生产经营综合实力中，云南居全国首位，广东位列第二。到 20 世纪 90 年代末期，我国花卉业的发展逐步进入一个稳步调整阶段，逐步实现了以下转变：首先，由数量增长型向质量效益型方向转变，行业竞争日趋激烈，产品质量的好坏决定着企业的生存和发展，如福建省把注意力放在改善产品质量、提高单产上，近几年，花卉种植面积年均增 7.9%，而销售额则年均增长 36%。其次，由"小而全"的生产方式逐步向规模化、专业化方向转变，形成了国有、民营、个体、合资、独资齐头并进、竞相发展的势头，广东省花卉业已逐步形成相对集中连片的花卉生产基地和"公司＋农户＋市场"的产业结构，并构筑了广州陈村－番禺－顺德－中山－珠海近百公里长的花卉长廊，从而使全省的花卉生产形成了一定的规模；江苏已逐步形成设施盆花、苗木盆景、反季节切花、观赏乔木等几大专业花卉生产区，总面积达 30 多万亩，并建立一批新兴特色花卉基地，使该省花卉生产的专业化和规模化水平得到很大提高。再次，由传统落后的经营方式逐步向现代化的流通方式转变。网上交易、拍卖、鲜花速递等现代化的花卉交易方式已经开始逐步进入花卉流通领域。最后，由国内小市场向国际大市场方向转变。随着我国加入世贸组织，花卉市场逐渐融入国际花卉市场，花卉对外贸易逐年递增。我国花卉业已取得了长足发展，成为国民经济建设中最具活力的新兴产业之一，专家预测我国将成为世界花卉大国，良好的资源条件,巨大的市场潜力,促使中外专家看好中国花卉业。中国是世界上花卉品种最丰富的国家之一,被誉为"世界园林之母"。在世界上许多常见的花卉品种中,原产中国的占一半左右。中国的土地资源与劳动力资源相对比较丰富,具备发展商品花卉的基础条件,花卉新产品的生产成本相应较低,这给出口竞争创造了条件。同时拥有 13 亿人口的中国,无疑是一个潜在巨大的花卉消费市场。

(二)进入新世纪我国花卉的国际贸易

进入新世纪,我国花卉业同样经历了金融危机的冲击和考验。据我国海关统计数据显示,2008 年我国花卉进出口贸易总额有所增长,同比增长 13.9%,进口同比增长 9.1%。可以看出,中国花卉贸易依然呈现向前发展态势。

1.出口贸易

盆栽植物、鲜切花、鲜切叶和种苗依旧是我国花卉主要出口类别。日本、荷兰、韩国和美国位居我国花卉出口市场前四位,对上述四国的出口额占花卉出口总额的 70% 以上,对新加坡出口超过了中国香港位居第五位。浙江、广东、云南、福建和上海花卉出口位居前列,约占我国花卉出口总额的 80%。

(1)盆栽植物出口

福建省和广东省是我国盆栽植物出口的主要省份,约占全国出口额的 80%,其中福建省出口额占盆栽植物出口总额的 53%,出口目的国前五位的国家和地区为荷兰、韩国、日本、意大利和印度。

(2)鲜切花、鲜切叶出口

2008 年我国鲜切花出口市场主要是日本、泰国、新加坡、中国香港、马来西亚等,出口额占鲜切花出口总额的 88%。日本仍然是我国鲜切花产品的主要出口市场,2008 年出口额占鲜切花出口总额的 59%,对泰国、新加坡和马来西亚的出口额分别占鲜切花出口总额的 10%、9% 和 4%。康乃馨和菊花是主导出口种类,康乃馨占鲜切花出口总额的 37%,菊花鲜切花则占 25%,月季鲜切花占 15%。菊花鲜切花对日出口面临最大的竞争对手是马来西亚(约占日本菊花进口额的 71%)。出口菊花鲜切花的省份依次是海南省、上海市、山东省、浙江省和云南省。月季切花出口目的地是新加坡、马来西亚、泰国、中国香港、日本和澳大利亚,主要出口基地是云南、黑龙江和广东。切叶/枝的出口市场主要是日本,其次是荷兰、美国、印度和加拿大,浙江鲜切枝/叶出口总额约占全国 70%。

2.进口贸易

在花卉进口的主要类别中,主要是种球和种苗。

(1)种球

2008 年中国种球类产品进口全部为休眠种球,约占中国同期花卉进口总额的 43%。进口主要来自荷兰,约占进口种球总额的 90%,其次是智利、新西兰,品种主要是风信子、百合、郁金香和唐菖蒲,云南和北京是种球进口的主要省市,进口额约占全国种球进口额的 79%,广东、浙江和上海亦有进口。

(2)鲜切花

鲜切花进口主要来自泰国、荷兰和新西兰,泰国占 98%,以兰花为主,从荷兰进口的鲜切花品种较多,但以月季鲜切花为主,北京和上海约占全国鲜切花进口额的 39% 和 35%,其次是广东和云南。

随着现代花卉及园艺科技的发展,世界每年推出数以千计的花卉优良品种,种类繁多,花色丰富,花形美观,抗逆性强,使世界花卉五彩缤纷、生机勃勃。荷兰每年培育出数百个室内观叶植物和球根花卉新品种,法国的梅昂月季中心每年用人工授粉培育出的月季新品种几乎占世界的1/3。美国从矮牵牛中分离获得的蓝色基因。日本从黑色紫罗兰中提取到的蓝色基因导入玫瑰,获得了世界上独一无二的"蓝玫瑰"(见图8-1),而且还通过基因工程培育出一种微型的土耳其风铃草,均流行于国际花卉市场。要使我国花卉业从大国变为强国,应着力于对花卉市场的调查研究,真正做到生产以市场为导向,并重视着力于培育花卉新品种。

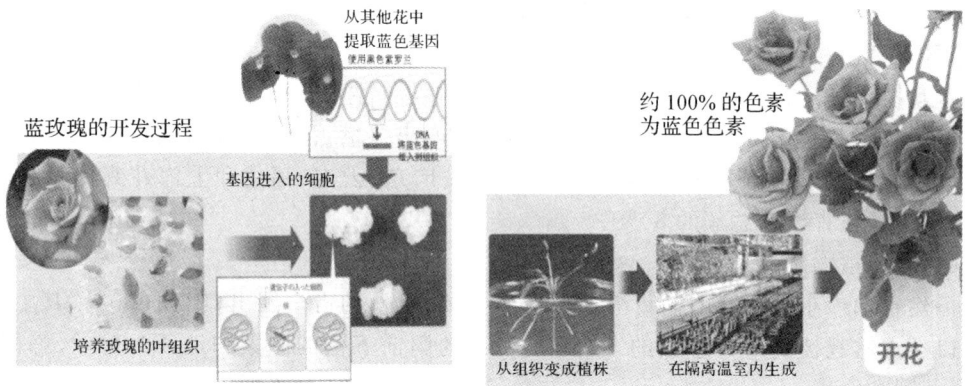

图 8-1   日本育成的转基因蓝色玫瑰

从当前花卉生产来看,虽然我国花卉生产总面积居世界之首,规模化专业化经营有了很大的发展,但小而全、小而杂的状况仍普遍存在,一户花卉生产者将切花、盆花、盆景、园林绿化用苗木等的生产在一个花圃内完成,产品难有特色、规格难以统一、数量难成规模、品牌难以形成,市场竞争难占优势。花卉市场竞争中产品质量是关键,而质量与生产专业化现代化程度紧密相关。如荷兰花卉生产已从传统的专业化生产转向"专一化"生产。除了生产、经营分工明确外,花卉生产者之间的分工也相当明确。生产种球、种苗的企业或组培工厂,不从事成品花卉的生产,反之亦然,许多花卉公司甚至大型跨国公司,十几公顷的温室往往只生产某种花卉的几个品种。日本的花卉生产以农户为主,一个农户一般只生产一种花卉的几个品种,专一化程度相当高;哥伦比亚有 100 多个花卉农场,规模大都在 20～30 hm² 以上,一个农场只生产 2～3 个品种,便于规模化、专业化生产。我国典型的专业生产基地亦表明专业化是花卉业可持续稳定发展的必由之路,如广东陈村镇通过发展主攻花卉兰花、年橘而成为中国南方首屈一指的花卉生产、交易基地。福建漳州则潜心发展水仙花和闽南榕树盆景,从而"花名"远扬。还有天津、山东的仙客来,湖南的红檵木,北京的一品红、菊花,江苏的比利时杜鹃、月季,浙江的茶花,云南的球根海棠、倒挂金钟,兰州的大丽花,四川的多花报春等。专一化生产,既有利于节约投资成本,也便于花卉生产者集中人力、物力从事专项研究,提高商品质量,提高品牌知名度和竞争力。

四、生产计划的实施

(一)建立无性繁殖体系

无性繁殖体系建立的一般流程(以蝴蝶兰为例)如图 8-2 所示:①选取优良母株;②切取

花穗外植体;③~④芽诱导;⑤诱导分化出再生新芽;⑥~⑧增殖继代;⑨培养成完整的再生小植株。

图 8-2　蝴蝶兰无性繁殖体系建立的流程

　　以上仅是建立无性繁殖系建立的简单程序示意,在建立无性繁殖系过程中的取材及消毒、无菌操作、培养基的优选、培养室温光湿气控制、培养物脱毒及不良现象防控、培养基质的优化配置、苗的驯化和培育等重要环节见前面相应章节。

　　另外值得一提的是:不同植物种类和品种其建立无性繁殖系的路线都是各不相同的,应当建立各自的具体操作流程标准。在工厂化生产中建立无性繁殖系是在"三大作业线"和"四大车间"的工艺流程中完成的。"三大作业线"是指培养基生产线、组培苗生产线、商品苗生产线;"四大车间"为培养基配制车间、无菌工作车间、组培苗培养车间、组培苗种植车间。

(二)控制存架增殖总瓶数

　　由于试管苗在接近理想的条件下生长分化,已不受季节的限制,并且有人为提供的外源植物激素的促进,增殖的速度是很快的。在生长分化中经过几个周期的培养通常按接种的繁殖体块数,或按培养瓶计算,都可以比较准确地计算出能获得多少继代苗。具体计算按下式进行:

$$y = ax^n \tag{1}$$
$$Y = ax^n(1-L) \times A \tag{2}$$

式中:y——理论年增殖量;

　　　Y——实际年增殖量;

　　　x——每周期增殖的倍数;

　　　a——起始外植体数量;

　　　n——全年可增殖的周期数(365/每一周期的天数);

　　　L——快繁过程中的损耗率;

　　　A——移栽成活率。

　　式(1)表示,培养周期愈短,每次增殖的倍数愈高,年增殖总倍数就更高。例如从 $100(a)$ 瓶开始,每瓶有 10 株继代苗,那么即使每次增殖 $3(x)$ 倍,每周期 45d,一年可增殖 8 (n)次,$y = 100 \times 3^8 = 656100$,年底即可达 6.5 万瓶,即 65 万株苗。实际上许多植物的繁殖系数都远远超过这一数值,当然这是一理论值,它会受到许多因素的制约,例如污染、管理不善、设备和人力的规模等等。因此,这仅是个理论值,通常要考虑上述因素予以修正才能接近实际值,这就是式(2)表示的实际值。但在控制条件、规模具备的情况下,也有可能达到或接近理论值。如某组培工厂,年生产并驯化炼苗移栽成活 10 万株苗,在设备、人员素质比较好的条件下,2 名工人每天生产 300～500 株苗是一般水平,1 年(除休息日)就能达到目的。

组培快繁是一项精细的系统工程,快繁应力求做到周密细致,在具体实施中应按市场的需要量调节和控制增殖的瓶数。存架增殖总瓶数应适当,如果盲目增殖,一段时间后就会因缺乏人力或设备,处理不了后续的工作,使增殖材料积压,增殖瓶苗老化,超过最佳接转继代的时期,造成生根不良、生长势减弱、增殖倍率降低等等不良后果。若存架瓶数不足,则母株数不够用,延误供货,但这种状况只要适当增加存架比例,1 个周期内就能纠正过来。

用一个简明公式表示

$$T = W \times S$$

式中:T——合理存架瓶数;

W——增殖周期内工作日数;

S——每工作日需用的母株瓶数。

例如,非洲菊的扩繁,每天有 4 人接种,接 300 瓶/人/天,则每个工作日接种 1200 瓶,1 增殖周期/月,25 个工作日/月,则存架增殖总瓶数为 $T = W \times S$,即 $25 \times 1200 = 30000$ 瓶。实际上重要的是应控制每天继代增殖与生根的比例,这需按实际情况试做后确定,一般为 3(继代增殖):7(生根)。通过培养基中植物激素的用量、糖浓度、培养温度等条件也可加以调整。在实际操作中每天接种生根的株数便是今后每天出瓶的苗数,全年实际年产苗数可按上式(2)计算的数字控制增殖总瓶数,使处于增殖阶段的苗在两个周期内全部更新一次培养基,使苗全部都处于不同生长阶段的最佳状态。例如,一实验室培养某种植物,平均 35d 为一个增殖周期,按要求必须在 42d 全部更新一次培养基。根据操作者所掌握继代操作的能力,在 35～42d 内能处理多少瓶有一个基本数,存架瓶数就不应超过这一数字。假定你自己专门从事接种工作,平均每天取用 30 瓶母种,转接成 100 瓶,其中 30 瓶为增殖用,以维持母株的瓶数,另外 70 瓶用于生根。在 35～42d 内有 30～36 个工作日,那么存架增殖总瓶数具体计算如下:存架增殖总瓶数 $T = 30(W) \times 30(S)$ 或 30×36 即 $T = 900$ 或 1080(瓶),增殖与生根比例为 3:7。按公式(2)可计算出出瓶生根的 700 苗(70 瓶)全年出瓶苗数为 160650 株(损耗率按 2%～5%计,移栽成活率按 85%～95%计)。如果生根需 2～3 周,那么生根阶段的存架瓶数也可用 $T = W \times S$ 即 12(工作日)×70(每工作日需用的母株瓶数)或 19×70,即 840～1330 瓶。由于在 1 个人全力接种的条件下,尚需一定量培养架(约 4 个左右)、超净工作台以及培养室和其他场地配套,因此提高利用率的最好办法是加强周转。同时需在有限的工作时间和工作条件下,抓紧平行衔接制作培养基和高压灭菌,然后用比较集中完整的一段时间,摆上超净工作台接种,做到衔接紧凑、工作有序,这样在 40d 的周期内总共可做 6 次接种,每次处理增殖好的材料为 10 瓶,扩大接种到 35 瓶,其中 10 瓶仍维持增殖,余下的 25 瓶使幼苗生根,使增殖与生根的比例为 10:25,即 1:2.5。

快繁的速度确是很可观的,快繁是由较高的增殖倍数、较短的增殖周期和周年生产这三个因素组成的,因此,凡是应用于生产的都必须满足这三个因素,尤其是第一、二个因素。

如果达不到要求,比如无菌操作不熟练、污染比例太高、移栽成活低等等,要找出原因改进克服,否则就要亏本。一个生产体系效率高不高,接种工序影响最大,是快繁中最关键的环节。要提高操作工的素质,包括速度、质量,应实行有效的管理,如按植物类型不同,无菌操作复杂程度不同,分别制定出工作的质量与数量标准。接种环节加速了,其他环节的运转也自然会被带动起来。

存架增殖总瓶数＝月计划生产苗数/每个增殖瓶月可产苗数

月计划生产苗数＝每个操作员每天可出苗数×月工作日×员工数

单元Ⅱ　效益分析与经营管理

一、经营管理

企业经营管理是对企业整个生产经营活动进行决策、计划、组织、控制、协调,并对企业成员进行激励,以实现其任务和目标一系列工作的总称。通常对经营和管理可以这样理解,经营是指企业进行市场活动的行为,而管理是企业理顺工作流程、发现问题的行为。经营是对外的,追求从企业外部获取市场资源和建立影响,管理是对内的,强调对内部资源的整合和建立秩序。经营追求的是效益,管理追求的是效率。经营与管理是密不可分的,忽视管理的经营是不能持续的,忽视经营的管理是没有活力的,所以,企业发展的规律就是:经营－管理－经营－管理交替前进。

根据上述原理,一个组培企业应健全并建立经营和管理制度的最低目标:保证组培苗生产过程中的人力、物力及生产技术各环节科学化、规范化、标准化,达到高产、优质、低排低耗、高效益的目的,同时保证安全生产。企业内部应建立必不可少的管理和规章制度,如实验室管理规章制室、接种无菌操作技术规程、化学配药技术规程、高压消毒操作规程、炼苗棚(温室)管理制度、育苗棚(温室)管理制度、采种扩繁登记制度、植物检疫制度、销售登记制度、用工管理制度和有关产品质量、产量、生产节约等的奖罚制度。建立岗位责任制实行层层把关,采用承包责任制提高生产效率,充分调动员工的生产积极性,使生产得以平稳、安全、高效进行。

二、效益分析

效益分析是企业经营管理的主要部分,效益就是企业生存的必要条件。要进行效益分析,就要从核算成本开始。组培的直接成本主要由培养基、水电费、人工工资、耗材、固定资产折旧、营销与管理费用 6 项构成,间接成本主要由生产过程中的污染损失和炼苗过程中的损失构成。在成本构成中,人工费用最高,约占总成本的 $48\%\sim50\%$,材料费占 $20\%\sim23\%$,水电费占总成本 $12\%\sim15\%$,基建设备折旧占总成本的 $10\%\sim12\%$ 。目前组培企业仍是劳动密集型企业,只有从提高人员素质、用食用糖和自来水替代培养基中的糖和水、尽量用自然光采光代替日光灯照明和自然温度代替空调、控制污染提高移栽成活率等措施,就会降低成本、提高效益。

技能训练场

实验实训 8-1　组培育苗工厂的规划设计

一、实训目标

了解和初步掌握以市场为导向建设组培苗工厂规划的设计原则与方法。

二、实训内容

1. 市场调查；
2. 可行性报告的撰写与论证；
3. 规划设计图及设计说明；
4. 仪器设备设施清单及说明；
5. 工厂水电、污物处理、环境保护及绿化设计和施工。

三、实验器材与试剂

具体包括 AutoCAD 绘图软件、电脑等。

四、实验内容与步骤

（一）实验内容

组培苗工厂的规划设计，应根据当地的气候和自然环境特点，遵循干燥、无菌无尘、能通风换气、符合生产工艺流程的原则选址设计规划和建厂。根据组培苗生产工艺流程，是"三线四车间"，即：①培养基生产线，包括清洗、配药、高压消毒内容在内的培养基配制车间；②组培苗生产线，包括用于接种的无菌工作车间与用于培养继代培养、生根培养的组培苗培养车间；③商品苗生产线，包括炼苗和培育成商品苗。各生产车间的面积依年计划生产能力和出苗期长短而定。以年产 50 万株非洲菊组培苗、出苗周期 3～4 个月为例，一般洗瓶、配药、消毒车间和仓库设在底层或平房的一侧；接种、继代、生根培养室（车间）设在二楼或平房的另一侧，要求整体密封，各个车间之间有共用通道，各车间设有进出缓冲间，在无菌室进口处设风淋浴清洁装置。接种室面积每间不超过 20m^2，设 4 张超净工作台，太大或超净台过多，操作者之间容易相互影响，增加污染机会。炼苗棚应另设在四周能遮风挡雨遮阳处，确保全天候炼苗之需。温室一座，按需由专业工厂提供，可以是单层充气膜连栋温室，也可以是双层充气膜温室等。前者特点是：美观坚固，框架结构简练实用，造价成本低，属于经济实用型温室；采用大容量水槽，雨水能及时排放；通风口宽大，夏季通风效果好，适合大规模蔬菜、花卉种植，特别适用于南方地区使用。后者特点是通过充气泵给两层膜之间冲入一定量的空气，使温室内外形成一层隔热层，从而在温室内形成一个小环境，将温湿度控制在一定范围内,保证作物正常生长;防止热量散失和冷空气侵入,保温性能好,冬季运营成本低,不足之处是透光率相对单层膜有所下降;属经济适用型温室,适用范围广,在我国大部分地区都可使用。

表 8-2　年产 50 万株非洲菊组培苗厂房规划

车　间	面积/m²	用　途	要求及主要设备
清洗室	20	清洗培养瓶及用具	通风干燥,无污染源滋生,有三级流水洗槽
配药室	20	配置和存放母液	冰箱、分析天平、普通天平、蒸馏水器
消毒室	20	培养基配制与消毒	大型卧式消毒锅、小消毒锅、电炉
接种室	20	转接材料	无菌无尘、空调、除湿机、超净台、臭氧发生器、空气过滤装置、紫外灯
培养室	30	继代扩繁培养	控温控湿、空调、除湿机、臭氧发生器
生根室	40	生根培养	控温控湿、空调、除湿机、臭氧发生器
炼苗房	80	环境适应性炼苗	遮阴挡雨、控温控湿、加热器
仓　库	40	存放药、器、物	冰箱、存放架
温　室	40	移栽并培育成商苗	在无智能控制系统条件下日光温室可用,由专业工厂制造

注:3~4 个月为 1 周期。

需要配置的主要设备有:60cm×100cm 大型卧式高压消毒锅 1 台、手提式高压消毒锅 1 台,1/1000、1/10000 及普通天平各 1 台,平流式单人单面超净工作台 4 台,蒸馏水器 1 台,冰箱 1 台,除湿机 3 台,空调 3~5 台,臭氧发生器 3~5 台,培养瓶 5~10 万个,接种用器材足量(镊子、解剖刀、剪刀、碟子、安全酒精灯、滤纸、口罩等)。需要的一般操作人员包括:消毒 2 人、接种 4 人、杂工 1 人、管理员 1 人、炼苗管理员 1 人(以上人员同时兼培养基分装、洗瓶和移栽管理及成苗包装)。技术人员包括:技术总监 1 人(负责生产线平稳运行同时负责配培养基)、销售人员 1 人。一般工作人员要求岗位培训合格才能上岗,技术人员、销售人员应具有专业知识、实际经验和相关业务水平。

上述仅是一个小型单一产品组培工厂的模式,实际上组培工厂主导产品有数个,规模会增大,同时还需进行新产品的研发,所以实际设计时应综合这些因素规划配置。

(二)实验步骤

在这些原则下实验应完成以下步骤(以花卉为例):

①完成市场调查写一份关于花卉产、供、销国内外形势的调查报告。

②完成可行性报告并组织同学论证(可行性报告的主要内容包括:市场分析、企业定位;核心产品定位分析;自身条件及融资渠道分析;工厂选址、零星规划设计图及说明;设备条件及说明;效益及优势分析和可持续发展评价;环评说明;产品标准)。

③论证报告。

④同学评价。

⑤同学、老师和专家参与的答辩。

实验实训 8-2   组培新技术推广计划的制订

一、实训目标

1. 了解当前国内组培新技术光源及培养基的改进；
2. 能够规范、合理地撰写方案；
3. 方案内容符合实际，有针对性和可操作性。

二、实训内容

以推广 LED 光源（Light Emitting Diode，发光二极管，是一种能够将电能转化为可见光的固态的半导体器件，它可以直接把电转化为光）替代日光灯及简化培养基的技术为例，撰写推广方案。

三、实验器材与试剂

实验器材和试剂与常规组培一致，用 LED 光源（发光二极管）替代日光灯，使用简化的培养基；还有非洲菊继代苗若干瓶。

四、实验内容与步骤

对照：传统组培流程和设备条件，在原有条件下继代扩繁 1 次，全部转接生根培养，驯化移栽，统计成活率进行成本核算。

继代扩繁培养基：MS＋3.0mg・L^{-1} BA＋0.1mg・L^{-1} NAA

生根培养基：1/2MS＋0.2mg・L^{-1} 2,4-D

实验：LED 日光灯可市场购买，在培养架上安装替代日光灯；

培养基同对照，用白开水代替蒸馏水、普通白糖代替分析纯的蔗糖。在生根培养中，用棉籽壳和珍珠岩的固化物代替琼脂。统计成活率并进行成本核算。

开卷有益

植物组织培养新技术的研发非常活跃，主要方向是：①组培容器的大型化；②组培技术的简单化；③组培环境的自然化。具体可以逐步推广的新技术主要是：开放组培技术、无糖组培技术（光独立培养法）、多因子综合控制技术。如以 PLC（programmable logic controller，可编程逻辑控制器，一种数字运算操作的电子系统，专为在工业环境中应用而设计的）为控制核心，设计全套能对组培箱内 CO_2 浓度、相对湿度进行调控的组培微环境控制系统。我们要树立创新意识推进植物组织培养技术不断提高。

根据实验结果写出推广非洲菊组培技术的推广方案。

记事本

＊＊＊＊＊＊＊＊＊＊＊＊＊＊＊＊＊＊＊＊＊＊＊＊

＊＊＊＊＊＊＊＊＊＊＊＊＊＊＊＊＊＊＊＊＊＊＊＊

思考与练习

一、名词解释

植物组织培养工厂化生产、经营管理、成本核算、LED

二、论述题

1.请论述植物组织培养工厂化生产在现代化农业中的地位。

2.请论述市场调查对组培企业的意义。

附录 1　一般化学试剂的分级

标准和用途	一级试剂	二级试剂	三级试剂	四级试剂	生物试剂
我国标准	保证试剂 G. R. 绿色标签	分析纯 A. R. 红色标签	化学纯 C. P. 蓝色标签	实验试剂 L. R. 化学用	B. R. 或 C. R.
用　途	纯度最高,杂质含量最少的试剂,适用于最精确分析及研究工作	纯度较高,杂质含量较低,适用于精确的微量分析工作,为分析实验广泛使用	质量略低于二级试剂,适合于一般的微量分析实验,包括要求不高的工业分析和快速分析	纯度较低,但高于工业用的试剂,适用于工业用的试剂,适用于一般的定性试验	根据说明使用

附录 2　常用化合物在不同温度下的溶解度表

化合物	温度/℃										
	0	10	20	30	40	50	60	70	80	90	100
NH_4NO_3	118.3		192	241.8	297	344	421	409	580	740	871
KNO_3	13.3	20.9	31.6	45.8	63.9	85.5	110.0	138.0	169.0	202	246.0
$NaNO_3$	73	80	88	96	104	114	124		148		180
$K_2SO_4 \cdot 24H_2O$	3.0	4.0	5.9	8.4	11.7	17.0	24.8	40.0	71.0	109.0	—
$ZnSO_4 \cdot 7H_2O$	41.9	47.0	54.4	—	—	—	—	—	—	—	—
KCl	27.6	31.0	34.0	37.0	40.0	42.6	45.5	48.3	51.1	54.0	56.7
$FeSO_4 \cdot 7H_2O$	15.65	20.51	26.5	32.9	40.2	48.6	—	—	—	—	—
$CuSO_4 \cdot 5H_2O$	14.3	17.4	20.7	25.0	28.5	33.3	40.0		5.0		75.4
NH_4Cl	29.4	33.3	37.2	41.4	45.8	50.4	55.2	60.2	65.6	71.3	77.3
$BaCl_2 \cdot 2H_2O$	31.6	33.3	35.7	38.2	40.7	43.6	46.4	49.4	52.4	—	58.8
$NaCl$	35.7	35.8	36	36.3	36.6	37.0	37.3	37.8	38.4	39.0	39.8
$KMnO_4$	2.83	4.4	6.4	9.0	12.56	16.89	22.2	—	—	—	—
$KOH \cdot 2H_2O$	97	103	112	126	—	—	—	—	—	—	—
NH_4HCO_3	11.9	15.8	21	27	—	—	—	—	—	—	—
$NaHCO_3$	6.9	8.15	9.6	11.1	12.7	14.45	16.4	—	—	—	—
$Na_2SO_4 \cdot 10H_2O$	5.0	9.0	19.4	40.8	—	—	—	—	—	—	—
$Ca(HCO_3)_2$	16.15	—	16.60	—	17.05	—	17.50	—	17.95	—	18.40
$Ca(OH)_2$	0.185	0.176	0.165	0.153	0.141	0.128	0.116	0.106	0.094	0.085	0.077
$FeCl_3$	74.4	81.9	91.8	—	—	315.1	—	—	525.8	—	535.7
$AgNO_3$	122	170	222	300	376	455	525	—	669	—	952
$K_2CO_3 \cdot 2H_2O$	105.5	108.0	110.5	113.7	116.9	121.2	126.8	133.1	139.8	147.5	155.7
$KClO_3$	3.3	5	7.4	10.5	14.0	19.3	24.5	—	38.5	—	57
$MgCl_2 \cdot 6H_2O$	52.8	53.5	54.5	—	57.5	—	61.0	—	66.0	—	73.0
$BaNO_3$	5.0	7.0	9.2	11.6	14.2	17.2	20.3	—	27.0	—	34.2
$Na_2CO_3 \cdot 10H_2O$	7	12.5	21.5	38.8	—	—	—	—	—	—	—

附录 3　常见植物生长调节剂的英文缩写及其主要性质

名　称	英文缩写	分子量	主要物理性质
吲哚乙酸	IAA	175.19	纯品无色,见光氧化成玫瑰红,活性降低。在酸性介质中不稳定,pH低于 2 时很快失活,不溶于水,易溶于热水、乙醇、乙醚和丙酮等有机溶剂。它的钠盐和钾盐易溶于水,较稳定。
吲哚丁酸	IBA	203.24	白色或微黄色。不溶于水,溶于乙醇、丙酮等有机溶剂。
α-萘乙酸	NAA	186.20	无色无味结晶,性质稳定,遇湿气易潮解,见光易变色。不溶于水,易溶于乙醇、丙酮等有机溶剂。钠盐溶于水。
2,4-二氯苯氧乙酸	2,4-D	221.04	白色或浅棕色结晶,不吸湿,常温下性质稳定。难溶于水,溶于乙醇、乙醚、丙酮等。它的胺盐和钠盐溶于水。
激动素	KT	215.21	不溶于水,微溶于乙醇、丁醇、丙酮和乙醚等有机溶剂。能溶于强酸、强碱及冰醋酸。
6-苄基腺嘌呤	6-BA	225.25	溶于稀酸和稀碱,不溶于乙醇。
玉米素	ZT	219.25	难溶于水和有机溶剂,易溶于盐酸中
2-异戊烯基腺嘌呤	2-ip	203.24	在 $1mg \cdot L^{-1}$ 盐酸溶液中最大溶解度达到 1000 ,一般配制成 $1mg \cdot ml^{-1}$。在 $-20℃$ 中可长期保存。
赤霉素	GA（或 GA₃）	346.40	纯品为白色发结晶,工业品为白色粉剂,难溶于水,易溶于甲醇、乙醇、丙酮、醋酸乙酯、冰醋酸等有机溶剂。它的钠钾盐易溶于水。结晶较稳定,溶液易缓慢水解,加热超过 50℃ 会逐渐失去活性,在碱性条件下被中和失效。
脱落酸	ABA	264.30	难溶于水,溶于碱性溶液,如碳酸氢钠、三氯甲烷、丙酮、乙醚。
4-碘苯氧乙酸（增产灵）	PIPA	278.00	针状或鳞片状结晶,性质稳定。微溶于水或乙醇,遇碱生成盐。易溶于热水、乙醇、乙醚。
对氯苯氧乙酸（防落素）	PCPA	186.50	纯品为白色结晶,性质稳定。微溶于水,易溶于醇、酯等有机溶剂。
2-氯乙基膦酸（乙烯利）	CEPA	144.50	纯品为长针状无色结晶,制剂为棕黄色黏稠强酸性液体,在 pH3 以下比较稳定,pH4 以上放出乙烯、乙烯释放速度随温度和 pH 上升加快。易溶于乙醇和乙醚及水。
2,3,5-三碘苯甲酸	TIBA	500.92	不溶于水,易溶于乙醇,乙醚等,它能阻碍生长素在体内的运输,微溶于水,可溶于乙醇、丙酮、乙醚。

名　称	英文缩写	分子量	主要物理性质
青鲜素	MH	112.09	难溶于水,微溶于醇,易溶于冰醋酸、二乙醇胺。其钠、钾、铵盐溶于水。作用与生长素相反,抑制芽的生长和茎的伸长。它的结构与尿嘧啶相似,阻止核酸的合成。
矮壮素	CCC	158.07	纯品为白色结晶,易溶于水,不溶于乙醇、乙醚和苯等。在中性和酸性溶液中稳定,和碱混合加热分解失效。是赤霉素生物合成抑制剂。
比久	B_9	160.00	易溶于水、甲醇和丙酮,不溶于二甲苯。
多效唑	PP_{333}	293.50	难溶于水,溶于甲醇、丙酮,工业品为 95% 或 15% 粉剂,溶于水。易溶于水、甲醇、丙酮
三十烷醇	TAL	438.38	不溶于水,溶于乙醚、氯仿、二氯甲烷中。可用氯仿、吐温-20(或 80)。配成乳油状使用。对光、空气、热和碱均稳定。药效与药品的纯度、颗粒细度有关。加入氯化钙(10^{-3} mol·L^{-1})后,效果显著且稳定。

附录4　培养基中的常用无机盐的分子量

化合物名称	分子式	分子量	化合物名称	分子式	分子量
大量元素			微量元素		
硝酸铵	NH_4NO_3	80.04	硼酸	H_3BO_3	61.83
硫酸铵	NH_4SO_4	132.15	六水氯化钴	$CoCl_2 \cdot 6H_2O$	237.93
二水氯化钙	$CaCl_2 \cdot 2H_2O$	147.02	五水硫酸铜	$CuSO_4 \cdot 5H_2O$	249.68
四水硝酸钙	$Ca(NO_3)_2 \cdot 4H_2O$	236.16	四水硫酸锰	$MnSO_4 \cdot 4H_2O$	223.01
七水硫酸镁	$MgSO_4 \cdot 7H_2O$	246.47	碘化钾	KI	166.01
氯化钾	KCl	74.55	二水钼酸钠	$Na_2MoO_4 \cdot 2H_2O$	241.95
硝酸钾	KNO_3	101.11	七水硫酸锌	$ZnSO_4 \cdot 7H_2O$	287.54
磷酸二氢钾	KH_2PO_4	136.09	乙二胺四乙酸二钠盐	$Na_2 \cdot EDTA_4 \cdot 2H_2O$ 或 $(C_{10}H_{14}N_2O_8Na_2)_4 \cdot 2H_2O$	372.25
磷酸二氢钠	$NaH_2PO_4 \cdot 2H_2O$	156.01	硫酸硫酸亚铁	$FeSO_4 \cdot 7H_2O$	278.03

附录5　常用培养基配方补充

培养基成分	几种常用培养基　（单位:mg·L⁻¹）												
	LSᵃ	Heller	ERᵇ	Miller	NT	MTᶜ	SHᵈ	McCow &Lloyd	Athanasios & Readᵉ	MISᶠ	MOᵍ	Lyrene (1979)	Hʰ
NH_4NO_3	1650		1200	1000	825	1900		400	400				720
KNO_3	1900		1900	1000	950	1650	2500	556	202	80	125	190	950
$NH_4SO_4 \cdot 4H_2O$									132				
$CaCl_2 \cdot 2H_2O$	400	75	440		220	440	200	96	440				166
$MgSO_4 \cdot 7H_2O$	370	250	370	35	1233	370	400	370	370	35	125	370	185
$NaNO_3$		600											
$Ca(NO_3)_2 \cdot 4H_2O$				347						100	500	1140	
KH_2PO_4	170		340	300	680	170		170	408	37.5	125	170	68
$NaH_2PO_4 \cdot H_2O$		125											
$NH_4H_2PO_4$									300				
KCl		750								65	125		
H_3BO_3	6.2	1	0.63		6.2	6.2	5	6.2	6.2				10
$MnSO_4 \cdot 4H_2O$	22.3	0.1	2.23	4.4	22.3	22.3	10	29.7	22.3	4.4		22.3	25
$ZnSO_4 \cdot 7H_2O$	8.6	1		1.5	10.6	8.6	1	8.6	8.6	1.5	0.05	8.6	10
$Fe(CH_3COO)_2$										1.6	0.025	6.2	
$Na_2MoO_4 \cdot 2H_2O$	0.25			0.025	0.25		0.1	0.25	0.25			0.25	0.25
KI	0.83	0.01		1.6	0.83	0.83				0.75	0.25	0.83	0.025
$CuSO_4 \cdot 5H_2O$	0.025	0.03		0.0025	0.025	0.025	0.2	0.25	0.025		0.025	0.02	
$CoCl_2 \cdot 6H_2O$	0.025		0.0025			0.025	0.1		0.025		0.025	0.02	
$CoSO_4 \cdot 7H_2O$					0.03								
K_2SO_4								990					
$Fe_2(SO_4)_3$												2.5	
$AlCl_3$		0.03											

续表

培养基成分	几种常用培养基　（单位:mg·L^{-1}）												
	LS[a]	Heller	ER[b]	Miller	NT	MT[c]	SH[d]	McCow &Lloyd	Athanasios & Read[e]	MIS[f]	MO[g]	Lyrene(1979)	H[h]
NiCl$_2$·6H$_2$O		0.03									0.025		
FeCl$_3$·6H$_2$O		1											
Na-Fe-EDTA			32										
Zn-Na$_2$-EDTA			15										
FeSO$_4$·7H$_2$O	27.8		27.8		27.8	27.8	15	27.8				55.6	27.8
Na$_2$-EDTA	37.3		37.3		37.3	37.3	20	37.3				74.6	37.3
Fe·Na-DTPA**									56				
TiO$_2$			0.8										
肌醇	100			100	100	100	1000	100	100			100	100
烟酸	0.5		0.5		5	5	0.5			0.5	1.0	0.5	5.0
盐酸吡哆醇			0.5			10	0.5	0.5		0.5	1.0	0.5	0.5
盐酸硫胺素	0.4		0.5	1		10		1	0.4	0.1	10	0.1	0.5
生物素										0.01			0.025
叶酸													0.5
甘氨酸			2		2			2.0		2.0	0.1	2.0	2.0
蔗糖	30000			30000	10000	30000	30000	20000	20000	20000	20000	30000	20000
水解酪蛋白	1000—3000												
D-甘露糖醇					12.7%								

　　a:LS 培养基是由 Linsmaier & Skoog 两人在 1965 年共同设计的,与 MS 培养基的成分基本相似,只是维生素略有差异。

　　b:ER 培养基为 Eriksson 在 1965 年设计的。

　　c:MT 培养基是由 Murashige & Tucher 在 1969 年设计的。

　　d:SH 培养基是由 Schenk & Hilderbran 于 1972 年共同设计的。

　　e:Athanasios & Read 培养基常用于杜鹃茎切段培养。

　　f:MIS 培养基是由 Miller & Skoog 两人在 1953 年共同研制的。

　　g:MO 培养基是由 Motel 在 1948 年研制的。

　　h:H 培养基是由 Bourgin 在 1967 年研制的。

　　* EDPA 的学名:二乙烯三胺五乙酸。DTPA-5Na 能迅速于钙、镁、铁、铅、铜、锰等离子生成水溶性络合物,尤其对高价态显色金属络合能力力强,因此广泛应用于:过氧化氢漂白稳定增效剂、软水剂、纺织印染工业助剂、分析化学的基准试剂、螯合滴定剂等。

附录 6 其他培养基配方

表 6-1 **Kyte & Briggs(1979)培养基(用于杜鹃茎切段培养)** （单位：mg·L^{-1}）

成分名称	启动与茎增殖[*]	生 根	成分名称	启动与茎增殖	生 根
NH_4NO_3	400	133.3	$CoCl_2 \cdot .6H_2O$	0.03	0.01
KNO_3	480	160	$FeSO_4 \cdot 7H_2O$	55.70	18.56
$CaCl_2 \cdot 2H_2O$	440	146.6	Na_2-EDTA	74.5	24.83
$MgSO_4 \cdot 7H_2O$	370	123.3	肌醇	100	33.3
$NaH_2PO_4 \cdot H_2O$	380	126.6	盐酸硫胺素	0.4	0.133
KI	0.83	—	硫酸腺嘌呤	80	26.66
H_3BO_3	6.2	2.06	2-ip	5.0	—
$MnSO_4$	16.9	5.63	IAA	1.0	—
$ZnSO_4 \cdot 7H_2O$	8.6	2.86	活性炭	—	600
$Na_2MoO_4 \cdot 2H_2O$	0.25	0.083	蔗糖	30000	30000
$CuSO_4 \cdot 5H_2O$	0.03	0.01	琼脂	6000	6000

[*] 茎增殖方式为侧芽生长并不断分枝。生根培养也可用仅含蔗糖 3%、IBA5mg·L^{-1} 和活性炭 800mg·L^{-1} 的培养基培养。

表 6-2 **Kim 等(1970)培养基[*](用于石槲兰属微型繁殖)** （单位：mg·L^{-1}）

成分名称	用 量	成分名称	用 量
KNO_3	525	$MnSO_4 \cdot 4H_2O$	7.5
$MgSO_4 \cdot 7H_2O$	250	$Fe_2(C_4H_4O_6)_3$[**]	28
NH_4SO_4	500	蔗糖	20000
KH_2PO_4	250	椰子乳	150ml/L
$Ca_3(PO_4)_2$	200	琼脂	0.6%

[*] 以侧芽为外植体,培养基适用于微繁殖的各个阶段。

[**] 为琥珀酸铁。

表 6-3　Kytoto 培养基

成分名称	用　　量	成分名称	用　　量
复合肥(7∶6∶19)*	3000mg	蔗糖	35000 mg
15%苹果汁	1000ml	pH	5.5

*:括号内的比例指 $N∶P_2O_5∶K_2O$ 的比例。

表 6-4　Wimber(1963)等培养基(用于兰属微繁殖)*　　（单位：mg·L^{-1}）

化合物	培养基			化合物	培养基		
	Wimber	Fonnesbech	KnudsonC		Wimber	Fonnesbech	KnudsonC
KNO_3	525	—	—	$FeSO_4·7H_2O$	—	27.9	
$MgSO_4·7H_2O$	250	250	250	Na_2-EDTA	—	37.8	25
KH_2PO_4	250	250	250	肌醇	—	100	—
K_2HPO_4	—	212	—	烟酸	—	1	—
$NH_4SO_4·4H_2O$	500	300	500	盐酸吡哆醇	—	0.5	—
$Ca(NO_3)_2·4H_2O$	—	400	1000	盐酸硫胺素	—	0.5	—
$CaHPO_4$	200	—	—	甘氨酸	—	2	—
H_3BO_3	—	10	0.056	KT	—	0.215	—
$MnSO_4·4H_2O$	—	25	7.5	NAA	—	1.86	—
$ZnSO_4·7H_2O$	—	10	0.331	水解酪蛋白	—	2500	—
$Na_2MoO_4·2H_2O$	—	0.25	—	色氨酸**	2000	3500	—
$CuSO_4·5H_2O$	—	0.025	0.040	椰子乳	—	125ml/L	—
MoO_3	—	—	0.016	成熟的香蕉	—	—	1%
$Fe_2(C_4H_4O_6)_3$*	300	—	—	蔗糖	20000	35000	20000

　　* 以茎尖为外植体,三种培养基均可用于兰属微繁的各个阶段。KnudsonC 在此为改良后的配方,与原配方有点不同。Wimber 培养基为液体培养基。

　　** 对于 Fonnesbech 培养基,在配制时,水解酪蛋白与色氨酸任选一项就可以了。

表 6-5　用于卡德兰微繁的培养基*　　（单位：mg·L^{-1}）

化合物	各个阶段的培养基			化合物	各个阶段的培养基		
	启　动	增　殖	生　根**		启　动	增　殖	生　根**
$MgSO_4·7H_2O$	120	120	250	烟酸	—	—	—
KH_2PO_4	135	135	250	盐酸吡哆醇	—	—	—
$Ca(NO_3)_2·4H_2O$	500	500	1000	盐酸硫胺素	—	—	—
$NH_4SO_4·4H_2O$	1000	1000	500	叶酸	—	—	—
KCl	1050	1050	—	生物素	—	—	—
KI	0.099	0.099	—	泛酸钙	—	—	—
H_3BO_3	1.014	1.014	0.056	谷氨酸	—	—	—

续表

化合物	各个阶段的培养基			化合物	各个阶段的培养基		
	启动	增殖	生 根**		启动	增殖	生 根**
$MnSO_4 \cdot 4H_2O$	0.068	0.068	7.5	天门冬酰胺	—	13.0	—
$ZnSO_4 \cdot 7H_2O$	0.565	0.565	0.331	鸟苷酸	—	182	—
MoO_3	—	—	0.016	胞苷酸	—	162	—
$CuSO_4 \cdot 5H_2O$	0.019	0.019	—	KT	0.2	0.22	—
$CuSO_4$	—	—	0.040	NAA	0.1	0.18	—
$AlCl_3$	0.031	0.031	—	GA_3	—	0.35	—
$NiCl_2$	0.017	0.017	—	椰子乳	150	100	—
$FeSO_4 \cdot 7H_2O$	—	—	25	水解酪蛋白	—	100	—
$Fe_2(C_4H_4O_6)_3^*$	5.4	5.4	—	蔗糖	0.5%	2%	2%
肌醇	—	18	—	琼脂	—	—	1.2—1.5%

* 该培养基的外植体为茎尖；

** 改良 Knudson C(1946)培养基。

表 6-6　用于兰科 Epidendrum 属叶尖微繁的培养基　（单位：$mg \cdot L^{-1}$）

化合物	各个阶段的培养基			化合物	各个阶段的培养基		
	启 动	愈伤组织增殖	生 根		启 动	愈伤组织增殖	生 根
NH_4NO_3	1650	1650		$CuSO_4$	—	—	0.040
KNO_3	1900	1900		$CoCl_2 \cdot 6H_2O$	0.025	0.025	—
$CaCl_2 \cdot 2H_2O$	440	440		$FeSO_4 \cdot 7H_2O$	27.8	27.8	25
$Ca(NO_3)_2 \cdot 4H_2O$	—	—	1000	$EDTA-Na_2$	74.6	37.3	
KH_2PO_4	170	170	250	肌醇	—	100	
$NH_4SO_4 \cdot 4H_2O$	—	—	500	盐酸硫胺素	0.4	0.4	
$MgSO_4 \cdot 7H_2O$	370	370	250	甘氨酸	2	—	
KI	0.83	0.83	—	BA	0.5	—	
H_3BO_3	6.2	6.2	0.056	KT	—	0.1	
$MnSO_4 \cdot 4H_2O$	22.3	22.3		2,4-D	1		
$ZnSO_4 \cdot 7H_2O$	—	9	0.331	IAA	—	2	
$ZnCl_2$	3.93	—	—	香蕉	—	—	15%
$Na_2MoO_4 \cdot 2H_2O$	—	0.025	—	蔗糖	3%	3%	2%
MoO_3	—	—	0.016	琼脂	—	1%	1.2%~ 1.5%
$CuSO_4 \cdot 5H_2O$	0.025	0.025	—				

表 6-7   兰属植物微繁常用 Vacin & Went 培养基   （单位：mg·L⁻¹）

成分名称	用 量	成分名称	用 量
$Ca_3(PO_4)_2$	200	$MnSO_4 \cdot 4H_2O$	7.5
KNO_3	525	酒石酸铁	28
KH_2PO_4	250	蔗糖	20000
$MgSO_4 \cdot 7H_2O$	250	琼脂	1600
$NH_4SO_4 \cdot 4H_2O$	500		7.8

表 6-8   文心兰培养基   （单位：mg·L⁻¹）

化合物	培养基		化合物	培养基	
	改良 KnudsonC	改良 MS		改良 KnudsonC	改良 MS
KNO_3	—	1900	$FeSO_4 \cdot 7H_2O$	25	25
$MgSO_4 \cdot 7H_2O$	250	370	$CaCl_2 \cdot 2H_2O$		440
KH_2PO_4	250	170	KT[a]		0.05
KCl	250		NAA[a]		0.5
$NH_4SO_4 \cdot 4H_2O$	1000	1650	蛋白胨 a		1000
$Ca(NO_3)_2 \cdot 4H_2O$	500		蔗糖	20000	20000
KI	0.01	0.01	番茄或香蕉浆[b]		50000—100000
H_3BO_3	1	1	肌醇		1
$ZnSO_4 \cdot 7H_2O$	1	7	烟酸		0.5
$AlCl_3$	0.03	0.03	盐酸吡哆醇		0.5
$CuSO_4 \cdot 5H_2O$	0.03	0.03	蔗糖	20000	20000
$NiCl_2 \cdot 6H_2O$	0.03	0.03	pH	5.5	5.5

[a] 用于诱导培养基。[b] 用于分化和幼苗培养基。

表 6-9   石斛兰培养基   （单位：mg·L⁻¹）

化合物	培养基		化合物	培养基	
	节段(改良 Knop)	生根(改良 MS)		节段(改良 Knop)	生根(改良 MS)
KNO_3	125	1900	$FeSO_4 \cdot 7H_2O$		27.8
$MgSO_4 \cdot 7H_2O$	125	370	$FeC_6H_5O_7 \cdot 3H_2O$	10	
KH_2PO_4	125	170	$CuCl_2 \cdot 2H_2O$	0.54	
$Ca(NO_3)_2 \cdot 4H_2O$	500		KI		0.83
NH_4NO_3		1650	IAA		0.1
$CaCl_2 \cdot 2H_2O$		440	6-BA	2.0	
$MnCl_2 \cdot 4H_2O$	0.036		肉桂酸	150[a],15[b],1.5[c]	

续表

化合物	培养基		化合物	培养基	
	节段（改良 Knop）	生根（改良 MS）		节段（改良 Knop）	生根（改良 MS）
$ZnCl_2$	0.152	0.01	盐酸硫胺素	0.4	
H_3BO_3	0.056	6.2	肌醇		100
$Na_2MoO_4 \cdot 2H_2O$	0.025	7	盐酸吡哆醇		
$FeCl_3 \cdot 6H_2O$	0.5	0.03	蔗糖	20000	30000
$CoCl_2 \cdot 6H_2O$	0.02	0.025	琼脂	1300	1300
Na_2-EDTA	0.8	74.5	pH	5.5	5.5

a:用于取自基部的茎;b:用于取自中部的茎;c:用于取自顶部的茎。

表 6-11　马铃薯培养基(1978)　　　　　　　　　　　　　（单位：mg·L^{-1}）

成分名称	用 量	成分名称	用 量
KNO_3	1000	KCl	35
$MgSO_4 \cdot 7H_2O$	125	盐酸硫胺素	1.0
$Ca(NO_3) \cdot 4H_2O$	100	马铃薯汁	10%
KH_2PO_4	200	蔗糖	90000
$(NH_4)_2SO_4$	100	琼脂	0.6%

附录 7　常用标准缓冲液配制

一、柠檬酸－磷酸氢二钠缓冲液

贮备液 A：0.1mol・L^{-1}柠檬酸（$C_6H_8O_7$ 19.21g 配制成 1000ml），贮备液 B：0.2mol・L^{-1}磷酸氢二钠（$Na_2HPO_4・7H_2O$ 53.65g 或 $Na_2HPO_4・12H_2O$ 71.7g 配制成 1000ml）

表 7-1　$x$ml A 液＋$y$ml B 液 稀释至 100ml

pH	A 液/$x$ml	B 液/$y$ml	pH	A 液/$x$ml	B 液/$y$ml
2.6	44.6	5.4	5.0	24.3	25.7
2.8	42.2	7.8	5.2	23.3	26.7
3.0	39.8	10.2	5.4	22.2	27.8
3.2	37.7	12.3	5.6	21	29
3.4	35.9	14.1	5.8	19.7	30.3
3.6	33.9	16.1	6.0	17.9	32.1
3.8	32.3	17.7	6.2	16.9	33.1
4.0	30.7	19.3	6.4	15.4	34.6
4.2	29.4	20.6	6.6	13.6	36.4
4.4	27.8	22.2	6.8	9.1	40.9
4.6	26.7	23.3	7.0	6.5	43.5
4.8	25.2	24.8			

$Na_2HPO_4-2H_2O$ 分子量：178.05，0.2 mol・L^{-1}溶液含 35.01g・L^{-1}。
柠檬酸 $C_6H_8O_7・H_2O$ 分子量：210.14，0.1 mol・L^{-1}溶液为 21.01g・L^{-1}。

二、乙酸－乙酸钠缓冲液

贮备液 A：0.2mol・L^{-1}醋酸（冰醋酸 11.55ml 稀释至 1000ml），贮备液 B：0.2mol・L^{-1}醋酸钠（CH_3COONa 16.4g 或 $CH_3COONa・3H_2O$ 27.2g 配制成 1000ml）。

表 7-2　*x*ml A 液＋*y*ml B 液　稀释至 100ml

pH(18℃)	A 液/*x*ml	B 液/*y*ml	pH(18℃)	A 液/*x*ml	B 液/*y*ml
3.6	46.3	3.7	4.8	20.0	30.0
3.8	44.0	6.0	5.0	14.8	35.2
4.0	41.0	9.0	5.2	10.5	39.5
4.2	36.8	13.2	5.4	8.8	41.2
4.4	30.5	19.5	5.6	4.8	45.2
4.6	25.5	24.5			

三、磷酸氢二钠 - 磷酸二氢钾缓冲液(1/15 mol·L^{-1})

贮备液 A:0.2mol·L^{-1} 磷酸二氢钠(NaH$_2$PO$_4$·H$_2$O 27.8g 配制成 1000ml),贮备液 B:0.2mol·L^{-1}磷酸氢二钠(Na$_2$HPO$_4$·7H$_2$O 53.65g 或 Na$_2$HPO$_4$·12H$_2$O 71.7g 配制成 1000ml)。

表 7-3　*x*ml A 液＋*y*ml B 液稀释成 100ml

pH	A 液/*x*ml	B 液/*y*ml	pH	A 液/*x*ml	B 液/*y*ml
5.7	93.5	6.5	6.9	45.0	55.0
5.8	92.0	8.0	7.0	39.0	61.0
5.9	90.01	0.0	7.1	33.0	67.0
6.0	87.71	2.3	7.2	28.0	72.0
6.1	85.01	5.0	7.3	23.0	77.0
6.2	81.51	8.5	7.41	9.0	81.0
6.3	77.5	22.5	7.51	6.0	84.0
6.4	73.5	26.5	7.61	3.0	87.0
6.5	68.5	31.5	7.71	0.5	89.5
6.6	62.5	37.5	7.8	8.5	91.5
6.7	56.5	43.5	7.9	7.0	93.0
6.8	51.0	49.0	8.0	5.3	94.7

附录 8 常见的市售酸碱的浓度换算

溶　质	分子式	分子量	重量(%)	比重	g・L^{-1}	mol・L^{-1}	配制 1mol・L^{-1}溶液的吸取量(ml)
		以上 4 项为试剂标签上标明的值				以上 3 项是根据标签上的值计算	
冰乙酸	CH$_3$COOH	60.05	99.5	1.05	1045	17.40	57.5
乙酸		60.05	36	1.045	376	6.26	159.6
甲酸	HCOOH	46.02	90	1.2	1080	23.47	42.6
盐酸	HCl	36.5	36	1.18	425	11.64	85.9
		36.5	10	1.05	105	2.88	347.6
硝酸	HNO$_3$	63.02	71	1.42	1008	16.00	62.5
		63.02	67	1.4	938	14.88	67.2
		63.02	61	1.37	836	13.26	75.4
高氯酸	HClO$_3$	100.5	70	1.67	1169	11.63	86.0
		100.5	60	1.54	924	9.19	108.8
磷酸	H$_2$PO$_4$	80	85	1.7	1445	18.06	55.4
硫酸	H$_2$SO$_4$	98.1	96	1.84	1766	18.01	55.5
氢氧化铵	NH$_4$OH	35	28	0.898	251	7.18	139.2
氢氧化钾	KOH	56.1	50	1.52	760	13.55	73.8
		56.1	10	1.09	109	1.94	514.7
氢氧化钠	NaOH	40	50	1.53	765	19.13	52.3
		40	10	1.11	111	2.78	360.4

参考资料

1. 王振龙,郑春明等.植物组织培养.北京:中国农业大学出版社,2007.

2. 曹春英等.植物组织培养.北京:中国农业出版社,2006.

3. 彭正云,刘德华,肖海军等.茶树根愈伤组织及发状根诱导的研究.湖南农业大学学报(自然科学版),2004,130(2).

4. 陈秋芳,黄群策,秦广雍.菘蓝叶片离体培养与试管无性系的建立.河南农业科学,2007(12).

5. 周莉莉,蔡斌华,乔玉山等.不同处理对丰水梨离体叶片不定芽再生的影响.南京农业大学学报,2007,30(2).

6. 荀守华,姜岳忠,乔玉玲等.黑杨人工杂种胚珠离体培养试验.山东林业科技,2003(6).

7. 王玉英,李春玲,蒋钟仁.辣椒和甜椒花药培养的新进展.园艺学报,1981,8(2).

8. 刘进平.植物细胞工程简明教程.北京:中国农业出版社.2005.

9. 王爱云,李栒,胡大有.胚胎挽救技术在油菜远缘杂交育种中的应用研究进展.种子,2005,24(9).

10. 张国庆,唐桂香,周伟军.白菜型油菜和甘蓝杂交子房培养初步研究.中国农业科学,2003,36(11).

11. 周清元等.白菜型油菜和羽衣甘蓝种间杂交的初步研究Ⅰ.取材时间对子房离体培养结籽率的影响.西南农业大学学报(自然科学版),2003,25(6).

12. 苏华等.黄瓜单倍体育种的研究进展.农业工程学报,2005,21(z2).